"十四五"时期国家重点出版物出版专项规划项目

空天推进技术系列丛书

国家出版基金项目
NATIONAL PUBLICATION FOUNDATION

固体火箭发动机装药
缺陷检测与诊断技术

高　峰　陈锋莉　张成涛　编著
张　倩　夏雪峰

U0195336

西北工业大学出版社

西　安

【内容简介】 本书在分析固体火箭发动机装药缺陷的基础上,系统地介绍了固体火箭发动机装药的缺陷无损检测与识别诊断技术及其工程应用。全书共分7章,包括绪论、固体火箭发动机装药缺陷及危害性分析、固体火箭发动机装药无损检测技术、固体火箭发动机装药缺陷诊断方法、含缺陷装药固体火箭发动机数值分析、固体火箭发动机装药缺陷分析算例以及含缺陷固体火箭发动机分析软件系统等内容。

本书可作为普通高等学校导弹类专业学生的学习资料,也可供从事固体火箭发动机设计、生产以及使用、维修人员参考使用。

图书在版编目(CIP)数据

固体火箭发动机装药缺陷检测与诊断技术 / 高峰等编著. — 西安 : 西北工业大学出版社,2023.10

(空天推进技术系列丛书)

ISBN 978 - 7 - 5612 - 9090 - 3

Ⅰ. ①固… Ⅱ. ①高… Ⅲ. ①固体推进剂火箭发动机 -装药-研究 Ⅳ. ①V435

中国国家版本馆 CIP 数据核字(2023)第 204738 号

GUTI HUOJIAN FADONGJI ZHUANGYAO QUEXIAN JIANCE YU ZHENDUAN JISHU

固 体 火 箭 发 动 机 装 药 缺 陷 检 测 与 诊 断 技 术

高峰 陈锋莉 张成涛 张倩 夏雪峰 编著

责任编辑:李阿盟 刘 敏	**策划编辑:**李阿盟
责任校对:曹 江 王 水	**装帧设计:**李 飞

出版发行:西北工业大学出版社

通信地址:西安市友谊西路 127 号   **邮编:**710072

电 话:(029)88491757,88493844

网 址:www.nwpup.com

印 刷 者:西安五星印刷有限公司

开 本:787 mm×1 092 mm   1/16

印 张:14

字 数:367 千字

版 次:2023 年 10 月第 1 版   2023 年 10 月第 1 次印刷

书 号:ISBN 978 - 7 - 5612 - 9090 - 3

定 价:98.00 元

如有印装问题请与出版社联系调换

前　　言

　　本书主要介绍固体火箭发动机装药缺陷损伤检测与诊断技术等内容。本书根据军队院校导弹工程专业和导弹总体专业火箭发动机原理课程标准,集国内外最新的研究成果,并结合笔者多年来的教学经验和研究成果编写而成。本书内容系统、全面,可作为普通高等学校导弹类专业学生的教材,也可供从事固体火箭发动机设计、生产以及使用、维修人员参考使用。

　　本书共7章,第1章绪论,主要介绍固体火箭发动机的结构及工作过程、固体火箭发动机装药缺陷研究现状、装药缺陷检测与诊断技术的现状及发展等内容;第2章固体火箭发动机装药缺陷及危害性分析,主要介绍固体火箭发动机的失效模式及装药缺陷类型、装药缺陷产生原因及危害等内容;第3章固体火箭发动机装药无损检测技术,主要介绍超声波检测、散斑干涉检测、射线检测等内容;第4章固体火箭发动机装药缺陷诊断方法,主要介绍装药缺陷诊断的方法和依据、CT图像处理与重构、固体火箭发动机装药缺陷识别和重建以及网格划分等内容;第5章含缺陷装药固体火箭发动机数值分析,主要介绍燃面退移计算方法、含缺陷装药的固体火箭发动机内弹道数值分析方法以及含缺陷装药固体火箭发动机结构完整性分析等内容;第6章固体火箭发动机装药缺陷分析算例,主要介绍含裂纹装药固体火箭发动机内弹道性能和装药缺陷扩展等内容;第7章含缺陷固体火箭发动机分析软件系统,主要介绍软件系统的主要功能和总体框架以及软件系统分析实例等内容。

　　本书的编写分工如下:第1,2章由高峰编写;第3章由张倩、张成涛编写;第4章由陈锋莉、张倩编写;第5章由高峰、陈锋莉编写;第6章由夏雪峰、陈锋莉编写;第7章由高峰、张成涛编写。全书由高峰统稿。

　　在本书的编写过程中,参考了国内外相关的文献资料,在此谨对原作者表示诚挚的谢意!

　　由于水平和经验有限,本书在内容安排、观点阐述等方面的不足之处在所难免,敬请读者批评指正!

编著者

2023 年 8 月

目　　录

第1章 绪 论

固体推进剂火箭发动机(Solid-propellant Rocket Motor,SRM)是一种将固体推进剂作为动力原料的化学火箭动力装置,由于其具有结构简单、使用方便、可靠性高和质量比高等优点,所以在导弹武器、运载火箭和航天器中都有广泛的应用。

固体推进剂火箭发动机(简称固体火箭发动机)通常由燃烧室壳体、推进剂药柱、衬层、绝热层、限燃层、人工脱黏层、喷管和点火装置等组成。燃烧室壳体的内部空间为燃烧室,发动机的推力就是由燃烧室的压强产生的,因此发动机的压强-时间关系是否达到设计状态是判定固体火箭发动机能否完成发射任务的标准。在喷管喉部的截面积和推进剂组分确定后,燃烧室的压强主要取决于推进剂燃烧表面面积和推进剂药柱的结构。固体火箭发动机从生产、贮存到使用的整个寿命周期,往往会经历长距离运输、长时间贮存直至最后发射的过程。固体火箭发动机在整个寿命周期过程中会受到温度、振动、燃气压强等诸多因素的联合作用,每一次受载都会使发动机装药受到一定的损伤,使发动机装药的承载能力不断下降。导致固体火箭发动机异常工作的因素主要有装药的脱黏、裂纹、气孔等。脱黏即燃烧室内相邻黏结面脱开的现象,常发生于壳体、绝热层和衬层之间。裂纹主要是指推进剂药柱内部或者表面由于各种应力作用而产生的破裂的条纹。气孔是指在推进剂药柱、衬层和绝热层内部的空穴。无论是哪种形式的缺陷,都会导致推进剂燃烧时产生附加燃面,从而使燃烧室压强和推进剂燃速升高,改变发动机内弹道性能。同时,燃烧室的高压强状态反作用于推进剂的燃烧,二者相互耦合会造成发动机燃面突扩,巨大的压力还有可能造成发动机燃烧室发生爆炸,给发动机的安全工作带来了严重的安全隐患。另外,一些含有轻度缺陷损伤的发动机可成功点火,并能满足内弹道性能要求。如果对经检测存在缺陷损伤的固体火箭发动机都采取判废销毁处理,不但会造成极大的资源浪费,而且会严重污染环境。因此,研究固体火箭发动机典型缺陷形式及机理,进而通过图像识别技术及数值模拟技术对含缺陷装药的固体火箭发动机的使用性能进行评估,可避免将超过服役期限但仍能正常工作的发动机做报废处理,对于节省经费和环境保护具有重要的意义。

1.1 固体火箭发动机概述

固体推进剂火箭发动机是一种直接产生反作用力的喷气推进动力装置。固体推进剂以化学能作为能源,以其燃烧产物作为工质,燃气通过喷管高速排出,获得反作用推力。

1.1.1　固体火箭发动机的结构

图 1-1 所示为固体火箭发动机的基本结构,发动机通常由燃烧室壳体、推进剂药柱、点火器和喷管等组成。

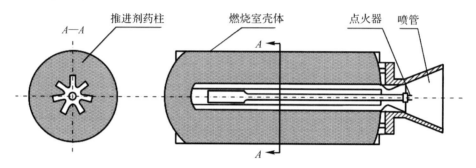

图 1-1　固体火箭发动机的基本结构

1. 燃烧室壳体

燃烧室壳体既是贮存推进剂的容器,又是推进剂进行燃烧的空间,不仅要有足够的容量,而且需要有对高温、高压的承载能力。大多数燃烧室都是圆柱形的,是整个飞行器受力结构的一部分,有少数燃烧室是其他形状,如球形或椭球形。燃烧室的材料大都采用高性能的金属材料,如各种合金钢、铝合金和钛合金,还有的采用玻璃纤维缠绕加树脂成型的玻璃钢结构,这些材料可以大幅度地减轻壳体的质量。为减少发动机的消极质量,使推进剂的装填系数 α(推进剂质量与发动机总质量之比)尽可能大一些,现代固体火箭发动机壳体均采用比强度值($\sigma_{s\rho}=\sigma/\rho$)很高的材料。表 1-1 列出了部分壳体材料的性能参数。

表 1-1　部分壳体材料的性能参数

材料名称	极限强度/MPa	密度/(kg·m⁻³)	比强度/(N·m·kg⁻¹)
优质碳素钢	706	7 800	9.05×10^4
优质合金钢	1 079	7 800	1.38×10^5
超高强度钢	1 851	7 800	2.37×10^5
铝合金	530	2 850	1.86×10^5
钛合金	1 207	4 500	2.68×10^5
玻璃纤维/环氧	1 898	1 990	9.54×10^5
凯夫拉/环氧	2 410	1 360	1.77×10^6

2. 推进剂药柱

药柱是安装在火箭发动机燃烧室壳体内呈一定形状的推进剂,其中包括燃料、氧化剂和其他组元,是发动机工作的能源和工质源。主装药直接放置于燃烧室中,它可以是可分解的自由装填式,也可以是贴壁浇注式,与燃烧室粘连成一体,如图 1-2 所示。主装药必须具有一定的几何形状和尺寸,其燃烧表面的变化必须保持一定的规律,才能实现预期的推力方案。

自由装填药柱一般用于小型战术导弹,其优点是检查和更换容易、造价较低。由于在燃烧室内需设置药柱固定架,壳体的绝热要求高,所以其装填系数较小。

贴壁浇注药柱的质量装填系数和体积装填系数都比较大,但其在固化和贮存过程中需承受温度应力,制造比较困难,造价较高。目前,所有的大型发动机和很多战术导弹发动机都采用贴壁浇注药柱。

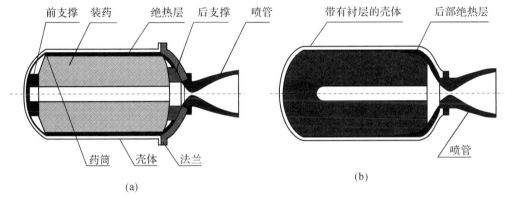

图 1-2 自由装填和贴壁浇注药柱示意图
(a)自由装填药柱; (b)贴壁浇注药柱

药柱几何形状的选择首先应根据发动机的使用和内弹道性能要求进行,在满足发动机性能要求、内弹道性能要求和保证药柱结构完整的前提下,力求简单,以缩短研制周期。药柱几何形状是从工程实践中不断完善和发展起来的。例如,内孔燃烧的管型药柱具有增面燃烧的特点,而且结构简单,当它不能满足某项特定任务时,人们就在管型药柱末端开槽,或在管型药柱前端加锥楔,或在管型药柱的前端或后端加翼片等,构成了一些较新的药型——开槽管型、锥柱型、翼柱型。同时还可根据具体任务,选择一种或者数种药型的组合,如开槽管型、锥柱型、翼柱型就是利用了开槽锥楔翼片的减面性和管型药柱的增面性相互补偿的特性而构成的,图 1-3 为目前使用较多的一些典型药柱的类型。

端面燃烧型药柱的优点是燃面只沿发动机轴向推移,属于一维药柱,燃面面积保持恒定值,因此其推力比较稳定,但由于药柱内无燃气通道,所以其装填系数较大。端面燃烧型药柱的缺点如下:一是燃面面积较小,因此其推力值偏小,只能用于战术导弹的续航发动机中;二是随着燃面的不断推移,炽热的燃气直接作用于燃烧室内壁,对壳体绝热层要求较高。

侧面燃烧型药柱又分为内孔燃烧型、外孔燃烧型和内外孔燃烧型药柱,以适应不同的推力方案。侧面燃烧型药柱的燃面平行于药柱轴线,属于二维药柱,其燃面面积大,能产生较大的推力。为避免燃气直接作用于燃烧室内壁,现代固体火箭发动机大部分采用壳体黏结(即贴壁浇注)的内孔燃烧药柱。为解决燃面面积随工作时间推移而增大的问题,药柱内孔基本采用星型结构。

三维药柱主要是针对复杂燃面的需求而设计的,包括端-侧面燃烧药柱和球型药柱。

端-侧面燃烧药柱包括开槽管型药柱、分段管型药柱、翼柱型药柱和锥柱型药柱,有较大的装填容积和良好的结构完整性。球型药柱装填系数高,壳体表面积和所受应力最小,结构质量轻,广泛应用于航天器。

制成药柱的推进剂按组分可以分为双基推进剂、复合推进剂、复合双基推进剂和改性双基推进剂等。

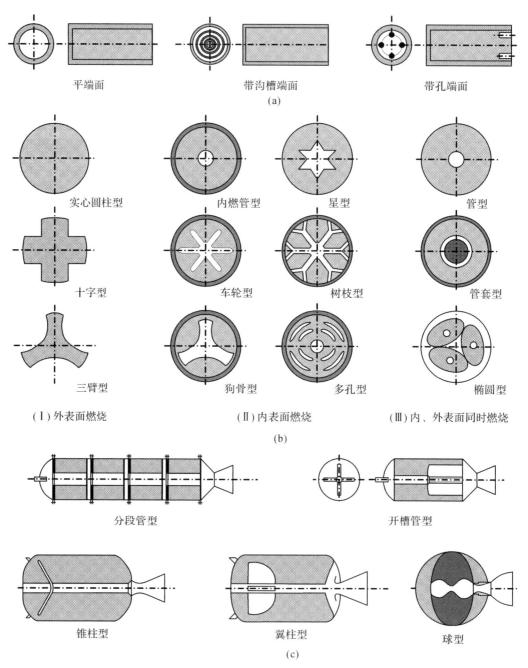

图 1-3　典型药柱的类型

(a)一维药柱(端燃药柱);　(b)二维药柱(侧燃药柱);　(c)三维药柱

双基推进剂是以硝化纤维素和硝化甘油为基本组元的均质推进剂,其中硝化纤维素作为推进剂的基体,用硝化甘油作为溶剂将其溶解塑化,形成均匀的胶体结构。此外,为改善推进剂的各种性能,还加入各种少量的、不同的添加成分。该推进剂的缺点是能量、密度和力学性能较低,安定性也差,但其燃烧产物特征信号较小,目前被广泛应用于各类小型防空导弹和反坦克导弹中。

典型的现代复合推进剂是由氧化剂、金属燃料和高分子黏合剂为基本组元组成的,再加入少量的添加剂来改善推进剂的各种性能,其中氧化剂和金属燃料都是细微颗粒,共同作为固体含量充填于黏合剂基体之中,形成具有一定机械强度的多组元均匀混合体,因此又被称为异质推进剂。由于其具有较高的比冲值和密度值,所以目前被广泛应用于固体火箭发动机中。

改性双基推进剂是在双基推进剂的基础上增加氧化剂组元和金属燃料以提高其能量特性的。双基推进剂中含氧量不足,不能使其中的燃料组元完全燃烧,增加氧化剂可以使能量得到有效的提高。在结构上,改性双基推进剂是以双基组元作为黏合剂,将氧化剂和金属燃料等其他组元黏结为一体,因此它属于异质推进剂。由于其具有前两种推进剂的共同优点,所以目前已用于各类导弹的固体火箭发动机。

20 世纪 70 年代末出现的 NEPE(Nitrate Ester Plasticized Polyether)推进剂是在交联改性双基推进剂的基础上,以能量较高的硝酸酯类物质作为增塑剂,既提高了推进剂的能量,又改善了其在高、低温下的力学性能,是当今世界上公开报道中,已获得应用的能量最高的固体推进剂。

3. 喷管

喷管是固体火箭发动机的能量转换装置,它使高温燃气的热能转换为燃气流的动能,以极高的速度从其出口喷出,产生推力。高温、高速燃气的热传导和冲刷作用,使喷管的工作环境十分恶劣。

喷管的结构形式有固定喷管、摆动喷管、潜入喷管、延伸喷管、斜置喷管和长尾喷管几种,如图 1-4 所示。通常要根据导弹总体的要求选取喷管的结构形式。

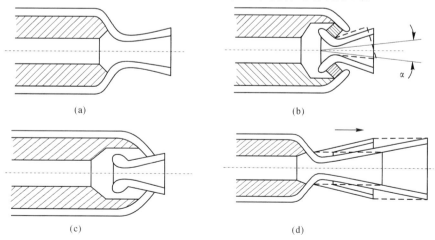

图 1-4 喷管结构示意图

(a)固定喷管; (b)摆动喷管; (c)潜入喷管; (d)延伸喷管

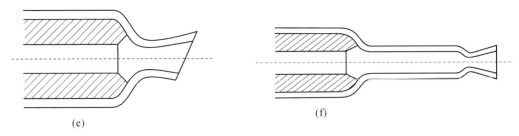

续图 1-4　喷管结构示意图

(e)斜置喷管；　(f)长尾喷管

喷管一般由入口绝热层、喉衬、喷管壳体和出口段绝热层组成。图1-5所示为某型导弹固体火箭发动机喷管的结构示意图。

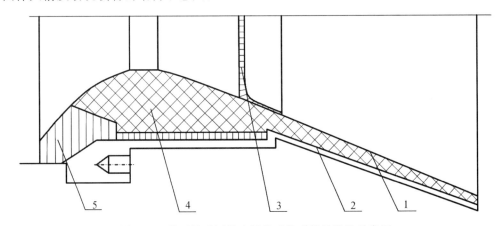

图 1-5　某型导弹固体火箭发动机喷管的结构示意图

1—扩张段绝热层；　2—壳体；　3—喷管堵盖；　4—喉衬组件；　5—收敛段绝热层

喷管壳体通常采用金属材料，为减轻喷管的质量，目前广泛地采用铝合金、钛合金或玻璃钢代替合金钢作为喷管壳体的材料，但造价也随之提高。

喷管喉部管壁的热流达到极大值时，对管壁的氧化作用也最为强烈，因此喉衬组件的选材是十分困难的。目前用于制造喉衬组件的材料有钨渗铜、热解石墨、碳-碳复合材料等。

收敛段和扩张段绝热层承受的热载荷比喷管喉部小得多，其采用的材料有石棉/酚醛树脂、高硅氧/酚醛树脂、碳/酚醛树脂等。

4. 点火器

点火器的作用是给推进剂表面提供必要的能量，以引发推进剂的燃烧。点火器的形式与结构随发动机和推进剂装药形式的不同而有很大差异。图1-6所示为烟火点火器的结构示意图。该点火器由安全机构、电发火管、通气板、主装药药片、多孔壳体、传爆药和点火药组成。

在固体火箭发动机工作前，安全机构的通道处于常开状态。当电发火管意外起爆时引燃点火药后产生的燃气可直接排入大气，保证传爆药和主装药不意外引燃。当火箭发动机准备点火工作时，首先要关闭安全机构的通道，以保证电发火管在接到点火信号起爆后，点火药燃烧产生的燃气不能排向大气,只能冲破传爆药盒,点燃传爆药。传爆药产生的燃气穿过通气板,点燃主装药药片,其燃气冲出壳体的孔而点燃发动机的推进剂药柱。

烟火点火器提供的能量较小,只能用于小型固体火箭发动机的点火。大型固体火箭发动机的点火,则采用专用的点火发动机,其构造类似于一台小型固体火箭发动机。

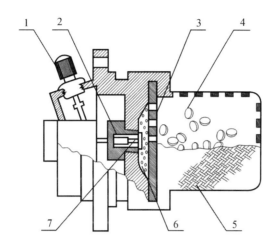

图 1-6 烟火点火器的结构示意图

1—安全机构; 2—电发火管; 3—通气板; 4—主装药药片; 5—多孔壳体; 6—传爆药; 7—点火药

5. 限燃层、衬层和绝热层

(1)限燃层。限燃层又称阻燃层,它是将缓燃或者不燃材料涂在推进剂药柱表面的某一部分,用来控制初始燃烧表面的面积,最终控制推力的变化规律。限燃层的厚度一般为毫米级,所用材料通常为有添加剂的复合橡胶。

(2)衬层。衬层是壳体黏结式发动机中的壳体,或绝热层与推进剂药柱之间不能自燃的胶黏薄层:主要起黏结、缓冲应力的作用,兼有隔热和阻燃作用;减轻由于温度变换而产生的热应力,避免药柱或药柱与壳体(或绝热层)之间出现裂纹或脱黏现象;隔绝高温燃气与壳体直接接触,保证药柱正常燃烧;还可防止药柱对壳体的腐蚀作用。

一般采用与固体推进剂黏合剂相同的材料作为衬层的材料,也可用不相同的材料,如乙丙橡胶、丁腈橡胶或其他材料,外加适当的填料。

(3)绝热层。绝热层是在燃烧室与燃气直接接触的内壁和喷管的某些部位粘贴一定厚度的耐烧蚀、隔热材料。绝热层的功能是作为燃烧室的内衬,保护发动机壳体不受烧蚀。图1-7所示为固体火箭发动机衬层和绝热层示意图。

对限燃层、衬层和绝热层材料的共同要求如下:

1)力学性能好,伸长率大,与黏结对象的黏结能力强。

2)质量密度小,工艺性能好。

3)耐烧蚀,抗冲刷,热稳定性好,导热系数小。

4)抗老化性能好,在贮存期内性能稳定。

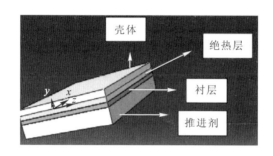

图 1-7　固体火箭发动机衬层和绝热层示意图

6. 其他辅助部件

根据导弹的需要,固体火箭发动机除上述 5 个基本组成部分外,往往还要增加一些具有特殊作用的辅助部件,如推力矢量控制机构、推力终止机构、安全保险机构和自毁装置等。

1.1.2　固体火箭发动机的分类与特点

1. 分类

固体火箭发动机按其用途,可分为主发动机与助推发动机(助推器)两类。主发动机提供续航飞行动力,一般工作时间稍长一些(几秒至几十秒),推力适中或较小。主发动机是导弹的一个舱段,飞行中是不分离的。助推发动机提供发射及加速段的动力,其工作特点是需要提供短时间大推力,一般工作时间为几十毫秒至几秒,最长也只有十几秒,工作结束后要与弹体分离被抛掉。

按提供推力的形式,固体火箭发动机可分为单推力固体火箭发动机、单室双推力固体火箭发动机、多推力固体火箭发动机、双室双推力固体火箭发动机等。单推力固体火箭发动机在其工作过程中只提供一种量级的推力。单室双推力或多推力固体火箭发动机是在同一燃烧室内,装有燃速不同,或药型结构不同,或两者兼备的药柱,在工作过程中提供两种或两种以上量级的推力。双室双推力固体火箭发动机具有两个串联的、独立的燃烧室,其中一个燃烧室的燃气要通过贯穿另一个燃烧室的燃气导管和尾部的喷管排出。在整个导弹飞行过程中,双室双推力固体火箭发动机的两个独立燃烧室是不分离的。

还有一些特殊结构的固体火箭发动机。例如,无喷管固体火箭发动机,它仅由装药燃烧室、推进剂药柱和点火装置三部分组成。其最大特点是结构极大简化,可靠性高,并可使导弹获得更大的速度增量,显著降低固体火箭发动机成本。为了改善导弹弹道特性,提高射程,提高导弹机动性,还研制出了多次点火脉冲固体火箭发动机。其特点是可提供间断的推力,第二脉冲的点火是根据飞行弹道的需要决定的。对于两次点火脉冲固体火箭发动机,第一脉冲提供加速和续航动力,第二脉冲在接近目标前启动,能够实现更合理的能量分配以及有动力攻击目标。

2. 特点

固体火箭发动机在结构、性能上与其他类型发动机相比,具有以下 5 个十分明显的特点：

（1）结构简单。固体火箭发动机零部件少，仅由四部分组成，无转动部件（除有推力矢量控制系统外），结构紧凑，功能多，燃烧室壳体既是贮箱又是燃烧室。

（2）可靠性高。系统零部件越少，可靠性越高，因此，固体火箭发动机可以达到较高的可靠性。

（3）使用和维护方便。装配好的固体火箭发动机即处于战备状态，可随时点火启动。在使用期内，除满足技术安全要求、防潮及无损检测外，一般无需特殊维护，能适应多种环境条件。

（4）具有快速反应能力。一般固体火箭发动机从点火启动至产生一定推力，在 200 ms 内即可完成，有些助推固体火箭发动机在十几毫秒内即可完成，这是其他任何动力装置都无法相比的。

（5）固体火箭发动机相较于液体火箭发动机，具有比冲不高、工作时间有限、内弹道性能受环境条件影响、推力调节较难等缺点。

1.1.3 固体火箭发动机的工作过程

固体火箭发动机的工作过程，实质上就是把推进剂的化学能转化为燃烧产物的动能，进而转变为火箭飞行动能的一种能量转换过程。

固体推进剂是发动机的能源，它在燃烧室中被点燃而进入燃烧过程。燃烧是一种剧烈而复杂的化学反应，燃烧生成了高温（2 000～3 500 K）、高压（4～20 MPa）的燃烧产物（主要是双原子和三原子的气相成分，有时也会有少量凝相成分），将推进剂中蕴藏的部分化学能转变为燃烧产物的热能。这是固体火箭发动机第一个能量转换过程。

作为工质的燃烧产物从燃烧室流入喷管。喷管是具有先收缩后扩张的管道，燃烧产物在喷管内得以膨胀、加速，最后以比声速高数倍的速度从喷管出口喷出。此时，喷管入口处燃烧产物的热能又部分地转变为喷管出口处高速喷射的燃烧产物的动能。这是在喷管中完成的第二个能量转换过程。凭借这种动能对火箭发动机产生的反作用力（即发动机的推力）推动火箭运动，最后转化为火箭飞行的动能。图 1-8 所示是固体火箭发动机的能量转换过程示意图。

图 1-8　固体火箭发动机的能量转换过程示意图

为了在飞行中对飞行器的方向和姿态进行控制，一些固体火箭发动机还具有推力矢量控制装置。一般采用摆动喷管或者在喷管结构上安装其他的控制机构，实现固体火箭发动机工作期间推力方向的改变。

1.2　固体火箭发动机装药缺陷研究现状

1.2.1　固体火箭发动机装药裂纹研究现状

1. 起裂准则

与多数材料在载荷作用下发生裂纹扩展不同,推进剂在燃烧条件下受多种物理场的耦合作用,而且裂纹尖端的边界随着推进剂的燃烧也会不断地发生变化,因此在分析裂纹尖端的应力与应变时十分复杂。目前,断裂力学在发展过程中,针对不同属性材料建立了相应的裂纹起裂准则,如应力强度因子断裂准则、能量释放率准则、裂纹张开位移(Crack Opening Displacement,COD)断裂准则和 J 积分断裂准则等。应力强度因子准则与能量释放率准则所适用的范围为线弹性断裂,因此对于出现弹塑性断裂情况不适用。COD 断裂准则和 J 积分断裂准则均适用于弹塑性断裂,COD 断裂准则仅限于简单几何形状和受力情况。与COD 断裂准则相比, J 积分断裂准则有严密的理论依据,并且 J 积分的计算与路径无关,可以绕开裂纹尖端的塑性区,因此可适用于复杂的计算情况。

在裂纹起裂判断上,Schapery 认为,只有当裂纹扩展的应变能克服了材料的断裂阻力时,裂纹才会开始发生扩展。Knauss 从固体力学的角度对高分子聚合物裂纹的扩展问题进行分析,并通过实验总结得出裂纹的扩展速度与裂纹的长度、裂纹尖端的应力强度因子及推进剂的材料属性有关。Fraisse 等人指出,对于推进剂材料,应采用 J 积分断裂准则对裂纹的起裂进行判断。

任取一条从裂纹下表面沿逆时针至上表面的闭合回路 Γ,把沿这条回路的 J 积分定义为

$$J = \int_{\Gamma} \left(W \mathrm{d}y - \boldsymbol{T} \cdot \frac{\partial \boldsymbol{u}}{\partial x} \mathrm{d}s \right) \tag{1-1}$$

式中: W —— 应变能密度;

$\quad\quad\boldsymbol{T}$ —— 作用在回路 Γ 上的力矢量;

$\quad\quad\boldsymbol{u}$ —— 作用在回路 Γ 上的位移矢量;

$\quad\quad\mathrm{d}s$ —— 回路 Γ 上的弧单元。

根据 J 积分断裂准则判断裂纹尖端 J 积分值是否达到断裂韧性临界值 J_{IC},当 $J = J_{\mathrm{IC}}$ 时裂纹开始扩展。为了测定裂纹尖端处的 J 积分,王阳等人对含预制裂纹的端羟基聚丁二烯(Hydroxyl Terminated Polybutadiene,HTPB)推进剂进行拉伸实验,采用数字相关图像方法得出试件的应变和位移,然后利用 J 积分计算公式计算得出裂纹处的 J 积分,并且与用有限元计算方法所得结果进行对比分析,两者有较好的吻合度。

2. 影响裂纹扩展的因素

含裂纹的固体推进剂在燃烧过程中,其裂纹的扩展受多种因素影响,为探究造成裂纹发

生扩展的因素,研究人员从不同的方向开展分析与讨论,得到了一些有价值的结论。

Wu 对添加金属的复合推进剂裂纹内的燃烧进行实验研究,结果表明添加金属使推进剂裂纹扩展速度有明显增加。Lu 设计了一套有耐热透明玻璃窗的燃烧室,并配备了高速摄像机拍摄在燃烧过程中裂纹及脱黏的扩展情况,分别对高能金属化推进剂和高伸长率的推进剂进行裂纹扩展实验,分析认为燃烧室增压梯度存在一个阈值,超过这个阈值会观察到裂纹发生显著的扩展,并且这个阈值由推进剂材料性能决定。

Liu 等人对复合推进剂的裂纹扩展问题进行研究,分析认为裂纹发生扩展主要是黏结剂与固体颗粒之间的脱黏、黏结剂中类似空穴的损伤以及固体颗粒裂纹造成的,并且指出裂纹的开裂点是随机的;同时还研究了裂纹尖端的力学性能随温度变化的机理以及温度对裂纹扩展速率的影响。通过实验结果可以发现,低温会造成裂纹扩展速度增大,但是温度的变化对裂纹尖端的力学性能没有造成显著影响。研究结果表明,裂纹的扩展速率与应力强度因子成幂函数关系,并且时间对裂纹扩展也有一定的影响。

Knauss 对复合推进剂裂纹扩展进行研究,提出在对裂纹尖端的开裂区进行分析时应采用离散模型。通过实验结果得出,裂纹尖端的应变分布十分不均匀,并且他认为应变的不均匀是造成裂纹持续扩展的重要因素。实验还分析了复合推进剂中添加的固体颗粒材料对裂纹扩展的影响,总结得出固体颗粒的形状以及颗粒之间的相互作用都是影响裂纹扩展的重要因素。

蒙上阳等人采用三维黏弹性有限元法以及对裂纹附近区域进行的 J 积分计算,研究了温度载荷、推进剂材料性能以及裂纹位置和深度对裂纹扩展和药柱结构完整性的影响。他根据计算结果指出,发动机在环境温度较低的情况下工作时,药柱表面裂纹发生扩展后通常不能自动止裂,并且总结得出出现在药柱前翼槽的纵向裂纹危险性最大。职世君等人研究了在裂纹扩展过程中应力强度因子及 J 积分的变化规律,结合仿真结果指出,随着裂纹扩展深度的增加,应力强度因子和 J 积分的增长速度逐渐减小。陈凤明等人对装药表面的纵向和横向两种典型裂纹进行研究,指出挤裂模式对于两种裂纹都适用,并且提出纵向裂纹较横向裂纹更容易发生扩展。

邢耀国、熊华、沈伟等人设计了如图 1-9 所示的实验装置,对不同条件下的含预制裂纹的推进剂进行点火实验。在实验中,分别对聚硫推进剂和丁羟推进剂在不同增压速率、壳体刚度及裂纹尺寸情况下的裂纹扩展情况进行观察,并且对上述两种推进剂的断裂韧性 J_{IC} 值进行测定,然后通过数值计算的方法计算裂纹受载时的 J 积分,从而对裂纹是否会发生扩展进行判断。通过实验总结得出以下结论:

(1)壳体刚度一定时,对于推进剂试件而言,只有当点火增压梯度达到临界值时,裂纹才会发生扩展。

(2)试件边界的约束条件对裂纹的扩展有着重要的影响,当边界约束刚度较大时,裂纹不容易发生扩展,当约束刚度较小时,裂纹容易发生扩展。

(3)推进剂材料的断裂韧性 J_{IC} 值越低,裂纹越容易发生扩展。

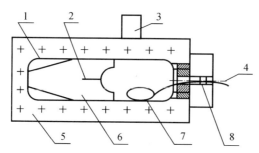

图 1-9 推进剂点火实验装置示意图

1—气隙; 2—推进剂试件的预制裂纹; 3—压强测试孔; 4—点火药包导线;
5—发动机壳体; 6—推进剂试件; 7—点火药包; 8—可拆卸喷管包

1.2.2 固体火箭发动机界面脱黏研究现状

1. 起裂准则

对于单一介质,J 积分的积分值与路径无关。但是对于脱黏而言,其发生在两种不同材料组成的界面处,因此积分路径需要穿越界面。刘甫等人对该问题进行了讨论与分析,认为 J 积分在界面脱黏处依然满足守恒性。当判断脱黏界面是否扩展时,可以采用黏结面的剥离能 E_p 为判定准则,即 $J = E_p$ 时脱黏界面开始扩展。

2. 影响脱黏扩展的因素研究

Wu 等人研究了燃烧过程中脱黏的传播规律,通过使用不同挠度壳体之间的对比实验,认为壳体的膨胀是造成脱黏界面扩展的主要因素。邢耀国等人对在燃烧条件下影响推进剂与包覆层界面脱黏扩展的因素进行研究,得出结论:燃烧室增压速率越高,脱黏开始扩展的时间越短,脱黏面的面积越大,越容易发生扩展,壳体的刚度越小,脱黏面越容易发生扩展。

庞爱民等人对影响推进剂/衬层的黏结强度的因素进行分析,指出推进剂中固化催化剂及衬层中界面键合剂和交联剂用量的增加会使得界面黏结强度增大,而推进剂中的稳定剂及绝热层中的防老剂用量的增加会使得界面黏结强度下降。

周盼等人对横向过载下固体火箭发动机黏结界面的脱黏过程进行了数值分析,认为发生脱黏的临界过载与脱黏面的初始面积有关,并且在脱黏面面积达到某一临界值后,界面发生脱黏的临界过载将不再随脱黏面积的增大而发生变化。

孙博等人对不同深度及位置的推进剂/包覆层界面脱黏进行 J 积分计算,探讨 J 积分随脱黏位置以及深度变化的分布规律,从而分析得出脱黏的稳定性。通过仿真结果得出,脱黏尖端的 J 积分随深度的增加而增加,在深度达到一定值后,脱黏将会发生扩展。

王立波采用与文献[21-22]类似的研究方法对含有推进剂/衬层界面脱黏的试件进行研究,并提出了脱黏界面扩展速度的经验公式

$$v = \begin{cases} 0 & (\mathrm{d}p/\mathrm{d}t < c) \\ a\,(\mathrm{d}p/\mathrm{d}t)^n - b & (\mathrm{d}p/\mathrm{d}t \geq c) \end{cases} \quad (1-2)$$

式中:v——脱黏面的扩展速率(m/s);

   p——燃气压强（GPa）；

$\mathrm{d}p/\mathrm{d}t$——燃气的增压速率（GPa/s）；

a、b、n——与试件形状、尺寸、材料相关的系数；

   c——增压速率的临界值。

3. cohesive 单元在界面脱黏扩展计算中的应用

   cohesive 单元是一种依据内聚力模型赋予材料损伤特性的特殊单元，将其与有限元模型相结合即可实现对模型失效破坏的模拟计算。cohesive 单元在计算过程中可避免重新划分网格，因此在模拟裂纹发生扩展方面表现出很大的优势。cohesive 单元示意图如图 1-10 所示。

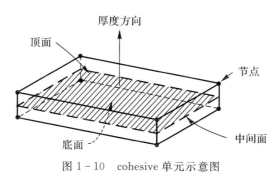

图 1-10 cohesive 单元示意图

   侯宇菲等人采用零厚度 cohesive 单元对复合固体推进剂细观损伤进行分析，通过建立不同模型进行数值仿真计算，并将仿真计算结果与实验结果进行对比分析，指出多边形颗粒填充模型比圆形模型更适合对推进剂的细观结构进行模拟，指数型内聚力模型比双线性内聚力模型更适合对黏弹性材料进行损伤分析。

   封涛等人对高氯酸铵（Ammonium Perchlorate，AP）颗粒与 HTPB 基体界面处的缺陷进行分析，采用双线性内聚力模型对界面层的力学响应进行描述，并在界面处设置 cohesive 单元，分析认为缺陷会导致推进剂的力学性能降低，具体表现为随着缺陷含量的增加，推进剂的初始模量与抗拉强度呈指数下降。

   韩龙基于 cohesive 单元构建了 NEPE 推进剂细观计算模型，研究了细观结构对宏观力学性能的影响，得出推进剂颗粒尺寸配比及界面参数对推进剂发生脱湿破坏的过程有十分显著的影响，并模拟了单轴拉伸实验，得到了推进剂的细观损伤过程。

   王广等人对复合固体推进剂与衬层界面的脱黏过程进行仿真计算，在计算中使用 cohesive 单元表征推进剂/衬层界面，计算结果表明，cohesive 单元可从细观上对推进剂/衬层界面的脱黏过程进行准确的模拟。

   张志成等人采用 cohesive 单元对推进剂/衬层界面的脱黏进行数值模拟，研究结果表明，衬层界面的老化以及界面处 AP 颗粒数量的增加均会导致界面更容易发生脱黏。

1.2.3 推进剂材料断裂性能研究现状

   固体推进剂的组分不同，其在发生断裂时所表现出的力学性能也会有差别，因此研究人员对不同成分推进剂的断裂性能进行了研究,为分析推进剂药柱由于裂纹所引起的结构破坏奠定了基础。

Schapery 研究了各向同性的黏弹性材料的裂纹发生起裂的时间,指出起裂发生的时间越晚材料的安全性越高,其在研究中还提出适用于非线性的黏弹性材料的积分 J_v,结合 J_v 可计算得出非线性的黏弹性材料的裂纹扩展速率及裂纹尖端的断裂能。

Ide 等人对经过加速老化处理的 HTPB 推进剂的断裂过程进行研究与分析,研究结果表明,经过加速老化处理的推进剂的裂纹扩展速度有明显提升,并且在裂纹发生扩展时的临界应力也明显减小。对于未经过老化处理的推进剂而言,裂纹在发生扩展时会经历"钝化—扩展—钝化",而经过老化处理的推进剂裂纹在扩展时,裂尖不会发生钝化,裂纹发生扩展后会迅速贯穿整个试件,同时会出现 AP 颗粒穿晶断裂的现象,分析认为材料的老化造成了 AP 颗粒发生分解以及基体材料韧性降低,使其在裂纹发生扩展时裂尖区域不存在塑性区。

常新龙等人对 HTPB 推进剂进行了加速老化处理试验,得出加速老化处理的时间越长、温度越高,推进剂的韧性会越低。在进行推进剂试件的拉伸试验时,拉伸速率越小,推进剂基体与 AP 颗粒的脱湿现象越明显。

周广盼从细观角度研究了 HTPB 推进剂的裂纹在发生扩展时的"钝化—扩展—钝化"现象,发现 AP 颗粒与基体发生脱湿导致了裂纹尖端出现损伤,随着脱湿的不断汇集,在达到一定程度后裂纹开始发生扩展,同时他还指出裂尖的钝化现象是由裂尖附近的拉伸作用引起的。

李高春等人对 HTPB 推进剂中 AP 颗粒与推进剂基体发生脱湿现象进行了研究,指出环境温度对脱湿现象有较为明显的影响,随着环境温度的降低,脱湿现象会逐渐减少,取而代之的是 AP 颗粒出现断裂破碎的现象。

1.3 装药缺陷检测技术与诊断技术的现状及发展

1.3.1 装药缺陷检测技术的现状及发展

固体火箭发动机结构形式多样,但基本上都有壳体、绝热层(衬层)、推进剂、喷管和点火器等。这些结构特点导致其可能出现的缺陷也有所不同,如:壳体-绝热层(衬层)-推进剂的黏结界面常见的缺陷是弱黏或脱黏;推进剂内部常见的缺陷是气孔和夹杂;内孔燃烧的发动机,其推进剂内表面可能会出现裂纹等缺陷。对于推进剂的端面燃烧,发动机还具有应力释放装置,应力释放装置结构比较复杂,出现缺陷的概率也比较大,主要有脱黏、气孔和变形等。固体火箭发动机常见的缺陷形态如图 1-11 所示。

针对上述问题应根据实际情况选择适当的检测方法,本着由简到繁的原则,选择具体的检测设备,提高检测效率,降低漏检率。用目视法检查推进剂表面存在的缺陷及其表面状况是最直观的方法。推进剂固化时聚合反应产生的体积变化,以及由于环境温度变化而产生的温差应力,贴壁浇注式药柱内孔在一定条件下会产生裂纹,它通常在推进剂表面产生,目视检查有时是可以发现的。对难以观察到的药柱内孔表面,通常利用光学透镜、光导纤维等制成的内窥镜或者用视频成像内窥镜来观察。前者的分辨力为 4 LP/mm,后者的分辨力能达到 8～12 LP/mm。

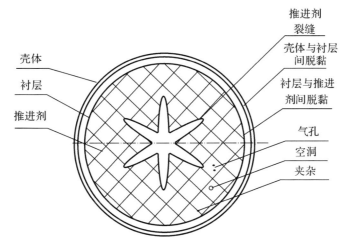

图 1－11　固体火箭发动机中常见的缺陷形态

1. 脱黏面检测

(1)敲击检查。为了检查固体火箭发动机金属壳体与衬层或绝热层的黏结情况以及衬层与推进剂的黏结情况,可以用铜制小锤轻轻敲击壳体表面,用人的听觉比较实部与界面有间隙部位振动发出声音频率的差别,界面黏结良好时发出"哒哒"的声响,界面有间隙的部位则发出"踏踏"的声响。界面分离面积越大,两者在声响上的差别也越明显,一般人对此均能加以辨别。但靠人耳要辨别分离缺陷在哪个界面上尚有困难。实践表明,对大面积的界面脱黏以及在对已知界面脱黏的复查中,敲击检查是最为简便的,也是比较有效的。

(2)超声波检测。采用超声波检测界面分离缺陷可以弥补敲击检查之不足。超声波频率通常为 0.5～10 MHz,使用单探头从固体火箭发动机壳体外面进行检查,观察超声波探伤仪示波器上的多次反射图形,可以发现壳体与衬层(绝热层)界面的脱黏。在壳体与衬层(绝热层)界面脱黏处,超声波传播至界面上不再向衬层(绝热层)传播,即在壳体的内边界被反射回来,此反射率几乎为 100%。而在界面黏结良好处,超声波在界面的反射率约为 80%,由于衬层(绝热层)都是橡胶基的材料,对超声波衰减很大,因此其多次反射图形很快减小。

图 1－12 所示为采用板波诱发波超声法检测波形。选用参数探头频率为 5 MHz,发射接收探头的距离为 31 mm。一界面脱黏时,一界面波幅值为 100%,良好黏结时一界面波幅值为 68%;二界面脱黏时,二界面波幅值为 61%,良好黏结时二界面波幅值为 34%。根据一、二界面的回波幅值,可分辨两个界面是脱黏还是良好黏结。

在装药燃烧室界面脱黏检测中,要准确地确定其脱黏边界,是有一定的技术难度的问题。目前一般采用"包围法"来确定脱黏边界,即首先找出脱黏的大概区域。如图 1－13 所示,图中虚线所示即是初探脱黏边界,它一般较实际脱黏面积大,此时即可在虚线外侧向前移动探头。当探头移到位置"2"时,仪器荧光屏上会出现一界面或二界面脱黏的波形,说明探头的前沿一部分已进入脱黏区,再将探头后移到位置"1"时,荧光屏重新出现黏结良好的波形,这时探头前沿即为脱黏的边界。沿该曲线逐点探测,即可得到较为准确的脱黏边界。

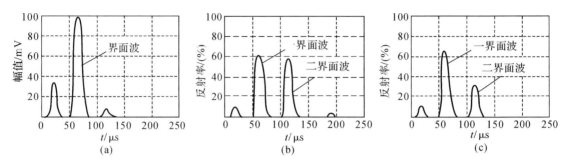

图 1-12　采用板波诱发波超声波法检测波形

(a)一界面脱黏;　(b)二界面脱黏;　(c)两个界面均良好黏结

(3)声传播阻抗法检测。声传播阻抗法主要用来检测衬层(绝热层)与推进剂黏结界面的分离缺陷,但它也能检测壳体与衬层(绝热层)黏结界面的分离缺陷。该方法是利用换能器产生的 60～70 kHz 声波,激励被检测那部分壳体黏结结构一起振动。该部分界面上的分离缺陷,会使得声波的传播路径、传播阻抗发生改变(换能器的负载不同),因此使换能器输出信号会有大小的差别。检测时,根据换能器输出信号的差异就可判断界面是否分离及分离所处的位置。该方法能检测的最小界面分离面积基本与探头面积相同。一般探头直径为 14～20 mm。如果所用探头直径较大,其与壳体前封头椭球面和筒身的圆柱面不能完全耦合,会影响该方法的检测效果。如果缩小探头直径,这种耦合问题会有所改善。图1-14所示为声传播阻抗检测法检测各黏结界面探头输出信号值。

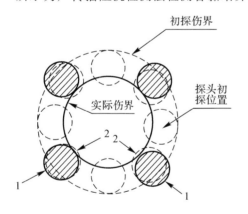

图 1-13　"包围法"确定的脱黏边界示意图

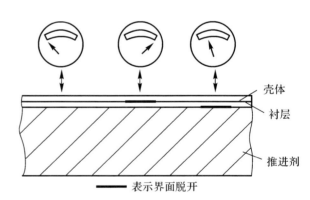

图 1-14　声传播阻抗检测法检测各黏结界面探头输出信号值

(4)射线照相法检测。射线照相法检测是检测发动机内部缺陷的有效方法,常用于检测装药内部的气孔、裂纹、杂质及各个界面间的黏结情况。对于不同的缺陷采用不同的检测方法。对于脱黏、分层等类型缺陷,经常采用切线照相法检测,如图 1-15(a)所示。如果脱黏分离面与射线方向基本平行,则该方法具有较高的检测灵敏度,但界面脱黏缺陷的可检性取决于脱黏面与射线束方向的夹角,只有在夹角足够小时才能检出,如图 1−15(b)所示。另外,缺陷的检出率与切线照相的曝光次数有关,曝光次数越多,检出率越高。

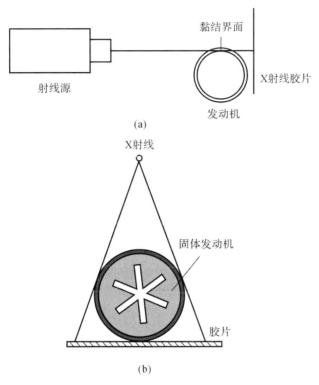

图 1−15　切线照相法检测示意图
(a)切线照相法原理;　(b)脱黏面与射线束方向的夹角

当采用切线照相法检测时,如无其他构件影像的干扰,就可根据缺陷的分布位置与形状进行识别和判定,缺陷在射线底片中为黑色条状或线状影像。值得注意的是,在绝热层/衬层/推进剂界面上,由于衬层材料的吸收系数小于绝热层材料和推进剂的吸收系数,衬层材料的厚度较薄,加之该部位厚度变化的不连续性,其影像容易在视觉上产生偏差。因此,在进行底片评定时须仔细甄别,必要时使用黑度仪测量其黑度,观测其黑度与周围区域的差异,如果与其他部位相比其黑度差异较大,即可判定其黏结界面脱黏。

(5)红外热成像法检测。近年来,随着红外热成像法的发展和日趋成熟,固体火箭发动机装药的包覆层、绝热层脱黏的红外热成像检测法受到了一定的重视。

红外热成像无损检测技术是利用红外辐射测量方法和技术对被检发动机的热量传递状况进行检测,借助其他设备和图像处理分析方法,通过温度分布判断被检发动机的装药损伤情况。检测时使用不同的热激励使被检发动机装药和环境形成温差,由于温度不同,发动机装药内部发生了热量的流动。如果发动机装药的包覆层、绝热层出现了脱黏现象,热流的扩散和传递过程就会受到阻碍,不同部位向外辐射能量也会存在差异。依据斯蒂芬-玻尔兹曼定律中辐射能量和温度的定量关系,不同的辐射能量分布状况会导致不同的温度分布。缺陷的存在会导致局部或整体温度分布异常,分析发动机装药的热像图特征,即可检测出发动机装药内部是否存在缺陷。如果存在缺陷,通过进一步数据分析和处理,可以检测出缺陷的大小、位置和形状等相关参数。红外热成像检测系统主要由闪光灯、红外热像仪、控制器、计算机等组成,系统原理图如图1-16所示。

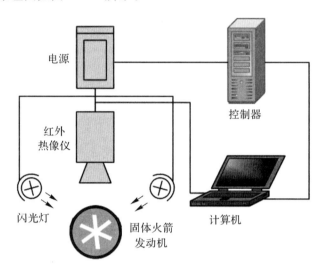

图1-16 红外热成像检测系统原理图

(6) 工业 CT(Computed Tomography)检测。使用工业 CT 可以检测黏结界面脱黏情况。对发动机进行整体工业 CT 扫描,基于 CT 扫描数据所反馈的发动机内部各部位的 X 射线吸收率差异,寻找可能存在的脱黏缺陷。

由于脱黏往往造成脱黏点附近出现微小气隙,而这些气隙与其附近的绝热层、壳体的 X 射线吸收率存在显著差异,所以这一特征可用于脱黏特征的判读。显然,用于脱黏检测的 CT 扫描的空间分辨率十分重要,通过 CT 扫描所能检出的最小脱黏缺陷理论上不会小于 CT 扫描的一个像素。对于高分辨率的扫描结果,其结果数据十分庞大,可能需要专人进行影像判读,或借助人工智能程序的帮助寻找脱黏点。在实践过程中,有时受限于设备或时间因素,只能看到一个扫描截面的脱黏数据。这时,必须根据实际情况改变扫描位置,找出脱黏的起始位置和终止位置,最终确定脱黏尺寸。图1-17所示为某型固体火箭发动机脱黏缺陷的 CT 扫描图像。

(7)激光全息检测法。该方法主要用来检测自由装填药柱与其包覆绝热套筒的黏结质量。激光全息检测法的检测原理是利用物质变形前、后两种状态的波前对比来检测,又称为双曝光全息干涉法,即检测时在物体受力前拍摄一张全息图,然后对物体进行加载(加热、抽真空、振动等),再拍摄一张全息图。当把这两张全息图在激光照射下成像时,其再现物波的干涉条纹在对应于有缺陷的局部区域会出现变异。这些变异条纹的位置、大小形状与缺陷的位置、大小和特性有关。据此可判断物体内部缺陷的存在位置与大小。该方法检测药柱界面分离缺陷的灵敏度是较高的,一般直径为 5 mm 的界面分离能很明显地显示出来。

(8)散斑干涉法。散斑干涉技术是一种可以无损检测物体变形表面离面位移导数的技术。对于内部具有缺陷的复合材料,当材料受到外部载荷时,内部缺陷位置的外表面会产生微小而不均匀的变形。利用错位散斑干涉技术可以将这种不均匀的表面变形以蝴蝶状干涉条纹的形式显现出来,并利用计算机技术精确地测量缺陷的大小。

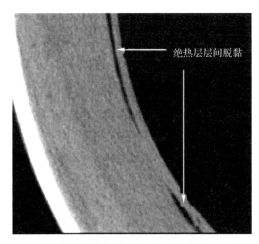

绝热层层间脱黏

图 1-17　某型固体火箭发动机脱黏缺陷的 CT 扫描图像

2. 裂纹和气孔检测

裂纹可定义为一端为尖端、另一端有较小开口的狭缝。裂纹多发生在装药内孔应力比较集中的部位。裂纹一般比较小,因此检出困难。但是由于它多发生在内孔表面,所以只要留意内孔表面边界光滑度,大多数裂纹是不难检出的。

气孔主要存在于衬层和药柱中,其主要成因可能是在制作过程中,由于真空度控制不好,材料最终掺混不均匀,以及衬层或推进剂与空气的密度相差比较大,因此在检测过程中比较容易发现气孔。

(1)微波检测。微波可用来检测玻璃纤维缠绕壳体内的缺陷。微波反射法可检测出 2 mm×10 mm 的空洞和 10 mm×0.5 mm 的分层。利用 10 GHz 微波透过法可检测药柱中的孔洞、药柱与衬层间的分层及药柱的老化性能。但因为微波不能穿透金属,所以它不能用于从金属壳体外壁对固体火箭发动机进行检测。

(2)射线照相检测。对于药柱内的气孔、夹杂、裂纹和密度不均等缺陷,应采用不同的检测方法进行检测。对于气孔、夹杂等具有一定体积形状的缺陷,可采用径向照相法进行检测,如图 1-18 所示。当采用径向照相法时,对于厚度变化较大的检测部位可采用多胶片法或复合胶片法进行射线照相,即在同一暗袋内放入两张以上的 X 射线胶片,胶片的感光速度可以不同,从而可以减少曝光次数,提高检测效率。药柱内裂纹的检出概率与射线束的入射方向和裂纹的深度方向有关,只有当裂纹的深度方向与射线束入射方向的夹角足够小时,才有可能检出药柱内部的裂纹。

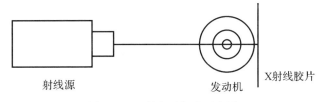

射线源　　　　　　　　　　发动机　　X射线胶片

图 1-18　径向照相法示意图

X 射线照相法检测气孔的灵敏度为 1%(气孔直径与被测厚度之比),如图 1-19(a)所示。γ 射线闪烁计数法检测界面分离的灵敏度比 X 射线切向照相法要高,能分辨出 0.13 mm 的分离缝隙,而且是自动扫描,不会出现漏检,如图 1-19(b)所示。X 射线实时显像检测系统也是自动扫描的,对气孔检测能达到照相法的分辨率,而对界面分离缝隙的检测经图像处理可优于照相法。

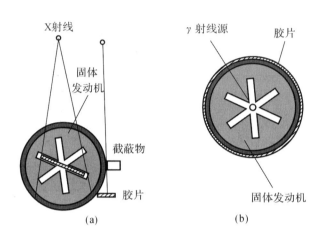

图 1-19 发动机的不同射线照相检测法

(a)X 射线照相法; (b)γ 射线闪烁计数法

(3)工业 CT 检测。对于固体火箭发动机内部的气孔,一般 CT 漏检率比较低,并且缺陷尺寸也能够比较准确地得到。图 1-20 所示为某型固体火箭发动机装药内气孔扫描图像。

推进剂内表面的裂纹,由于尺寸比较小,受 CT 空间分辨力限制,有可能被漏检。在检测中,应根据不同的发动机结构,有针对性地进行重点扫描。在不影响性能的前提下,尽量降低密度分辨力,以提高检测小尺寸裂纹的能力。图 1-21 所示为某型固体火箭发动机裂纹缺陷扫描图像。

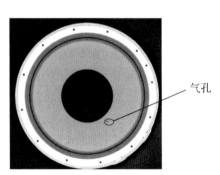

图 1-20 某型固体火箭发动机装药内气孔扫描图像

图 1-21 某型固体火箭发动机裂纹缺陷扫描图像

1.3.2 装药缺陷诊断技术的现状及发展

1. 缺陷测量

在单个缺陷测量中,应该至少给出测量的最大长度、最大宽度、面积和取向等参数。单个缺陷测量参数的定义如图 1-22 所示。如果考虑空间位置,还应该提供轴向参数、径向参数和角度参数。

当两个或两个以上分离的缺陷相互间很靠近时,还应进行连接缺陷中心的直线距离 K 值的测量,如图 1-23 所示。

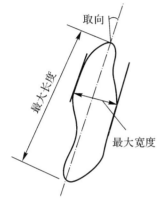
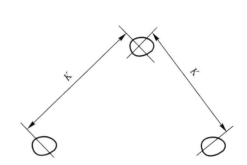

图 1-22 单个缺陷测量参数的定义　　图 1-23 分离缺陷间距离 K 值的测量

对于用各种无损检测手段测出的缺陷图像的各维尺寸,应该用标准试件或对比试块进行标定。标准试件或对比试块中的人工缺陷必须包含有待检验缺陷的相应等级要求的最小检出尺寸的缺陷,并经提供永久记录的检测方法进行验证。试件或试块的制作应使其材料和构形与被测工件相同,制作方法可参考有关标准。标准试件应经认可的鉴定单位鉴定。

2. 缺陷诊断

缺陷诊断体系应能对检测工件存在的超标缺陷进行实时、全方位的综合评价,包括评定缺陷的性质、严重程度、危害程度、产生原因,还应给出克服缺陷的技术措施。

固体火箭发动机的质量检验需要采用目视、超声波、射线检测等多种无损检测方法和设备,针对不同检测数据互相验证、相互补充。为了全面、正确地评估发动机的质量,发动机使用单位应建立固体火箭发动机无损检测诊断数据库,如图 1-24 所示。检测人员可随时方便地从无损检测数据库中调出不同检测方法的无损检测数据和其他相关数据,并可将当前检测结果与以前同类发动机质量检测数据进行分析比较。另外,检测人员还可从数据库和数据交换软件上查询发动机在研制生产、验收交接、贮存使用、年度测试和故障维修全过程的检测和使用数据,得出更深入、更细致的分析结论。

为保证固体火箭发动机无损检测结果应用于发动机判废实践,还需要针对不同的无损检测方法,建立各种缺陷参数的数学模型,利用数字信号处理和分析技术,统计大量同类缺陷信号的时域波形、幅值谱、功率谱密度、小波变换等特征,得到反映缺陷性质的特征量,然后利用模式识别、人工神经网络及专家决策系统等方法进行缺陷自动识别和定量分析,判断缺陷的类型和性质。最后,结合流体力学、材料科学、计算力学、固体火箭发动机与推进剂等多学科知识,可以计算出固体火箭发动机缺陷部位所受应力和应变的大小,再根据推进剂的延伸率、抗拉强度、断裂韧性等参数,综合判定各类缺陷的危险性。

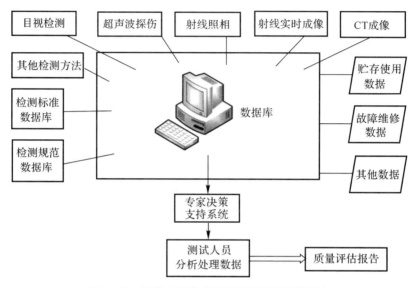

图 1-24　固体火箭发动机无损检测诊断数据库

第2章 固体火箭发动机装药缺陷及危害性分析

2.1 固体火箭发动机的失效模式及装药缺陷类型

2.1.1 固体火箭发动机的失效模式

固体火箭发动机的失效模式很多,如点火器失效、喷管缺陷、密封件损坏、自由装填发动机药柱破损等,这些问题均可通过更换备件的方法得到解决。而对于整体浇注的发动机来说,如果装药失效,则会导致发动机报废。整体浇注发动机装药的失效模式主要有以下两类:一是推进剂力学性能下降,导致发动机工作时装药结构破坏;二是推进剂化学特性变化,导致发动机内弹道性能变化,无法满足发射要求。

1. 推进剂力学性能下降导致的发动机失效

装药结构破坏是固体火箭发动机失效的主要模式。装药结构完整性分析目前尚无统一的判断依据,一般情况下,选择发动机所承受的最严酷载荷(一般为发动机点火工作期间),用有限元方法计算药柱结构的应力应变场,采用最大应力、最大剪应力或最大应变来分析装药的结构完整性。

(1)最大应力判据。最大应力判据主要用于分析药柱结构的破坏,其失效判据为

$$\sigma_{max} \geqslant [\sigma] \qquad (2-1)$$

式中:σ_{max}——计算得到的药柱最大应力;

$[\sigma]$——推进剂许用应力。

即满足式(2-1)时,药柱破坏。

(2)最大剪应力判据。在发动机点火工作期间,由于要承受较大的轴向加速度载荷,所以推进剂与衬层、衬层与绝热层等黏结界面要承受较大的剪切应力。这些黏结界面的失效一般利用最大剪应力判据进行破坏分析,其判据为

$$\tau_{max} \geqslant [\tau] \qquad (2-2)$$

式中:τ_{max}——计算得到的黏结界面最大剪切应力;

$[\tau]$——黏结界面的许用剪切应力。

即满足式(2-2)时,装药的黏结界面失效。

（3）最大应变判据。最大应变判据主要用于低温环境下，发动机装药结构的完整性分析。在低温环境下，推进剂的延伸率较低，当发动机工作时，载荷诱发的延伸率超过推进剂允许的延伸率会导致装药结构的破坏，使发动机失效。其失效判据为

$$\varepsilon_{max} \geqslant [\varepsilon] \tag{2-3}$$

式中：ε_{max}——发动机工作期间推进剂药柱的最大应变；

$\qquad$ $[\varepsilon]$——推进剂的许用应变。

即满足式(2-3)时，装药结构破坏。

2. 推进剂化学性能变化导致的发动机失效

推进剂在贮存过程中，化学特性的变化会导致推进剂爆热值和燃速发生变化。通过对不同贮存时间推进剂的化学特性进行实验发现，推进剂在长期贮存后爆热值有所降低，燃速也有一定程度的下降。这些变化导致发动机在点火工作过程中，燃烧室燃气压强有所下降，发动机推力也会降低，工作时间有所延长，严重时导致发动机的内弹道性能无法满足发射需要，从而导致固体火箭发动机失效。

2.1.2　固体火箭发动机的装药缺陷类型

固体火箭发动机装药缺陷可分为药柱缺陷和黏结界面脱黏缺陷。

1. 药柱缺陷

药柱缺陷可以分为以下 7 种情况：

（1）药柱气孔或孔洞。浇注期间排气不好，气体没有彻底排除，待固化后形成气孔。浇注过程中药浆流动性较差或芯模温度与药浆温度不平衡，会造成邻近芯模药柱的孔洞。

（2）药柱裂缝。推进剂力学性能不良容易形成药柱裂缝。

（3）药柱表面裂纹。拔模时的拉伤或温度降低到超出环境温度范围时，药柱表面会产生微裂纹。

（4）夹杂。异物落入还没有固化的药柱会造成夹杂。

（5）药柱内表面缺陷。贮存过程中药柱内表面出现的变形、脱湿或龟裂现象。

（6）限燃层脱落。贮存老化会造成限燃层脱落。

（7）包覆套脱黏。贮存老化等因素会造成包覆套与衬层脱开。

2. 黏结界面脱黏缺陷

黏结界面脱黏缺陷可分为以下 5 种情况：

（1）一界面脱黏，即壳体与绝热层之间的脱黏。一界面脱黏形成的原因主要是绝热层贴片过程中壳体清理不干净造成的黏结质量问题。此外，固化加温、加压控制不好，黏结剂质量较差或贮存老化也会形成此类缺陷。

（2）二界面脱黏，即绝热层与衬层之间的脱黏。衬层喷涂前绝热层表面清理不彻底、衬层与绝热层材料的化学相容性不好或贮存老化，都容易形成二界面脱黏。

（3）三界面脱黏，即衬层与推进剂药柱之间的脱黏。贮存老化或贮存过程中的过度应力，都容易形成三界面脱黏。

（4）层间脱黏。由于绝热层往往是二层或多层结构，所以热材料各层黏结不牢就会产生层间脱黏。

（5）层间黏结界面疏松，即绝热材料各层黏结不牢产生的疏松或固化压力不足形成的分层和微孔现象。

2.2　装药缺陷产生原因分析

2.2.1　固体火箭发动机装药载荷分析

固体火箭发动机从生产、贮存到使用的整个寿命周期，往往会经历长距离运输、长时间贮存直至最后发射的过程。发动机在整个寿命周期过程中会受到温度、振动、燃气压强等诸多载荷的联合作用，每一次受载都会使发动机装药受到一定的损伤，并且使发动机装药的承载能力不断下降。因此，要研究在不同载荷作用下典型装药缺陷对发动机使用性能的影响，必须了解其全寿命历程中的受载情况。固体火箭发动机装药所承受的载荷主要有以下三类。

1. 温度载荷

（1）生产过程中的固化降温载荷。固体推进剂经浇注后，药柱将黏结到发动机壳体内壁，在浇注后的固化降温期间，壳体的热膨胀系数较小，而推进剂的热膨胀系数较大，这样药柱从较高的固化温度降到较低的贮存温度的过程中，必然在贴壁浇注式药柱内产生热应力和热应变。药柱的收缩受到壳体的约束，使药柱内部产生拉伸应变，当应变数值大于推进剂延伸率时，可能产生裂纹，而药柱/衬层/壳体黏结界面产生的拉伸应力可能会引起脱黏。

（2）贮存过程中受到的交变温度载荷。固体火箭发动机在贮存过程中，会受到四季环境和昼夜交替温度变化的影响，特别在我国的北部地区，四季分明，昼夜温差大，对发动机装药造成的影响也比较大。温度的循环变化会使发动机药柱内部和黏结界面受到交变应力和应变的作用，对药柱和黏结界面造成一定损伤，长时间的累积损伤会导致发动机装药裂纹、脱黏等缺陷。

（3）飞行工作阶段中的气动加热载荷。导弹在飞行过程中气动加热使壳体温度很快升高，而药柱导热慢，温度变化小，这就在装药和壳体之间产生拉应力，容易造成界面脱黏。除此以外，黏结界面温度升高还会使黏结强度下降，也有可能发生黏结失效。

2. 加速度载荷

固体火箭发动机在地面运输、筒内弹射和级间分离时要承受因振动和冲击载荷产生的轴向和横向加速度的作用，这是引起药柱累积损伤的一个重要原因。该类载荷通常作用时间较短，因此当其实施于性能接近玻璃态的推进剂时，产生的破坏性较强，使发动机壳体畸变而导致界面局部脱黏和产生裂纹。

在缓慢的轴向加速度作用下，发动机直筒段的药柱剪应力与直径成正比，药柱下沉的位移与直径的二次方成正比。因此,对于在高温或高加速度下工作的大直径发动机,该载荷可能导致发动机药柱脱黏及内孔凹槽处产生裂纹。

此外,发动机装药在长期贮存中因受热载荷、机械载荷和自身重力等作用的综合影响而处于受力状态,这对推进剂贮存中的力学性能是有影响的。有关研究表明:受某种程度应变的推进剂的松弛模量比未受应变的要低,这主要是推进剂组分中化学键主价键断裂造成的;应力的存在相当于断键表观活化能降低,使键断裂速率加快,此时药柱由于蠕变而在径向产生过度变形,而发动机壳体一般有足够的刚度以维持自身的形状,所以有应变的贮存条件破坏了黏结剂和填料的黏结,可能引起黏结界面的脱黏。

3. 工作时燃气内压载荷

该载荷是发动机全寿命历程中最严酷的载荷。这种内压载荷的影响从发动机点火工作到发动机熄火,持续作用于整个发动机工作全过程。当贴壁浇注药柱点火时,燃烧室内几毫秒便可达到最大的工作压强。在这个不稳定的过程中,发动机壳体在内压作用下扩张,药柱依附于壳体而变形,如果此时药柱温度较低,药柱的伸长率就小,那么推进剂内部引发应力场,黏结界面产生应力,有可能导致药柱内通道表面产生裂纹和界面脱黏,致使发动机发生故障。

对于自由装填药柱,在点火压强升高阶段,燃烧室压强和药柱与壳体间隙之间产生的压强可能以不同的速率升高。因此,药柱在压强梯度的作用下,在推进剂内部及黏结界面中将产生应力和应变,并会引起药柱的破裂及推进剂/包覆层的脱黏和扩展。

2.2.2 推进剂的老化、化学迁移与晶析

1. 老化

影响复合推进剂性能老化的主要机理是后固化、氧化交联和高聚物的断链。

推进剂在贮存时,固化反应继续进行,即正常固化后的连续、缓慢的后固化,使交联密度增大,导致推进剂模量增大,造成延伸率下降。

受环境温度、湿度等贮存条件的影响,将破坏黏结剂和氧化剂的界面黏附,促使高聚物黏结剂热断链或水解断链,使氧化剂溶解、迁移和沉淀。其主要表现为推进剂力学性能降低(变软),抗拉强度明显下降。例如,"民兵Ⅲ"导弹第二级与第三级发动机在贮存过程中,曾出现环境中的水分经扩散进入衬层内,使氮丙啶与羧酸反应所产生的交联点水解,从而导致推进剂抗拉强度下降。

当双基装药吸湿严重时,会出现推进剂点火困难、燃速减慢、压力和初速降低,影响飞行器飞行控制精度。脆变型聚氨酯推进剂吸水后,低温抗拉强度和模量急剧增大,延伸率明显下降,变为硬脆物质;非脆变型聚氨酯推进剂吸水后,低温抗拉强度、模量稍有下降,而延伸率几乎不变。若水分在氧化剂粒子周围形成低膜液层,则在低应力水平和相应的力学损坏下出现"脱湿"现象,表现为延伸率和模量的迅速下降。此外,贮存过程中的霉菌、腐气以及盐雾都将对发动机装药的力学性能有不同程度的影响,除了使装药发生明显变形以及强度下降外,还表现为药柱表面附着细小白色粉末,出现汗珠渗出状液滴、发黏、异味、粗糙等现象。

2. 化学迁移

在推进剂与衬层或绝热层的界面处,由于某些组分(如增塑剂和催化剂)在界面两侧的浓度和相对溶解度不同,会产生迁移现象。通常,从推进剂迁入衬层或绝热层的物质,起增塑作用,使衬层或绝热层变软、溶胀,并使推进剂变硬、收缩,从而在界面处形成局部的高应力与应变,导致界面黏结减弱甚至破坏。对某地面发射的战术导弹发动机进行解剖时也发现,衬层附近的推进剂明显比药柱其他部位硬,具有较高的模量和较低的延伸率。有关分析认为,增塑剂向衬层迁移、黏合剂渗透和推进剂中的细填料粒子进入衬层表面的孔内是导致这一现象的原因。此外,推进剂中某些不稳定组分的分解会在推进剂内部引起气体的积聚,产生缩孔,严重时还会产生裂纹。

3. 晶析

固体推进剂中的某些成分如 RDX(Hexogen,黑索金)、HMX(Octogen,奥克托今)等会出现晶析现象,在推进剂中多年来未能很好地解决,少量晶析的存在虽然对推进剂影响不大,但对包覆黏结表面的影响却是明显的,其原因是晶析的结果使黏结表面形成低分子物富集区,也就是所谓的弱界面层,它的存在可能诱发衬层和推进剂表面的脱黏。

2.3　固体火箭发动机装药典型缺陷及危害性分析

固体火箭发动机的推力是由燃烧室的压强建立的。在喷管喉部截面面积和推进剂组分确定后,压强的大小则由推进剂燃烧表面面积和推进剂药柱的结构决定。如果燃面面积和药柱结构发生变化,燃烧室的瞬时压强和压强–时间关系将偏离设计状态,发动机的推力发生变化,从而导致发射失败。更为严重的是,当燃面面积大大超过设计值时,燃烧室的壳体会因无法承受过高的压强而发生灾难性的爆炸。

整体浇注的发动机装药在其固化冷却、长途运输、多种环境下的长期贮存、勤务处理和发射准备期间,可能产生各类缺陷。划痕和凹痕一般是由生产过程中的失误导致的,带有划痕和凹痕的产品不会交付使用;定型产品的脱湿和渗胶在产品研制阶段已经得到解决;内聚破坏、迁移、发黏和起皱等缺陷会影响发动机的使用,但不至于造成严重的破坏效果,不是发动机使用性能的主要判据。本节主要研究固体火箭发动机装药的 3 种典型缺陷:脱黏、气孔和裂纹。这些结构上的缺陷将在推进剂燃烧时产生前述的"超"燃烧表面。因此,对装药缺陷进行危害性分析,判定有装药缺陷的发动机能否完成发射任务是固体火箭发动机的一个重要研究领域。

2.3.1　黏结面脱黏及危害性分析

1. 黏结面脱黏

固体火箭发动机的黏结界面主要有壳体/绝热层界面、绝热层/衬层界面和衬层/推进剂药柱界面,如图2-1所示,其中衬层和推进剂药柱之间的脱黏现象是最常见的。

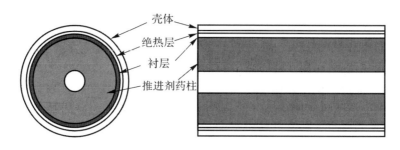

图2-1 固体火箭发动机主要黏结形式

固体火箭发动机衬层的基本作用是控制装药的燃烧面积,同时和绝热层一起发挥着对发动机壳体的绝热作用。燃烧室壳体与绝热层之间脱黏将会使火焰或高温燃气与壳体直接接触,导致壳体过热失去强度甚至被烧穿,尤其是燃烧室的前、后封头部位,药柱燃烧使绝热层过早暴露,这样就更容易烧穿绝热层使壳体失去强度。脱黏可以视为特殊形状的裂纹。如果衬层和推进剂之间出现脱黏现象,由于脱黏腔和燃烧室之间存在压强差,燃气会进入脱黏腔内燃烧,所以药柱表面温度升高到一定程度时发生热解并迅速燃烧。脱黏腔内的压力会急剧升高,若超过一定临界值,将会导致裂纹不断扩展,使发动机的燃烧面积增大,严重情况下会导致发动机壳体爆炸。

2. 黏结面脱黏危害性分析

(1)脱黏的位置。对于端面燃烧的固体火箭发动机,若脱黏部位发生在发动机头部,但由于端面燃烧的燃面是从尾部逐步推移到头部的,当燃面推进到与脱黏面接近时,脱黏空隙处的装药将会被点燃,但是此时装药已所剩不多,所以造成的燃面增大及燃烧时间增长有限。因此,对于端面燃烧的发动机,不同的脱黏位置对发动机的危害性也不同。对于贴壁浇注式内孔燃烧的固体火箭发动机,假如脱黏发生在装药燃烧室的中部,在燃烧沿径向推进的情况下,界面脱黏不会造成危害。但是如果界面脱黏发生在头部和尾部的绝热层/壳体,则高温火焰会与壳体直接接触,导致壳体被烧穿。如果界面脱黏发生在头部和尾部的绝热层/推进剂,则会使燃面增大,燃烧室压强增大直至发动机发生爆炸,同样会导致发射失败。因此,脱黏位置对发动机的影响有所不同,是危害性影响的重要因素之一,需要准确测量。

(2)脱黏的表面积。不论以哪种方式燃烧的固体火箭发动机,对于相同位置的脱黏,脱黏的表面积越大,火焰进入脱黏时燃面面积也就越大;脱黏面积越大,在导弹发射等大过载条件下,黏结界面就越容易大范围开裂,装药的结构完整性也会受到严重破坏;在脱黏面的尺寸大于某一临界值后,发动机工作后的压力也可能造成脱黏的扩展,破坏装药的结构完整性。因此,脱黏初始表面积的大小也是危害性影响因素之一。

(3)脱黏的方向。即使固体火箭发动机脱黏发生在相同位置,脱黏表面积也相同,但脱黏形状不同,燃面推进过程中燃面面积的变化过程也可能不同。例如,对于端面燃烧的脱黏,周向长度越大的脱黏随着燃烧推进越容易烧平,而轴向长度越大的脱黏越容易向药柱中心燃烧,使燃面面积越来越大。因此,脱黏方向也是危害性影响因素之一。

2.3.2　气孔及危害性分析

1. 气孔

气孔是指推进剂药柱、衬层、绝热层或是限燃层内部的空穴,在发动机工作过程中,这些空穴都会引起发动机推进剂的异常燃烧,使内弹道曲线异常,不能完成既定的发射任务。气孔亦可视作一种特殊的裂纹。

2. 气孔危害性分析

(1)气孔的位置。对于端面燃烧的固体火箭发动机,如果气孔存在于发动机头部,由于端面燃烧的燃面是从尾部逐步推移到头部的,当燃面与气孔接触时,气孔空腔壁的装药将会被点燃,但是此时装药所剩不多,因而造成的燃面增大及燃烧时间有限。因此,对于端面燃烧的发动机,不同的气孔位置对发动机的危害性也不同。对于内孔燃烧固体火箭发动机,当气孔靠近壳体时,气孔造成的危害性较小,这是因为在燃面进入气孔区域后,发动机装药已经基本燃烧完毕。不同的气孔位置会对发动机的安全使用造成不同影响,因此气孔位置是危害性影响因素之一。

(2)气孔的初始表面积。不论以哪种方式燃烧的固体火箭发动机,对于相同位置的气孔,初始表面积越大,燃气进入气孔时燃面的增大也越大,因此气孔的初始表面积是危害性影响因素之一。

(3)气孔的形状。对于在相同位置、初始表面积相同的固体火箭发动机装药气孔,当其形状不同时,在燃面推进过程中,燃面面积的变化过程可能不同。因此,气孔的形状也是危害性影响因素之一。

2.3.3　裂纹及危害性分析

1. 装药裂纹

固体火箭发动机的推进剂是一种黏弹性材料,在运输、贮存、日常维护等过程中受外载、热应力及老化因素的影响,局部的黏结剂可能会失效,药柱的内部会产生宏观裂纹和微观裂纹。当裂纹的长宽比达到一定条件时,燃烧室内的高温、高压气体在压力梯度的作用下开始窜入裂纹腔中,在入口处燃烧速度不断增大,在裂纹腔中段速度达到最大值,在裂纹尖端处火焰速度减小,此时压力达到最大值。高温气相区与推进剂固相区之间存在热反馈,当推进剂表面温度升高至气相温度临界值时,推进剂开始热解,接着火焰沿着裂纹表面燃烧,燃烧表面积随之扩大,腔内气体压力升高,高压又使燃速增大,进而使压强进一步升高,二者之间是正反馈的关系。在燃烧的过程中,裂纹的几何形状不会保持不变,当裂纹腔中的气体压力或增压速度足够大时,裂纹尖端开始扩展或分岔,进一步增大燃烧面积,燃烧室的压强急剧升高,严重影响发动机的使用性能。

2. 装药裂纹危害性分析

(1)裂纹的位置。对于端面燃烧的固体火箭发动机,若裂纹部位发生在发动机头部,由于端面燃烧的燃面是从尾部逐步推移到头部的,当燃面与裂纹接触时,裂纹空腔的装药会被点燃,但是此时装药已所剩不多,因而造成的燃面增大及燃烧时间有限。因此,对于端面燃烧的发动机,不同的裂纹位置对发动机的危害性也不同。对于浇注式内孔燃烧固体火箭发动机,假如裂纹与内孔连通,则装药点燃瞬间裂纹空腔也会立刻被点燃,造成燃面面积迅速扩大,假如裂纹发生在靠近壳体的部位,则造成的危害性相对较小。不同的裂纹位置会对发动机的安全使用造成不同影响,因此裂纹位置是危害性影响因素之一。

(2)裂纹的表面积和方向。不论以哪种方式燃烧的固体火箭发动机,当裂纹的表面积和方向不同时,燃烧面面积的变化也会不同,因此裂纹的表面积和方向也是影响燃烧、造成危害的重要因素。

第3章 固体火箭发动机装药无损检测技术

1895年11月,德国物理学家伦琴拍出了世界上第一张手掌X射线照相底片,从此,无损检测(Non-destructive Testing,NDT)开始受到广泛的关注。历经一百多年的发展,无损检测技术已经融入工业化大生产的众多实际应用领域,在保证产品质量方面发挥着非常重要的作用,尤其是在国防及航空航天领域,无损检测技术是实现工艺控制、提高产品合格率的重要手段。

无损检测是以不损坏被检测物体内、外部结构为前提,检测其内部是否存在不连续性(即缺陷),从而判断被检测物体是否合格。常规的无损检测方法包括超声波检测(Ultrasonic Testing,UT)、射线照相检测(Radio graphic Testing,RT)、全息干涉和错位散斑干涉检测(Holography Shearography,HS)、计算机层析成像检测(Computed Tomography,CT)、磁粉检测(Magnetic particle Testing,MT)、声发射(Acoustic Emission,AE)检测、涡流检测(Eddy current Testing,ET)、液体渗透检测(Penetrate Testing,PT)以及泄漏检测(Leak Testing,LT)等。

固体火箭发动机燃烧室各黏结界面和推进剂内部的质量状况是决定火箭飞行结果的关键因素。在研制生产过程中,准确、可靠地检测出黏结界面的脱黏及推进剂内部的气孔、裂纹、夹杂等缺陷,对保证火箭的成功发射有重大意义。

固体火箭发动机燃烧室性能除了制造工艺保证以外,还需要采用一种或多种有效的无损检测方法,以掌握更为全面的产品内部质量信息,典型固体火箭发动机燃烧室制造过程中的无损检测流程分布示意图如图3-1所示。

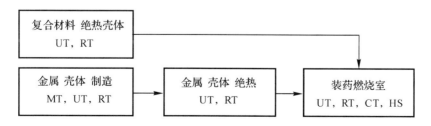

图3-1 典型固体火箭发动机燃烧室制造过程中的无损检测流程分布示意图

3.1 超声波检测

声波一般以频率来表征,能引起听觉的可闻声波频率范围为 20 Hz~20 kHz,频率低于 20 Hz 的机械波被称为次声波,超声波是频率大于 20 kHz 的机械波。超声波技术在 1929 年就开始应用于产品缺陷的检验,超声波检测是利用超声波的众多特性来检测工件,并以超声波检测仪作为显示方式的一种无损检测方法。通过观察超声波在被检工件中发生的传播变化,来判定其内部是否存在缺陷,从而在不损害被检测工件的情况下评估其质量和使用价值。在众多的无损检测方法中,超声波检测以其灵敏度高、适用性广泛、成本低、效率高等优点占据着非常重要的地位。

3.1.1 超声波检测技术

超声波是一种机械波,是机械振动在弹性介质中的传播。产生机械波的首要条件是要有产生机械振动的波源,其次是要有传播机械振动的弹性介质。在固体火箭发动机燃烧室超声波检测中,超声波检测仪和探头组合成超声波的波源,耦合剂、燃烧室壳体、绝热层等物质均可看作超声波传播的弹性介质。机械波的传播不是物质的传播,而是能量的传播。

1. 主要特征量

周期 T:振动质点完成一次围绕平衡位置往复运动过程所需要的时间。

频率 f:单位时间内振动的次数(周期数),单位为 Hz。

波长 λ:波经历一个完整周期所传播的距离。

波速 c:单位时间内波所传播的距离,单位为 $m \cdot s^{-1}$,波速是材料的固有参数。

波长 λ、波速 c、频率 f、周期 T 之间的关系为

$$\lambda = \frac{c}{f} = cT \tag{3-1}$$

2. 超声波的波形

超声波检测主要应用的波形有纵波、横波、瑞利波(表面波)和兰姆波。纵波一般应用于钢板、锻件检测;横波一般应用于焊缝检测;瑞利波一般应用于表面或近表面缺陷的检测;兰姆波一般应用于薄板、薄壁钢管的检测。纵波是介质中质点振动方向与波的传播方向平行的波形,是唯一可以在固体、液体和气体中传播的波形,固体火箭发动机燃烧室的超声波检测均采用纵波,如图 3-2 所示。

纵波、横波、瑞利波的波速仅与传播介质自身的特性有关,如密度、弹性模量等,不同材料的波速有着较大的差异。在同一固体介质中,纵波波速大于横波波速,横波波速又大于瑞利波波速,表 3-1 列举了部分常见材料的密度,纵波和横波波速和波长。

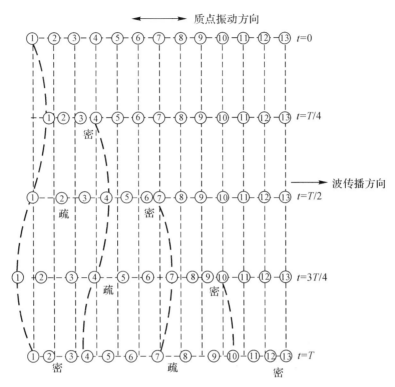

图 3 - 2   纵波示意图

表 3 - 1   常见材料密度,纵波和横波波速和波长

材　　料	$\rho/(g \cdot cm^{-3})$	纵　波		横　波	
		$c_1/(m \cdot s^{-1})$	λ/mm	$c_1/(m \cdot s^{-1})$	λ/mm
铝	2.69	6 300	1.3	3 130	0.63
钢	7.8	5 900	1.2	3 200	0.64
有机玻璃	1.18	2 700	0.54	1 120	0.22
甘油	1.26	1 900	0.38	—	—
水(20 ℃)	1.0	1 500	0.30	—	—
机油	0.92	1 400	0.28	—	—
空气	0.001 2	340	0.007	—	—

3. 超声场

介质中有超声波存在的区域称为超声场。超声场具有一定的空间大小和形状,只有当缺陷位于超声场内时,才有可能被发现。超声场的物理量主要有声压、声强和声阻抗。

(1)声压。超声场中某一点在某一时刻所具有的压强 p_1 与没有超声波存在时的静态压强 p_0 之差,称为该点的声压,常用 p 表示,则有

$$p = p_1 - p_0 = \rho c u \qquad (3-2)$$

式中：ρ—— 介质的密度($g \cdot cm^{-3}$)；

$\quad c$—— 介质的波速($m \cdot s^{-1}$)；

$\quad u$—— 质点的振动速度($m \cdot s^{-1}$)。

（2）声强。在垂直于超声波传播方向的平面上，单位面积上单位时间内所通过的声能称为声强，常用 I 表示。在同一介质中，超声波的声强与声压的二次方成正比，即

$$I = \frac{p^2}{2\rho c} \qquad (3-3)$$

（3）声阻抗。超声场中任一点的声压 p 与该处质点振动速度 u 之比称为声阻抗，常用 Z_a 表示，则有

$$Z_a = \frac{p}{u} = \frac{\rho c u}{u} = \rho c \qquad (3-4)$$

由式(3-4)可知，在同一声压下，声阻抗增加，质点的振动速度下降。声阻抗也等于介质的密度与声速的乘积，超声波在两种介质界面上反射和透射的情况与两种介质的声阻抗密切相关。

4. 分贝

通常规定以引起听觉的最弱声强为 $I_1 = 10^{-16}\ W \cdot cm^{-2}$ 作为声强的标准，另一声强 I_2 与标准声强 I_1 之比的常用对数称为声强级，单位是贝尔(Bel)，实际应用时由于贝尔值太大，故常取 1/10 贝尔即分贝(dB)来作为其单位。

$$\Delta = 10 \lg \frac{I_2}{I_1} = 20 \lg \frac{p_2}{p_1} (dB)$$

当超声波检测仪的垂直线性良好时，仪器示波屏上的波高 h 与回波声压成正比，这时有

$$\Delta = 20 \lg \frac{p_2}{p_1} = 20 \lg \frac{h_2}{h_1} (dB) \qquad (3-5)$$

5. 超声波的传播特性

（1）超声波垂直入射到平界面时的反射和透射。当超声波垂直入射到两种介质的界面时，一部分能量透过界面进入第二种介质，称为透射波，另一部分能量则被界面反射回来，称为反射波，这一特性是超声波检测缺陷的物理基础。如图 3-3 所示，当超声波从声阻抗为 Z_{a1} 的一种介质垂直入射到声阻抗为 Z_{a2} 的另一种介质时，在界面上声能(声压、声强)的分配和传播方向的变化都将遵循这一规律。

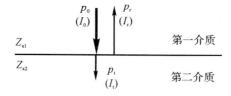

图 3-3　超声波垂直入射到界面时的反射与透射示意图

声压反射率：

$$r = \frac{p_r}{p_0} = \frac{Z_{a2} - Z_{a1}}{Z_{a2} + Z_{a1}} \tag{3-6}$$

声压透射率：

$$t = \frac{p_t}{p_0} = \frac{2Z_{a2}}{Z_{a2} + Z_{a1}} \tag{3-7}$$

声强反射率：

$$R = \frac{I_r}{I_0} = r^2 = \left(\frac{Z_{a2} - Z_{a1}}{Z_{a2} + Z_{a1}}\right)^2 \tag{3-8}$$

声强透射率：

$$T = \frac{I_t}{I_0} = \frac{4Z_{a1}Z_{a2}}{(Z_{a2} + Z_{a1})^2} \tag{3-9}$$

从以上公式可以看出，界面两侧介质声阻抗的差异决定了反射能量和透射能量的比例。

1）当 $Z_{a1} \approx Z_{a2}$ 时，$r \approx 0$，$t \approx 1$，声波几乎全透射，无反射。

2）当 $Z_{a1} > Z_{a2}$ 时，若 $r < 0$，反射声压 p_r 和入射声压 p_0 相位相反。当 $Z_{a1} \gg Z_{a2}$ 时，$r \approx -1$，$t \approx 0$，声波几乎全反射，无透射，这一点在检测具有空气间隙的缺陷时非常有利，固体火箭发动机燃烧室超声波检测正是利用了这一点。

3）当 $Z_{a1} > Z_{a2}$ 时，若 $r > 0$，反射波和入射波相位相同，此时声压透射率大于1，这一点并不与能量守恒定律相违背，由于声强的大小与声阻抗成反比，从能量分配来看，反射声能仍然占较大部分，其与透射声能之和仍然等于1。

（2）超声波的衰减。当超声波在介质中传播时，能量随着距离增加逐渐减弱的现象叫作超声波的衰减。引起超声波衰减的主要因素有声束扩散、晶粒散射和介质吸收三种，通常所说的介质衰减是指吸收衰减与散射衰减，不包括扩散衰减。

6. 超声波检测仪与探头

（1）超声波检测仪。超声波检测仪的作用是产生电脉冲并施加于探头（也叫换能器）上，激励探头发射超声波，同时对探头接收的电信号进行放大，通过一定方式显示出来，从而判断被检测工件的内部信息。超声波检测仪按照指示的参量可分为三类：第一类指示声的穿透能量，称为穿透式检测仪；第二类指示频率可变的连续波形成共振的情况，用于共振法测厚；第三类指示脉冲反射声波的幅度和传播时间，称为脉冲反射式检测仪。脉冲反射式检测仪是目前应用最广泛的一种超声波检测仪，根据信号显示方式通常分为 A 型显示、B 型显示和 C 型显示。

1）A 型显示。A 型显示是波形的显示，检测仪屏幕的横坐标代表声波的传播距离，纵坐标代表反射波的幅度，由反射波在横坐标的位置可以确定缺陷深度，由反射波的幅度可以估算缺陷大小。

图 3-4 所示为普通 A 型脉冲反射式超声波检测仪的基本电路框图，其工作原理是同步电路产生周期性的同步脉冲信号，一方面触发发射电路产生激励电脉冲，施加到探头上产生脉冲超声波；另一方面控制时基电路产生锯齿波施加到示波管 X 轴偏转板上，使光点从左到右随时间移动形成时基线。超声波通过耦合剂传播进入工件，遇到缺陷即产生反射，反

射波由已经停止激振的源探头接收,转变成电脉冲经放大电路放大施加到示波管 Y 轴偏转板上,此时,光点不仅在 X 轴水平线上按时间做线性移动,而且要受 Y 轴偏转板上电压的影响做垂直运动,从而在时基线上出现波形,根据反射波在时基线的位置可以确定缺陷与探头之间的距离,根据显示的波高可以确定回波声压的大小,从而估算缺陷的大小。

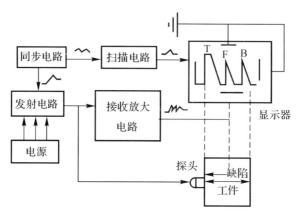

图 3-4 普通 A 型脉冲反射式超声波检测仪的基本电路框图

2)B 型显示。B 型显示是工件的一个二维截面图,检测仪屏幕的横坐标代表探头的扫查轨迹,纵坐标代表声波的传播时间(或距离)。B 型显示可以直观地显示出被检测工件任一纵截面上缺陷的分布及缺陷的深度。

3)C 型显示。C 型显示是工件的一个平面投影图,屏幕的横坐标和纵坐标都代表探头在工件表面的扫查位置,探头接收信号的幅度以光点辉度表示,因而当探头在工件表面移动时,屏幕上可显示出被检测工件内部缺陷的平面图像。

(2)数字式超声波检测仪。国内数字化超声波检测技术从 20 世纪 90 年代中后期开始发展,相继推出了国产化的数字式超声波检测设备。数字式检测仪与模拟式检测仪的最大区别就是回波信号的数字化处理,其优势首先是质量轻、体积小、易于携带,其次是接收的信号可以存储、记录和再现,避免了传统模拟式检测仪缺乏永久记录的缺点,便于对信号的后期分析和处理。

(3)探头。探头的作用是发射和接收超声波,其性能直接影响超声波的检测能力。最常用的探头基本都是利用材料的压电效应来实现电能和声能的转换的,因此也常把探头叫作换能器。

1)压电效应。某些晶体材料在交变应力作用下产生交变电场的现象称为正压电效应。反之,晶体材料在交变电场作用下产生伸缩形变的现象称为逆压电效应。正、逆压电效应统称为压电效应。超声波探头中的压电晶片就具有压电效应,当高频电脉冲激励压电晶片时,产生逆压电效应,将电能转换为声能(机械能),探头发射超声波。当探头接收超声波时,产生正压电效应,将声能转换为电能。

2)探头的种类。根据结构特点和用途,可将探头分为多种类型,最常用的有接触式纵波直探头、接触式斜探头、双晶探头、水浸探头和聚焦探头等。

接触式纵波直探头用于垂直发射和接收超声纵波,主要用来探测与检测面近似平行的缺陷,如板材、锻件检测等,其基本结构如图 3 - 5 所示。

接触式斜探头可分为纵波斜探头、横波斜探头、瑞利波探头、兰姆波探头及可变角探头等,最常用的是横波斜探头,主要用于探测与检测面成一定角度的缺陷,广泛用于焊缝、管材的检测。

双晶探头是在同一个探头内安装有两个压电晶片,一个用于发射超声波,另一个用于接收超声波,能够避免始脉冲引起的盲区问题,主要用于检测近表面缺陷。

水浸探头主要用于水浸法检测。

聚焦探头是在探头前面加上声透镜以产生聚焦声束,使得声束在某一深度范围内直径变窄,声强增高,能提高局部区域的检测灵敏度与信噪比等。声透镜可以为球面镜或柱面镜,形成点聚焦或线聚焦声束。

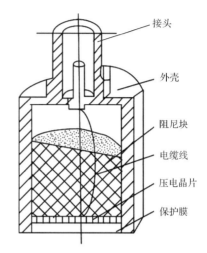

图 3 - 5　接触式纵波直探头的基本结构示意图

3)探头的编号。探头编号的组成项目及排列顺序一般为基本频率、晶片材料、晶片尺寸、探头种类和探头特征。例如:2.5B20Z 表示为频率 2.5 MHz、钛酸钡晶片、圆形晶片直径 20 mm 的直探头。

(4)仪器与探头的组合性能。通常超声波检测设备有三个鉴定方式:制造厂家自检、使用单位自检及地方计量部门的强制定期鉴定。评定项目包括外观、垂直线性、水平线性、检测灵敏度、分辨力、信噪比等。

1)垂直线性。垂直线性指输入超声检测仪接收电路的信号幅度与其在超声检测仪显示器上所显示的幅度成正比关系的程度。当采用波高法评定缺陷尺寸时,垂直线性将直接影响缺陷的定量精度。

2)水平线性。水平线性指输入超声检测仪中不同回波的时间间隔与超声检测仪显示器时基线上回波间隔成正比关系的程度。水平线性影响测距精度,因此直接影响缺陷定位精度。

3)灵敏度。灵敏度指整个检测系统发现最小缺陷的能力。发现的缺陷越小,灵敏度就越高。

4)分辨力。分辨力通常是指在屏幕上区分一定大小相邻两缺陷的能力。能区分的相邻缺陷的距离越小,分辨力就越高。

5)信噪比。信噪比是指屏幕上最小缺陷回波幅度与最大噪声幅度之比。信噪比高,杂波少,对检测有利;信噪比太低,容易引起漏检或误判,严重时甚至无法进行检测。

3.1.2　超声波检测固体火箭发动机缺陷

火箭发动机燃烧室由外向内的结构依次为壳体、绝热层、衬层、推进剂,壳体分为非金属壳体和金属壳体两大类。金属壳体制造材料广泛使用的是特种钢,绝热层与钢壳体之间采用胶黏剂黏结成型,通常将钢壳体-绝热层界面称为一界面,其黏结质量是发动机研制与生产过程中的检验项,用超声纵波多次脉冲反射法检测是检测一界面脱黏最为有效的手段,该方法于 20 世纪 70 年代初开始应用,经过绝热层修补试验、发动机解剖试验、地面试车和飞行试验等验证,检测结果准确、可靠。

1. 检测原理

利用超声波垂直入射到不同介质界面时的反射和透射特性可以实现燃烧室一界面脱黏的检测。当一界面脱黏时,会存在不同程度的空气间隙,超声波在钢/空气界面传播,如图 3-6(a)所示。由式(3-4)的声阻抗公式可以得出,Z_{a1} 约为 46.63×10^6 kg·m^{-2}·s^{-1}[钢的密度(7.85×10^3 kg·m^{-3})和钢中声速(5.94×10^3 m·s^{-1})的乘积],Z_{a2} 约为 408 kg·m^{-2}·s^{-1}[空气的密度(1.2 kg·m^{-3})和空气中声速(340 m·s^{-1})的乘积],将 Z_{a1}、Z_{a2} 代入式(3-6)和式(3-7),可以得出声压反射率 $r \approx -1$,声压透射率 $t \approx 0$,即表示在图3-6(a)中声波几乎全部被反射,没有透射。

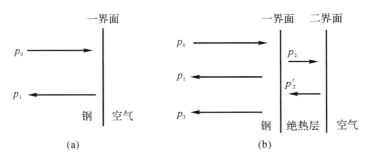

p_0—入射声压; p_1—界面反射声压; p_2—透射声压;
p_2'—二界面反射声压; p_3—二界面返回表面声压

图 3-6 声压示意图

(a)一界面脱黏; (b)一界面好黏

当一界面好黏时,超声波在钢/绝热层界面传播,如图 3-6(b)所示。此时 Z_{a2} 约为 2.88×10^6 kg·m^{-2}·s^{-1}[绝热层的密度(1.22×10^3 kg·m^{-3})和绝热层中声速(2.36×10^3 m·s^{-1})的乘积],由式(3-6)和式(3-7)可以得出,声压反射率 $r \approx -0.88$,声压透射率 $t \approx 0.12$。

由声压分贝关系式(3-5)能够得出,一界面好黏和脱黏时的反射声压分贝差约为 1.11 dB,此差别太小导致单次回波几乎无法在仪器屏幕上进行区分,采用多次脉冲反射法可以使好黏和脱黏时的声压分贝差叠加,通过观察其反射波的波形图来进行区分。

超声波检测仪显示屏的水平刻度通常为 10 格,假如设定其扫描范围为 500 mm,在检测壁厚 4 mm 的钢壳体燃烧室时,屏幕显示的反射回波约为 125 次,好黏和脱黏的总声压分贝差为 $1.11 \times 125 = 138.75$ dB,二者的差别被放大,变得非常容易识别,如图 3-7 所示。好黏时超声波在钢/绝热层界面反复传播并不断衰减,波形在仪器屏幕上呈现明显的下降和收敛;而脱黏时超声波几乎仅在钢介质中反复传播,衰减相对较慢,波形在屏幕第 10 格处仍然保持较高的幅度。实际的超声检测中,采用多少次脉冲反射波,需要在专门的对比试块上进行反复试验。

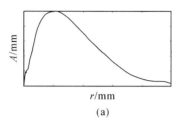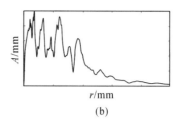

图 3 - 7　典型的一界面好黏和脱黏波形图

(a)好黏波形；　(b)脱黏波形

2. 检测条件

（1）人员。从事燃烧室超声波检测的人员需要经过专业培训,掌握超声波检测的理论知识与实际操作技能,熟悉发动机绝热成型工艺及脱黏特点,了解壳体结构、厚度、材料、表面状态等影响因素。

（2）仪器与探头。燃烧室一界面脱黏为已知深度下的面积型缺陷,几乎无须进行深度定位,仪器可选择垂直线性、水平线性良好的 A 型脉冲反射式超声波检测仪。实际的超声检测中,针对具体的对象,使用的探头频率往往需要经过多方面考虑与尝试,以获取最佳的灵敏度余量、分辨力、信噪比等。选择燃烧室超声检测探头频率时可参考表 3 - 2。

表 3 - 2　探头频率的选择参照

金属壳体厚度 t/mm	探头频率/MHz
$t \leqslant 2$	5
$2 < t \leqslant 5$	2.5～5
$5 < t \leqslant 10$	2.5
$10 < t \leqslant 20$	1～2.5

探头晶片尺寸选择应不大于要被检测的最小缺陷尺寸。由于发动机壳体结构一般为圆筒状和锥筒状,当探头晶片尺寸过大时,与壳体检测面之间会形成线接触,不能保证超声波顺利进入壳体传播,燃烧室检测探头晶片尺寸选择可参考表 3 - 3。

表 3 - 3　探头晶片尺寸的选择参照

金属壳体厚度 t/mm	探头晶片直径/mm
小于 200	6～10
200～500	14
大于 500	20

（3）辅助材料。超声波检测辅助材料主要为对比试块与耦合剂。

对比试块为超声波检测前的灵敏度调校以及检测后脱黏缺陷的评定,一般采用与被检燃烧室同材质的钢板制作,相同的绝热工艺进行一界面绝热成型,采用挖空或预埋等方式制作形状、面积不同的标准脱黏缺陷,如图 3-8 所示。通常每一种需要进行超声波检测的钢壳体燃烧室,都应该有与之对应的标准脱黏对比试块。

图 3-8 燃烧室对比试块

耦合剂的主要作用是排除探头与检测面之间的空气,保证超声波能够顺利进入壳体传播,同时耦合剂还能减小探头与被检测件之间的摩擦,便于探头在检测表面滑动扫查,一般选择甘油作为耦合剂。

3. 检测工艺

燃烧室超声波检测前,应提供被检测对象的壳体材料、厚度、绝热工艺、检测区域、验收标准等,超声专业工艺人员根据委托方提供的最小脱黏面积,在标准试块上选择对应的人工缺陷进行超声波检测系统(仪器与探头)调试,得出人工缺陷特定波高或波宽时的检测灵敏度,然后制作超声波检测工艺卡片并下发给操作人员,最后由操作人员根据工艺卡内容对燃烧室一界面黏结质量进行检测并出具报告。固体火箭发动机燃烧室超声波检测工艺流程如图 3-9 所示。

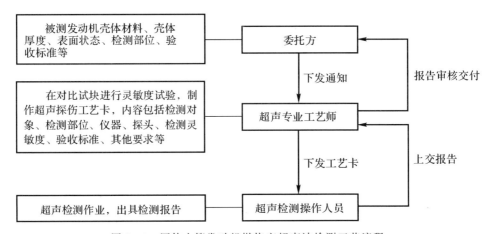

图 3-9 固体火箭发动机燃烧室超声波检测工艺流程

4. 缺陷检测

燃烧室一界面脱黏是指钢壳体与绝热层界面间脱开的现象,如图 3-10 所示。由于脱黏界面存在间隙,解剖时非常容易剥离,所以解剖面会存在发光、发亮的胶膜现象,如图 3-11 所示。而当一界面黏结牢固时,解剖后仅能观察到绝热层被割开的表面状态,如图 3-12 所示。将这种被割开的黏结状态定义为好黏,并标定其超声波检测回波为判定标准,凡是回波不符合该标准的黏结状态一律视为脱黏。燃烧室一界面超声波检测中遇到的脱黏缺陷主要有完全脱黏、搭接缝脱黏、麻黏 3 种。

(1)完全脱黏。通常由于绝热层片材黏结时挥发性气体聚集鼓包、胶黏剂失效、结合面污染等因素所导致的脱黏面积一般较大,界面分离较彻底,是超声波最容易检测到的缺陷,如图 3 - 13 所示。完全脱黏在采用超声波多次脉冲反射法检测时,在探头声束面积内的声波几乎全部被反射回来,在仪器屏幕上形成较高的回波信号,非常容易分辨与判断,如图 3 - 14 所示。

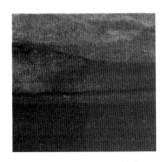

图 3 - 10 一界面脱黏

图 3 - 11 脱黏解剖

图 3 - 12 好黏解剖

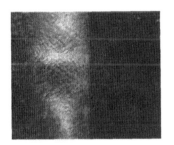

图 3 - 13 一界面完全脱黏解剖

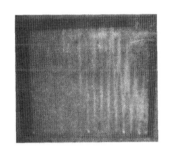

图 3 - 14 一界面完全脱黏波形

(2)绝热片搭接缝脱黏。绝热层一般采用逐张粘贴的方式,当后一张绝热片搭接于前一张绝热片时予以处理,两张绝热片搭接部位会形成长条形空隙,绝热片越厚,空隙越宽,需要操作人员及时处理。当一界面搭接缝黏结良好时,解剖后仅能观察到一条发丝粗细的搭接线,超声波几乎无法将其分辨出来,如图 3 - 15 所示。一界面搭接缝脱黏通常是处理不当、工具不匹配等因素所导致的,宽度为 1.5~3 mm,偶尔也会更大,如图 3 - 16 所示。探头移动扫查时仪器屏幕上会出现较为明显的跳跃信号,探头在接搭缝处停滞不动时,会形成一定的波高,波高与搭接缝脱黏宽度成正比。

图 3 - 15 搭接缝好黏解剖

图 3 - 16 搭接缝脱黏解剖

（3）麻黏。麻黏的产生主要是壳体内表面喷砂、绝热层表面凹凸不平和胶黏剂涂刷不均匀等因素所导致的，解剖后会发现大量亮斑和亮点，如图3-17所示。当对麻黏进行超声检测时，遇到的情况与接缝脱黏类似，不易形成较为强烈的回波，主要与亮斑、亮点的密集程度和大小有关。

图3-17　麻黏解剖

固体火箭发动机燃烧室由于外形结构的复杂性，超声波检测几乎都是操作人员现场手工检测的，虽然其具有简便灵活、成本低廉等优点，但是在大规模批生产的背景下会逐步暴露出越来越多的问题，主要是检测的高效性，因此需要开展具有自动扫查、记录、判定的超声波自动化、智能化检测技术研究。另外，随着工艺技术水平的发展，固体火箭发动机燃烧室的结构、材料、绝热工艺等方面在不断地创新，超声波检测技术也应不断拓宽覆盖领域。

3.2　散斑干涉检测

包覆药柱通常为端面燃烧，需要保证推进剂与衬层间黏结牢固。如果出现推进剂与衬层间的脱黏或表面气孔等现象，药柱工作时就会发生蹿火，引起推进剂燃面迅速扩大，严重时会导致发动机爆炸。因此，必须对包覆药柱衬层-推进剂界面黏结质量进行无损检测，以确保界面黏结质量。现有的常规无损检测手段如射线、超声等对包覆药柱的黏结界面的检测效果不是很好或无法检测。包覆套的弹性和激光对形变的灵敏性，使激光检测法能很好地解决其他检测手段无法检测的难题。

利用激光全息二次曝光法检测包覆药柱衬层-推进剂界面黏结质量的方法早已应用于实际检测中，但该方法存在着隔振要求高、需二次曝光、干版需要经过暗室处理、结果判读需要重现激光光路以及定位困难等缺点，导致检测周期大为增加，无法满足批量生产检测的要求。激光错位散斑检测仪可以实现实时、在线检测，大大地提高了工作效率，并且降低了检测过程对环境的要求，可以实现大规模、批量快速检测的要求，保障批量生产后的产品质量。

3.2.1　散斑干涉检测技术

激光错位散斑检测技术是由激光散斑干涉技术、光电技术和计算机图像处理技术相结合而发展起来的无损检测新技术。1977年，美国激光技术有限公司率先推出了该项技术，广泛应用于飞机、火箭、卫星、舰船、航天飞机、轮胎等复合材料构件的生产或在役检测。我国自20世纪90年代后期开始开展激光错位散斑的应用研究工作，开发了一些实验仪器和可用于现场检测的设备，实现了对小型包覆药柱的黏结质量检测。

激光错位散斑检测仪具有以下4个优点：

（1）采用CCD摄像机取代传统的全息干版记录物面散斑场的光强信息。

（2）使用图像采集卡采集散斑场信息，从而对工作环境的要求大大降低，甚至可以走出实验室,进行现场检测。

（3）采用相减模式处理干涉散斑场,可消除一般杂散光的影响,在明室下进行检测,大大方便了操作人员。

（4）激光错位散斑检测仪能够以数字形式保存实时检测图像,便于散斑图的分析和后处理,为实现图像自动识别提供了可能。

1. 激光散斑的物理性质

激光是一种高度相干性的光源,当它照射在具有漫反射性质的物体表面时,根据惠更斯的理论,物体表面的每一点都可以看作一个点光源,从物体表面反射的光在空间相干叠加,就会在整个空间发生干涉,形成随机分布的、或明或暗的斑点,称之为激光散斑（laser speckle）。在全息试验中,观察被激光所照射的试件表面,就可以看到上面有无数细小的斑点。这些斑点的存在使得条纹的反差受到影响,当条纹过密时即被斑点所淹没,因而观察不到条纹。因此在全息发展的初期,散斑被作为无用的噪声。随着全息干涉法的发展,人们发现虽然这些斑点的大小和位置分布是随机的,但是所有斑点的综合是符合统计规律的,在同样的照射和记录条件下,一个满反射面对应一个确定的散斑场,即散斑场与形成散斑场的物体表面一一对应。在一定的范围内,散斑场的运动始于物体表面运动的信息,从而可以计算位移、应变和应力等一些力学量。20 世纪 70 年代初期,激光散斑干涉法得到发展。这种方法不仅具备全息干涉法的非接触式、可以遥感、直观、能给出全场情况等一系列优点,还具有光路简单、对试件表面要求不高、对实验条件要求较低、计算方便、精度可靠、灵敏度可以在一定范围内选择等特点。全息干涉法对面内位移不灵敏,适宜测量离面位移,而散斑干涉法适宜测量面内位移。

2. 激光散斑干涉术

激光散斑干涉术分为两步:第一步是用相干光照射物体的表面,记录带有物体表面位移和变形信息的散斑图;第二步是将记录时所得到的散斑图置于一定的光路系统中,提取需要的位移和变形信息。

（1）单光束散斑干涉。

1）单光束双曝光散斑图的记录。用激光照射有漫反射表面的物体,在变形前和变形后分别对记录介质曝光一次,即得到一幅双曝光散斑图。将记录介质直接置于物体表面记录得到的为客观散斑图,通过透镜成像得到的称为主观散斑图。单光束双曝光散斑图记录如图 3-18 所示。

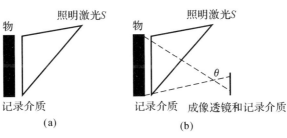

图 3-18　单光束双曝光散斑图记录

(a)客观散斑图；　(b)主观散斑图

2) 单光束双曝光散斑图分析。在拍摄双曝光散斑图时,假设第一次曝光时底片上的场复振幅分布为 $F(x,y)$,受载变形后第二次曝光时底片上的场复振幅分布为 $F(x+u,y+v)$,u、v 分别为位移分量,则位移为

$$d(x,y) = u(x,y)\mathrm{i} + v(x,y)\mathrm{j}$$

设两次曝光时间均为 t,则底片上的总曝光量 $E(x,y)$ 为

$$E(x,y) = I(x,y)t = \left[\,|F(x,y)|^2 + |F(x+u,y+v)|^2\,\right]t \tag{3-10}$$

式中:$I(x,y)$——辐射强度。

再记录介质的线性响应段记录,则底片经过显、定影处理后,振幅透过率为

$$g(x,y) = \beta E = \beta t\left[\,|F(x,y)|^2 + |F(x+u,y+v)|^2\,\right] \tag{3-11}$$

式中:β—— 比例系数。

将以上带有位移信息、透过率为 $g(x,y)$ 的双曝光散斑底片置于傅里叶变换光路中,放在变换透镜的前焦平面,用平行光照射。由于薄透镜的傅里叶变换的性质,在变换的后焦平面(即谱平面上)可以得到双曝光散斑图的傅里叶频谱。

(2)双光束散斑干涉术。两束准直相干光束同时照射待测物体,两束照明光被物体表面反射在成像平面进行干涉形成散斑图。对未变形和已变形形态,分别在同一记录介质上进行一次曝光,即得双曝光散斑图。

3. 散斑和错位散斑干涉无损检测原理

(1)散斑干涉图及其干涉条纹特征。与全息干涉相类似,散斑干涉条纹也反映了物体的位移信息。根据缺陷的类型,选择相应的光路安排。散斑干涉条纹反映的是位移的等值线。对于面内裂纹和缺陷,在变形时 u 场或 v 场的条纹将会有不均匀的变化,因此双光束和单光束散斑法对缺陷比较敏感。对于脱黏一类的缺陷,它表现的主要是离面位移,原则上也可以用测离面位移的双光束散斑光路进行检测,但是用剪切散斑更为方便。

(2)错位散斑干涉图及其干涉条纹特征。错位散斑条纹图在很多情况下面内位移相比离面位移可以不计,此时可以直接得到离面位移对 x 方向和 y 方向的导数的等值线条纹,这在无损检测领域非常有用。例如,在 x 方向错位时,有

$$\Delta x = -\frac{2\pi}{\lambda}\left[(1+\cos\theta)\frac{\partial w}{\partial x}\right]\delta x \tag{3-12}$$

式中,相位差 $\Delta x = 2n\pi$ 时,出现干涉条纹,n 为条纹级数,式(3-12)可重写为

$$\frac{\partial w}{\partial x} = -\frac{n\lambda}{(1+\cos\theta)\delta x} \tag{3-13}$$

从式(3-13)中可以看出,当面内位移相对于离面位移可以忽略不计时,错位散斑干涉条纹是离面位移对错位方向导数的等值线。

(3)缺陷判据-特征干涉条纹。从以上对散斑和错位散斑条纹含义的分析,就可以根据变形和破坏的特征选择合适的光路安排散斑法对缺陷进行无损检测。

对于面内裂纹和缺陷,在变形时 u 场或 v 场的条纹将会有不均匀的变化,因此用双光束和单光束散斑法测量对缺陷比较敏感。

为了用散斑或错位散斑显示缺陷的信息,也需要比较结构在外载荷作用下使结构产生变形时所引起的表面反射光波光程的变化。记录和分析这种光程变化所形成的干涉条纹是

检测的关键。因此，与全息干涉无损检测一样，对被检测结构施加合适的载荷是很重要的。同样也可以通过机械、增压、真空、振动和热辐射的方法对要测试的结构或构件进行加载。

4. 电子散斑干涉术

电子散斑技术可以说是双光束散斑技术的发展，它可以记录物体的面内位移和离面位移。由于有一个光束可以被看作是参考光，所以也被称为"TV"全息。全息干板被 CCD 摄像机、图像采集卡和计算机代替。电子散斑无损检测系统示意图如图 3-19 所示。

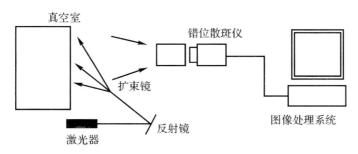

图 3-19　电子散斑无损检测系统示意图

用经过扩束的激光照射具有漫反射面的物体时，从该面上反射的子波相互干涉，形成明暗相间随机分布的激光散斑场。通过剪切镜在 CCD 靶面上形成在剪切方向有一错位量的两个散斑场，物体变形导致两个散斑场存在解相关，利用计算机对变形前后的两个数字散斑场做相剪运算，即可得到相关条纹。相关条纹直接代表位移矢量在剪切方向上的微分，缺陷区域的特征条纹呈蝴蝶状，如图 3-20 所示。

5. 激光错位散斑检测仪

激光错位散斑检测仪由错位装置、CCD 摄像机、半导体激光器、扩束镜和图像处理单元等组成，如图 3-21 所示。其中，错位装置与 CCD 摄像机结合在一起，并固定于可活动的支撑三脚架上。错位装置由 Wollaston 棱镜、偏光镜、四分之一波片和旋转机构组成；图像处理单元包括计算机、图像采集卡、显示器和图像处理软件。图像采集卡实现实时图像相减运算，因此检测时

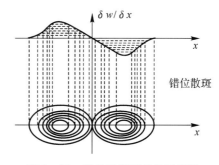

图 3-20　错位散斑图条纹示意图

要不停地对两幅图进行相减操作。这样就使干涉条纹图实时显示成为可能，提高了检测效率。图像处理软件还可完成缺陷的滤波、连续显示、保存和尺寸测量等功能。

Wollaston 棱镜能把一束光分解为有一定偏角的非常光（e 光）和寻常光（o 光），它们的振动方向互相垂直。在激光照射下，药柱的漫反射表面在像平面上形成两个错位像。把像平面上的每点看成是由物平面上相距 δ 的两点相干叠加而成，错位量 δ 由 e 光与 o 光的夹角 α 及物平面到剪切镜的距离 d 确定（$\delta = d\alpha$）。控制装置控制旋转机构旋转偏光镜实现相位移动，CCD 摄像机接收经剪切相移后的散斑场，并由图像采集卡以 24 帧/s 的速度采集，经模/数转换为数字信号后存入缓存中，同时图像数字信号被读出交由计算机计算和处理，

最后由图像采集卡经数/模转换显示在显示器上,就能够在显示屏上对检测结果进行实时观察。

激光错位散斑检测时,由于采用错位干涉光路,物光、参考光为同一光路,因此对防振要求大大降低,设备的抗干扰能力得到极大增强。

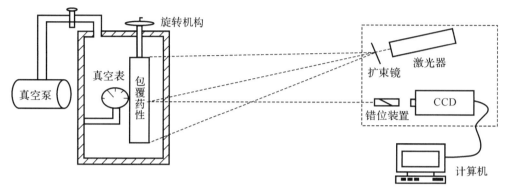

图 3-21 激光错位散斑检测仪组成图

3.2.2 散斑干涉检测固体火箭发动机缺陷

1. 散斑干涉无损检测加载方法

目前,常用的加载方式有热加载、真空加载、声加载、机械振动加载等,对于包覆药柱的检测,由于检测对象是火工品,所以真空加载在药柱的检测中具有安全优势,常常用作激光错位散斑检测的加载方式。真空加载使用气泵和真空箱来实现,在检测过程中可以重复实现抽放气过程。

2. 包覆药柱激光散斑检测方法

在进行包覆药柱界面黏结质量的散斑检测时,需要先将药柱置于真空箱内,然后通过气泵对真空箱抽真空,这样就在药柱表面加载了适当的应力,使药柱表面产生位移。加载引起的药柱表面位移量在脱黏区域会产生突变,在检测图像上表现为散斑干涉条纹畸变,形成所谓的特征条纹,缺陷的尺寸和位置可由相应的特征条纹尺寸和位置来确定。若黏结界面存在脱黏,则其表面会产生微小的形变,其对应位置的药柱表面就会产生蝴蝶斑状的特征条纹,如图 3-22 所示。通过对缺陷部位特征条纹的识别,就可实现包覆药柱界面黏结质量的检测。

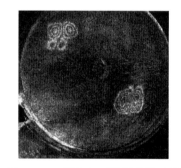

图 3-22 药柱包覆层脱黏缺陷错位散斑检测条纹

3. 包覆药柱激光散斑检测影响因素分析

根据实际检测发现,检测中多种因素将会影响到检测图像的质量,因此需要特别注意并适时作出调整,以保证检测效果。

（1）散斑检测仪与真空箱的相对距离。散斑检测仪灵敏度随错位量的增加而提高,在相对错位量达到 50％后,灵敏度达到极限。而错位量与激光经剪切棱镜作用后的两束光的夹角及物体到剪切棱镜的距离有关。由于 Wollaston 棱镜固定于仪器中,剪切后光的夹角是仪器固有的,不能调节,因此错位量与上述距离成正比。通过调整干涉仪与真空室的距离可达到调节错位量的目的,应使错位量能分辨最小检测缺陷为适。在干涉仪与真空室的距离达到一定值后,检测灵敏度不再增加。

与此同时,由于检测仪中扩束镜与 Wollaston 棱镜封装在一起,因此还需考虑扩束镜与真空箱的距离。扩束镜离真空箱越近,扩束后的激光束光强越大,计算机屏幕上显示的被检药柱图像也越清晰,但同时有限照射场也越小。反之,扩束后的激光有效照射场较大,但光强较弱。前者会影响检测效率,后者则会使显示的被检测药柱图像不清晰,不利于保证检测灵敏度。因此,在检测前需进行调试对比,以确定散斑检测仪与真空箱的相对距离。

（2）高亮反射光。应注意激光束与 CCD 摄像头的夹角,还应尽量避免 CCD 摄像头受真空箱高亮反射光的照射。高亮反射光反射到 CCD 后,反射光的成像将会掩盖检测药柱图像,导致图像无法分辨,因此应避免高亮度反射光在被检药柱上重合。

（3）真空加载量。真空加载量过小,会使缺陷变化的位移量过小,缺陷就难以反映出来;真空加载量过大,黏结良好的部位也将与脱黏区域一样产生较大形变,从而导致缺陷难以分辨。检测中要产生同样的位移量,对不同弹性模量和厚度的包覆材料,所需的加载量不同。根据研究,在相同材料、同一载荷下,检测范围与缺陷半径和深度之比的三次方 $(a/t)^3$ 成正比。因此,应根据材料的物理特性、尺寸和包覆层厚度等具体情况,选择合适的真空加载量,以发现一定深度和尺寸的缺陷。

（4）内应力释放。包覆套材料都有一定的弹性,包覆套从受挤压状态转为自由状态时,受压部位有一个内应力释放过程。未等加载即已经发生形变,这会导致检测图像中的“伪脱黏”条纹的出现,不能真实反映被检测产品的界面黏结情况。尤其是药柱在运输、搬运以及角度旋转过程中,药柱包覆面因相互挤压所造成的局部应力集中,这些往往会影响对缺陷的判断。因此,在这种情况下,应先等待一段时间,待应力完全释放后再进行检测。另外,温度变化引起的热胀冷缩也会对检测结果产生较大影响。如果药柱的贮存环境与检测环境温差较大,应等药柱温度稳定后再进行检测。缺陷的特征条纹应是加载引起的,若尚未加载就有特征条纹产生,说明药柱存在应力影响,因此在实际检测前可以在不抽真空的状态下先行试检。

（5）检测表面状态。散斑检测仪中接收的是产品表面的漫反射光,因此,反射光能量越高就越有利于缺陷的检出。如若检测对象外表面颜色太暗淡,则会影响检测的效果,造成图像模糊不清。在有些产品中,可以给包覆材料喷涂白色外表面,如喷涂钛白粉后检测效果会更佳。

3.3　射　线　检　测

射线照相检测是基于被检物体对透射射线的不同吸收效果来检测物体内部缺陷的无损检测方法。射线照相检测可分为两类:电磁辐射和粒子辐射。本节仅介绍电磁辐射,文中所称的射线仅是 X 射线。

射线检测技术与其他无损检测技术比较,具有以下 3 个主要特点:

(1)对被检物体的材料、形状、表面状态无特殊要求。

(2)检测结果显示直观,易于存档复查。

(3)实际应用中,需重点考虑辐射安全防护。

在射线照相检测中,普通 X 射线机的管电压一般不超过 450 kV,其产生的射线的穿透力不适于透照较厚的物体,一般用于小型外包覆药柱的检测。发动机燃烧室黏结界面及药柱内部等缺陷的检测一般采用电子直线加速器,能量在 1~15 MeV 范围内。电子直线加速器是利用微波电场沿直线轨道加速电子到较高能量的装置,其产生的 X 射线穿透力强,灵敏度高,在发动机燃烧室的质量检测中得到广泛应用。一般把能量在 1 MeV 以上的 X 射线称为高能 X 射线。美国是应用电子直线加速器照相检测固体火箭发动机最早的国家。1959 年,美国 Varian 公司将电子直线加速器技术推广到高能射线照相检测领域,并为美国海军提供了一台 10 MeV 的设备,用于固体火箭发动机的射线照相检测。

我国应用加速器装置从 20 世纪 50 年代开始起步,目前国内已研制出了具有自主知识产权的 2~15 MeV 系列电子直线加速器照相检测系统。

3.3.1 射线检测技术

1. X 射线的特性及产生

(1)X 射线的本质。电磁波波谱如图 3-23 所示。从图中看到,X 射线同可见光、紫外线、红外线、无线电波一样,都是电磁波,其电荷为零,静止质量为零,具有波粒二象性。和可见光相比,X 射线的波长短、频率高,其波长约为 0.01~100 Å(1 Å=10 nm),比可见光的波长短得多,通常仅为可见光的 1/10 000。X 射线的能量与频率、波长的关系为

$$W = h\nu = \frac{hc}{\lambda} \tag{3-14}$$

式中:W——X 射线的能量(J);

h—— 普朗克常数,6.63×10^{-34} J·s;

c—— 光速,3×10^8 m·s^{-1};

λ—— 波长(m);

ν—— 频率(Hz)。

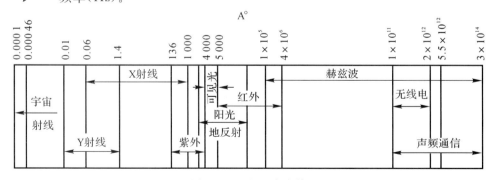

图 3-23 电磁波波谱

在近代物理学中,为了方便常用电子伏特(eV)作为微观粒子的能量单位。1 eV 是指一个电子或带有 1 个单位电荷的粒子通过电势差为 1 V 的电场所得到的能量,对高能粒子,也常用兆电子伏特(MeV)等单位,其换算关系为

$$1\text{ 电子伏特(eV)} = 1.60 \times 10^{-19} \text{焦耳(J)}$$

$$1\text{ 兆电子伏特(MeV)} = 10^6 \text{电子伏特(eV)}$$

(2)X 射线的特性。

1)在真空中以光速直线传播。

2)本身不带电,不受电场和磁场的影响。

3)不可见,能够穿透可见光不能穿透的物质。

4)在穿透物质过程中,会与物质发生复杂的物理和化学作用,如电离作用、荧光作用、热作用以及光化学作用。

5)具有辐射生物效应,能够杀伤生物细胞,破坏生物组织。

(3)高能 X 射线的特点。

1)射线能量高,穿透力强,可以对较厚的部件进行射线照相。

2)射线束强度高,能缩短照射时间,取得更高的生产效率。

3)散射线少,能获得较高的像质计灵敏度。

(4)高能 X 射线的产生。以电子直线加速器为例,电子枪发射电子束,注入加速管中;在加速管中,电子被微波电场加速到几兆电子伏特,甚至数十兆电子伏特,并向靶运动;高速电子遇到靶急剧减速,产生韧致辐射——高能 X 射线。射线的能谱取决于靶的材料、结构以及电子束的能谱。

2. X 射线与物质的相互作用

当 X 射线进入并通过物质时,由于光子与物体中的原子核及原子的电子相互作用,射线强度将衰减。引起强度减弱的原因可分为两种,即吸收与散射。吸收是一种能量转换,光子的能量被物质吸收后变为其他形式的能量;散射会使光子的运动方向发生改变,其效果等于在束流中移去入射光子。光子与物质的作用形式主要有光电效应、康普顿效应、电子对效应。当光子能量较低时,还有瑞利散射。

(1)光电效应。光电效应指的是入射 X 射线光子穿透物质时与该物质的原子整体之间发生的相互作用。如果入射光子的能量大于轨道电子与原子核的结合能,入射光子与原子的轨道电子相互作用,把全部能量传递给这个轨道电子,入射光子消失,获得了能量的轨道电子将克服原子核的束缚成为自由电子。在光电效应中,释放出的自由电子称为光电子,如图 3 - 24 所示。

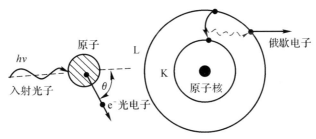

图 3 - 24　光子相互作用示意图

光电子的能量等于入射光子能量减去光电子的结合能。产生光电效应时,原子的电子壳层上留出了空位,使原子处于激发态。这种激发态是不稳定的,退激过程有两种:一种是外层电子向内层跃迁填补空位,同时发出能量等于两壳层间能级差的特征 X 射线光子;另一种是将激发能传给与原子核结合较松的外层电子,使之从原子中发射出来,这种电子称为俄歇电子。

(2)康普顿效应。康普顿效应也称康普顿散射,指的是入射光子穿透物质时与物质原子的外层电子发生碰撞。一部分能量传给电子使它脱离原子,形成"反冲电子",同时光子损失一部分能量并改变方向而成为"散射光子",如图 3 - 25 所示。相关计算表明,当入射光子能量在 0.5~4 MeV 之间变化时,与入射光子方向相反的散射光子能量在 0.169~0.240 MeV 之间。另外,与入射光子方向相同的散射光子能量等于入射光子的能量,相当于从电子旁边掠过。而介于上述两种情况之间的散射光子能量形成从入射光子的能量到大约 0.2 MeV 之间的分布,实际大小与散射的角度有关。

(3)电子对效应。电子对效应指的是入射光子从原子核旁经过时,如果能量足够高(大于 2 倍的电子静止能量 $2m_0c^2 = 1.02$ MeV),入射光子就可能转化成一个正电子和一个负电子,如图 3 - 26 所示。入射光子的能量除去转化为电子对静止能量(1.02 MeV)以外的部分,将转变为正、负电子的动能。由于正电子在物质中因为电离损失和辐射损失很快损耗能量,并与吸收材料中的一个负电子相互作用而转化为一对方向相反的光子,因此这个现象称为"电子对湮灭"。

电子对效应只有当入射光子能量高于 1.02 MeV 时才会发生,它的发生概率随入射光子能量的增加而增大,能量较低时增加较快,入射光子能量大于 10 MeV 以后趋向饱和,与物质的原子序数 Z 的二次方近似成正比。在光子能量较高,且材料原子序数较大时,电子对效应将成为 3 种相互作用中最重要的一种作用。

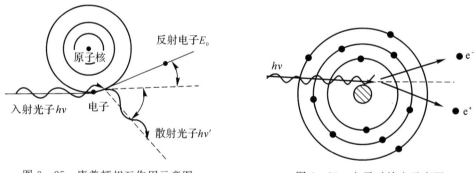

图 3 - 25　康普顿相互作用示意图　　　　图 3 - 26　电子对效应示意图

(4)瑞利散射。瑞利散射是入射光子和束缚较牢固的内层轨道电子发生的弹性散射过程。在此过程中,1 个束缚电子吸收入射光子而跃迁到高能级,随即又放出 1 个能量约等于入射光子能量的散射光子。由于束缚电子未脱离原子,故反冲体是整个原子,从而光子的能量损失可忽略不计。瑞利散射的概率和物质的原子序数及入射光子的能量有关,大致与物质原子序数 Z 的二次方成正比,并随入射光子能量的增大而急剧减小。当入射光子能量在 200 keV 以下时,瑞利散射的影响不可忽略。

3. 吸收与衰减

由 X 射线与物质作用得知,射线在通过一定厚度物质时,有些光子与物质发生相互作用,有些则没有。如果光子与物质发生的相互作用是光电效应和电子对效应,则光子被物质吸收;如果光子与物质发生康普顿效应,则光子被散射。散射光子也可能穿过物质层,这样穿过物质层的射线通常由两部分组成:一部分是未与物质发生相互作用的光子,其能量和方向均未发生变化,称为透射射线;另一部分是发生过一次或多次康普顿效应的光子,其能量和方向都发生了改变,称为散射线。

所谓"窄束射线"是指不包括散射成分的射线束,通过物质后的射线束,仅由未与物质发生相互作用的光子组成。所谓"单色"是指由单一波长电磁波组成的射线,或者说由相同能量光子组成的辐射束流,又称为单能辐射。图 3-27 所示为窄束射线示意图。

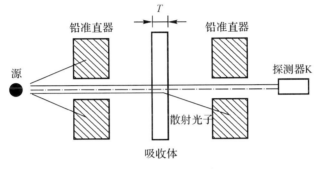

图 3-27　窄束射线示意图

当吸收物质不存在时,探测器 K 记录的辐射强度为 I_0,称为辐射的原始强度或入射强度。放置厚度为 T 的薄层物质后,K 点的辐射强度变为 I,称为一次透射射线强度。以 ΔI 表示强度的变化量,即 $I - I_0 = -\Delta I$,负号表示强度在减弱。用不同种类和厚度的吸收物质与不同能量的射线实验,可发现它们的关系为

$$-\Delta I = \mu I_0 T \tag{3-15}$$

即射线通过薄层物质时强度的减弱与物质厚度及辐射初始强度成正比,同时与 μ 的数值有关,μ 称为线衰减系数。

对式(3-15)积分,并设 $T=0$ 时 $I=I_0$,即可得窄束单色射线强度衰减公式为

$$I = I_0 e^{-\mu T} \tag{3-16}$$

式中:T—— 穿透物质的厚度。

线衰减系数 μ 的意义是射线通过单位厚度物质时与物质相互作用的概率,它与射线能量、物质的原子序数和密度有关。对于同一种物质,射线能量不同时衰减系数不同;对于同一能量的射线,通过不同物质时,其衰减系数也不同。

工业检测中应用的射线不可能是"窄束、单色"射线,到达探测器的束流中,总是包含有散射线的成分,这样的射线称为"宽束"射线,束流中的光子能量往往也各不相同。例如,常用的放射性同位素发出的 γ 射线是数种乃至十几种能量光子的组合,属于"多色"射线,而 X 射线的波长更是连续变化的,称为连续谱射线。宽束连续谱射线通过物质时,强度衰减具有一些不同于窄束单色射线的特点。

射线在穿透物质的过程中与物质相互作用,除了直线前进的透射射线外,还有散射线以及荧光 X 射线、光电子、反冲电子、俄歇电子等,向各个方向射出。对射线照相产生影响的散射线主要来自康普顿效应,在较低能量范围则是来自瑞利散射。

如果射线束不是由单一能量的光子组成,而是由许多不同能量的光子组成的,那么它通过物质时的强度衰减将变得更复杂。因为光子的能量不同,其衰减系数也不同,所以其与物质相互作用强度减弱的程度也不同。

连续谱射线在穿透物质的过程中,能量较低的射线分量强度衰减多而能量较高的射线分量强度衰减相对较少。这样,透射射线的平均能量将高于初始射线的平均能量,此过程被称为连续谱射线穿透物质过程的线质"硬化"现象。随着穿透厚度的增加,线质逐渐变硬,平均衰减系数的数值逐渐减小,而平均半值层 $T_{1/2}$ 值将逐渐增大。

综合窄束射线衰减、散射和连续谱射线衰减,可得宽束连续谱射线强度衰减,即

$$I = I_0 e^{-\bar{\mu}T}(1+n) \tag{3-17}$$

式中:I—— 透射射线强度,为一次透射射线 I_p 和散射射线 I_s 强度之和;

    I_0—— 初始射线强度;

    $\bar{\mu}$—— 平均衰减系数;

    T—— 穿透物质的厚度;

    n—— 散射比。

4. 半值层

为了便于在实际应用时进行估算,常常使用材料半值层的概念。有了半值层的数据就可以很方便地算出任意厚度材料对于射线的衰减。

半值层(也称半价层、半吸收厚度),是指使入射射线强度减少一半的吸收物质厚度,用符号 $T_{1/2}$ 表示。半值层是描述某种能量射线的穿透能力或某种射线的衰减作用程度。根据定义,当 $T = T_{1/2}$ 时,$I/I_0 = 1/2$,则有 $e^{-\mu T_{1/2}} = 1/2$,两边取自然对数得

$$T_{1/2} = \frac{\ln 2}{\mu} = \frac{0.693}{\mu} \tag{3-18}$$

对于一定能量的 X 射线和确定的吸收物质,半值层是一个常量。半值层在 X 射线的防护设计上有重要意义。图 3-28 给出了几种材料对 X 射线的半值层与 X 射线的能量的关系。

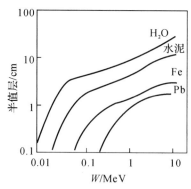

图 3-28　几种材料对 X 射线半值层与其能量的关系示意图

例：已知某窄束单能射线穿过 20 mm 的钢后，强度减弱到原来的 20%，求该射线在钢中的线衰减系数。

解法 1：$I/I_0 = 0.20$，$T = 2$ cm，由式 $I = I_0 e^{-\mu T}$，则有

$$e^{-\mu \times 2} = 0.2$$

$$\mu = -\ln 0.2/2 = 0.80 \ \text{cm}^{-1}$$

解法 2：设射线穿过了 n 个半值层，则存在以下关系式

$$\frac{1}{2^n} = 0.2 \Rightarrow n = \frac{\ln 5}{\ln 2} = 2.32$$

$$T_{1/2} = \frac{2}{2.32} = 0.86 \ \text{cm}, \quad \mu = 0.693/T_{1/2} = 0.80 \ \text{cm}^{-1}$$

在实际检测工作中，一般使用连续谱 X 射线，而且也不是窄束条件，因此，宽束连续谱的半值层才真正具有工程意义。表 3 - 4 列出了几种材料在直线加速器 X 射线下的宽束半值层。由于宽束测试条件难以严格定义或进行有效控制，表中数据仅作为设计使用时的参考。

表 3 - 4　几种材料在直线加速器 X 射线下的典型宽束半值层　　　　单位：cm

材料	密度/(g·cm⁻³)	1 MeV	2 MeV	4 MeV	6 MeV	9 MeV	15 MeV
钨	18.00	0.55	0.90	1.15	1.20	1.20	1.15
铅	11.30	0.75	1.25	1.60	1.57	1.52	1.37
钢	7.85	1.60	2.00	2.50	2.80	3.00	3.30
铝	2.70	3.90	5.40	7.50	8.90	9.60	11.00
混凝土	2.35	4.50	6.20	8.60	10.20	11.00	12.70
固体推进剂	1.70	6.10	8.40	11.60	13.80	14.90	20.40
有机玻璃	1.20	10.50	12.10	16.80	19.90	21.50	29.50
橡胶	1.11	11.18	12.70	19.30	21.00	24.40	29.80

注：表中为利用感光胶片技术测出的数据，散射控制不同可能有些变化。

5. X 射线照相检测系统

X 射线照相检测系统，指以 X 射线机或工业加速器产生的 X 射线作为辐射源，以工业 X 射线胶片作为记录媒介，用透视投影成像法对工件进行无损检测的设备。固体火箭发动机燃烧室由于存在透照厚度大、结构复杂等特点，一般采用工业加速器产生的高能 X 射线作为辐射源。高能 X 射线能够穿透燃烧室的被检部位，在此过程中，X 射线产生散射和吸收，强度逐渐减弱，其衰减程度与被检工件的材料及结构有密切的关系。经过衰减的 X 射线投射到工业 X 射线胶片上，形成可视图像，供检测人员评判被检工件的质量。典型的工业加速器照相检测系统包括辐射源、成像器材、评片设备和辅助设备等。

（1）电子直线加速器。电子直线加速器是利用微波电场将电子枪产生的电子在直线加速管内加速到高能，并打到靶上产生 X 射线的装置。根据加速方式，电子直线加速器分为行波加速器和驻波加速器两大类。

行波加速器的加速结构是圆柱形盘荷波导,电磁波在其中以一定速度前进(即所谓的"行波")。行波的相速与电子运动速度相同,相位合适的电子在运动过程中始终受到行波电场的加速作用。行波加速器加速管比较长,聚焦较好,焦点较小,但质量和体积较大。

驻波加速器的加速结构是由若干个微波谐振腔组成的耦合谐振腔列,电磁场在其中不向前传播,而是以驻波方式存在。电子在运动过程中不断与各个加速腔中的微波电场相互作用而加速。驻波波节所在的耦合腔的电场基本为零,对加速电子不直接起作用。为充分利用加速结构的轴向长度,可把耦合腔移到加速结构轴线边侧,如图 3-29 所示。

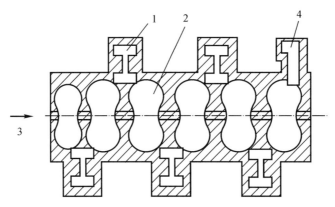

图 3-29 边耦合驻波加速结构示意图

1—耦合腔; 2—加速腔; 3—束流孔道; 4—馈能波导

电子直线加速器的电子束流大,它产生的 X 射线强度大,照射视野宽,强度分布的均匀性和对称性也较好。驻波电子直线加速器体积小,工作可靠,是无损检测用加速器的主体。

典型的驻波电子直线加速器主要由 X 射线头、调制器和水冷系统构成,如图 3-30 所示。脉冲调制器将市电转变成高压脉冲。通过脉冲变压器为磁控管(或速调管)和电子枪提供高压脉冲。磁控管(或速调管)产生微波,该微波功率经过波导系统馈入加速管中,微波会在加速管的加速腔中建立驻波电场。电子枪发射热电子,并使其加速至加速腔中。电子受加速腔中的轴向驻波电场作用,电子能量得到提高。电子加速至终端打靶并产生连续谱 X 射线。

1)X 射线头。X 射线头是加速器的主体部分,包括加速管、微波系统、冷却系统、射线准直及屏蔽装置、电离室、脉冲变压器和 AFC 系统的微波鉴相电路等。

加速管是加速器的核心部件,电子束的产生、加速及打靶产生 X 射线等过程都是在加速管中完成的。微波系统一般由微波功率源、微波传输系统、微波吸收负载和加速管等组成。波导的作用是将微波功率源产生的微波功率馈送到加速管,为防止大功率微波传输系统内击穿打火,需在波导系统内充六氟化硫(SF_6)气体。电子束打靶产生的 X 射线按一定的角分布向各个方向辐射,通常只使用正前方一定角度范围内的 X 射线束。准直器就是用来限制照射野的装置,照射野以外的 X 射线束被屏蔽,以免散射射线影响成像清晰度。

2)调制器。调制器柜是加速器系统的控制电源柜,里面安装脉冲调制器主回路电路组件及触发、De-Q 控制及保护、反峰保护、过流保护等控制电路,以及加速管聚焦和导向线圈电源、系统低压电源、灯丝控制电路(闸流管灯丝、磁控管灯丝及电子枪灯丝)及控制系统部分 PLC 模块等加速器辅助电路。

3)水冷系统。水冷系统主要由恒温水冷机组以及分布在加速管、水负载等器件上的冷却水管组成,水冷机组和 X 射线头之间用水管连接。

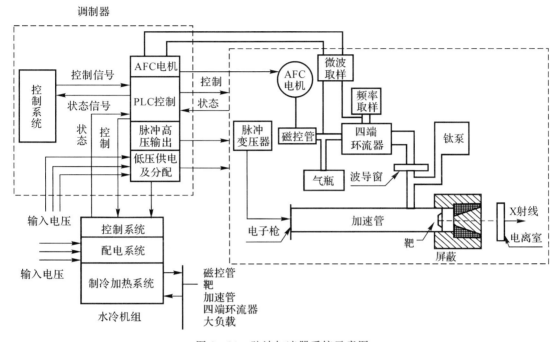

图 3-30 驻波加速器系统示意图

电子直线加速器的主要性能指标有:

1)X 射线能量。X 射线能量是指具有连续能谱的 X 射线束的最大能量,单位为 MeV。

2)X 射线剂量率。X 射线剂量率是指在射线束中心轴线上,距靶点 1 m 处的空气比释动能率。

3)X 射线焦点。X 射线焦点是指电子直线加速器的高能电子束打在靶上所形成斑点的直径。

4)X 射线的稳定时间。X 射线的稳定时间是指从 X 射线产生开始到剂量率达到稳定值(最大值的 90%)所需的时间。

(2)辐射成像器材。

1)工业射线胶片。工业射线胶片的厚度为 0.25~0.3 mm,其结构如图 3-31 所示,由片基、结合层、感光乳剂层和保护层构成。与普通摄影胶片不同,工业射线胶片在片基的双面均涂布感光乳剂层,而且乳剂层厚度较大,目的是更多地吸收穿透力很强的射线的能量,从而提高胶片的感光速度。

在射线照射下,胶片感光乳剂层中的卤化银感光微粒将发生变化,可以形成潜在的影像,称为"潜影"。经过显影处理,潜影可转化为可见的影像。胶片的感光特性曲线是胶片曝光和经暗室处理后得到的底片黑度(光学密度)与曝光量常用对数之间的关系。

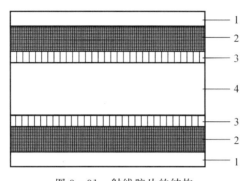

图 3-31　射线胶片的结构

1—保护层；　2—感光乳剂层；　3—结合层；　4—片基

工业用射线照相胶片参照国家军用标准《射线检验》(GJB 1187A—2001)的规定分为 4 类(级)，分别为 J_0 类(级)、J_1 类(级)、J_2 类(级)、J_3 类(级)，固体火箭发动机燃烧室常见部位射线照相检测推荐使用胶片见表 3-5。

表 3-5　固体火箭发动机燃烧室常见部位射线照相检测推荐胶片

检测部位	推荐使用胶片
筒体段	J_1、J_2
前、后开口	J_0、J_1、J_2
前、后封头	J_0、J_1、J_2

胶片的分类、验收、贮存及质量要求按 GJB 1187A—2001 的规定执行。

2)增感屏。射线照相底片的影像是由胶片乳剂层吸收射线产生光化学作用形成的。射线的穿透能力强，即使采用较厚的乳剂层和双面乳剂结构，也仅有 1% 左右的射线被胶片吸收，而其余 99% 的射线穿透胶片不能产生光化学反应，曝光效率较低。

用 X 射线照射金属可以发射电子，照射某些盐可以发射荧光，电子和荧光都具有使胶片感光的作用。增感屏就是用金属箔或涂布荧光物质的薄板制成的屏。将增感屏与胶片紧贴在一起进行射线照相，利用增感屏在射线照射时发射的电子或荧光，对胶片产生附加的感光作用，增加胶片的感光量，达到缩短曝光时间、提高工作效率的目的。

增感屏主要有 3 种：金属屏、荧光增感屏和金属荧光屏。底片影像质量以使用金属屏所得最佳，金属荧光屏次之，荧光增感屏最差。目前，在燃烧室射线照相中应用最广泛的是金属屏。

在射线照相应用中，增感屏分为前增感屏和后增感屏，胶片朝向射线源的一侧为前屏，另一侧为后屏，胶片夹在两屏之间。位于胶片正面的前增感屏对增感及影像质量改善起主要作用，正确选择其厚度具有重要意义。燃烧室照相检测时可不使用后增感屏，散射较大时，也可在胶片后面加上后增感屏，后增感屏的厚度可根据发动机的直径和结构确定。表 3-6给出了不同射线能量下前沿增感屏的厚度推荐值，具体按 GJB 1187A—2001 的规定选用。

表 3-6　前沿增感屏厚度推荐值

射线能量/MeV	前沿增感屏厚度/mm
1	0.05～0.13
2	0.13～0.25
4	0.25～0.4
6	0.4～0.51
9	0.51～0.76
15	0.76～1.27

3)暗室设备与器材。具有潜影的胶片必须经过一系列的加工处理才能变为可见影像的底片并长期保存。加工处理是在暗室内进行的,称为暗室处理。底片质量不仅与透照过程相关,而且与暗室处理密切相关。

暗室处理的基本过程包括显影、停显、定影、水洗以及干燥等。经过以上过程,胶片潜在的影像变成固定的可见影像。暗室处理方法可分成自动处理和手工处理两类,自动处理采用自动洗片机完成。自动洗片机一般包括胶片传送、显定影液输送、搅拌、干燥等机构。胶片从进片口送入自动洗片机内,然后依次通过显影、定影、水洗、干燥过程,从出片口送出一张处理完成的底片。

(3)照相检测系统综合性能指标。

1)射线照相灵敏度。射线照相灵敏度是指射线照相检测系统对特定细节在底片上记录和显示的能力。射线照相灵敏度一般用像质计进行测定,表示方法有相对灵敏度和像质计灵敏度两种。相对灵敏度以百分比表示,即用射线底片上可识别的像质计的最小细节的尺寸与被透照工件的厚度之比的百分比表示。像质计灵敏度则用射线底片上可识别的像质计的最小细节尺寸表示。

固体火箭发动机工业加速器射线照相检测一般使用平板孔型或线型像质计。像质计的制作材料应与被检发动机的吸收特性相同或相近。

射线照相灵敏度与加速器射线源、发动机燃烧室、透照布置、散射线控制、胶片和增感屏选择、暗室处理等诸多因素密切相关。因此,在规定的透照布置条件下,对标准检验试块进行射线照相,测定像质计灵敏度可以衡量加速器照相检测系统的整体性能。

另外,可采用标样发动机燃烧室进行实际检测灵敏度的测定。标样发动机燃烧室是预置模拟缺陷标准检验试块的假药燃烧室,在此燃烧室内定量制作模拟燃烧室内常见的脱黏、气孔、裂纹、夹杂等缺陷的标准检验试块,实际检测灵敏度则用射线底片上可识别的某一类型缺陷的最小尺寸表示。通过检测标样发动机燃烧室内的模拟缺陷,可确定射线照相检测系统对发动机燃烧室实际缺陷的检测能力。

2)检测厚度。工件检测厚度范围是指在规定的射线照相灵敏度下,不同能量直线加速器可以检测的工件厚度。不同能量的高能 X 射线适用的等效钢厚度推荐值见表 3-7。

表 3-7　X 射线源能量与适用的等效钢厚度推荐值

射线能量/MeV	等效钢厚度/mm
1	50～90
2	60～140
4	80～180
6	90～250
9	100～350
15	120～400

6. 射线照相检测技术

（1）射线检测的基本原理。当射线穿透物体时,射线与物质发生相互作用而被吸收或散射,导致透射射线强度减弱。射线衰减的程度与射线的能量、被透照物体的材料和厚度等有关。如果物体局部区域存在缺陷,它将改变物体对射线的衰减,引起透射射线强度的变化。这样,采用胶片检测透射射线强度就可以判断物体内部的缺陷和物质分布。

如图 3-32 所示,射线透照内部存在小缺陷的试件。假设试件厚度为 T,试件线衰减系数为 μ,缺陷厚度为 ΔT,缺陷线衰减系数为 μ',入射射线强度为 I_0,透射射线强度为 I、I',一次透射射线强度为 I_p、I'_p,散射比为 n,散射线强度为 I_s。根据射线衰减规律,有

$$I = I_0 e^{-\mu T}(1+n)$$

$$I = I_p + I_s$$

$$I' = I'_p + I_s$$

$$I_p = I_0 e^{-\mu T}$$

$$I'_p = I_0 e^{-\mu(T-\Delta T)-\mu'\Delta T}$$

$$\Delta I = I' - I = (I'_p + I_s) - (I_p + I_s) = I_0 e^{-\mu T}(e^{(\mu-\mu')\Delta T} - 1) \approx I_0 e^{-\mu T}(\mu - \mu')\Delta T$$

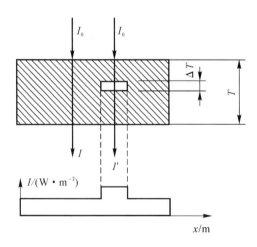

图 3-32　射线检测基本原理

将缺陷与其附近完好部位透过射线的强度差 ΔI 与背景辐射强度 I 之比 $\Delta I/I$ 称为"物体对比度"或称为"被检物体对比度",则

$$\frac{\Delta I}{I} = \frac{(\mu - \mu')\Delta T}{1 + n} \qquad\qquad (3-19)$$

式(3-19)即是射线检测的基本原理关系式,它给出了缺陷厚度差、线衰减系数差与相应射线检测物体对比度之间的关系。显然,射线对缺陷的检验能力,与缺陷在射线透照方向上的尺寸、其线衰减系数与物体的线衰减系数的差别、散射线的控制情况等相关。只要这些因素具有一定的值,则缺陷将产生一定的物体对比度,它就可以被射线检验出来。

(2)射线照相的影像质量。在射线照相检验中,影像质量的基本因素可以从金属阶梯边界射线照相的影像中导出。

如图 3-33 所示,当透照一锐利的垂直金属物体边界时,理想的情况应得到黑度分布阶跃曲线。但实际测量指出,黑度分布并不是这种阶跃形式,而是在两个黑度之间存在一个缓慢变化的区域,逐渐地从一个黑度过渡到另一个黑度,缓慢变化区的黑度分布不是直线,而是一条存在坡脚和肩部的曲线。进一步的研究发现,过渡区的黑度实际上存在不规则的大大小小的、起伏不断的变化,并不是单调、均匀的变化。

对应金属边界的黑度差称为该影像的对比度,记为 ΔD。从一个黑度到另一黑度的缓慢变化区的宽度即是射线照相的不清晰度,一般记为 U,它造成了射线底片上影像边界的扩展。黑度不规则变化的统计平均值(统计标准偏差)称为影像的颗粒度,记为 σ_D。ΔD,U 和 σ_D 就是影像质量的基本因素,也就是说,射线底片上影像的质量由射线照相影像的对比度、不清晰度、颗粒度决定。

对比度是影像与背景的黑度差,不清晰度是影像边界扩展的宽度,颗粒度是影像黑度的不均匀程度。影像的对比度决定了在射线透照方向上可识别的细节尺寸,影像的不清晰度决定了在垂直于射线透照方向上可识别的最小细节尺寸,影像的颗粒度限制了影像可显示的最小细节尺寸。

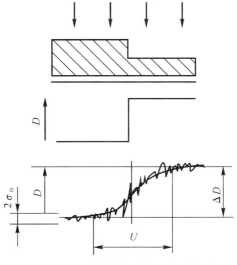

图 3-33　影像质量的基本因素

(3)投影成像。射线照相是一种投影成像。在日常生活中,人们经常会看到,物体在灯光或日光照射下产生影子,这就是一种投影现象。投影法是根据这一现象经过科学的抽象创造出来的。

1)中心投影法。如图 3-34,把光源 S 抽象为一点,称为投影中心。S 点与空间物体上任意一点之间的连线(如 SA,SB,SC)称为投影线,平面 P 称为投影面。延长 SA,SB,SC 与 P 平面相交,其交点 a、b、c 称为空间点 A、B、C 在平面 P 上的投影(空间点用大写字母表示、投影用小写字母表示)。这种投影法称为中心投影法。如果改变物体与投影中心 S 的距离,它的投影 $\triangle abc$ 的大小也随着改变。

2)平行投影法。当把投影中心移到无穷远时,投影线就互相平行,这种投影法称为平行投影法,如图 3-35 所示。在平行投影法中,由于投影线与投影面所成角度不同,又分为正投影法和斜投影法。用平行投影法得到的投影,称为平行投影。在平行投影中,物体投影的大小与物体离投影面的远近无关。

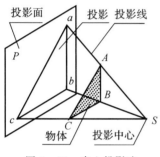

图 3-34　中心投影法

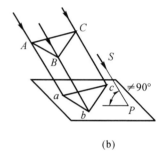

(a)　　　　　　　　　(b)

图 3-35　平行投影法
(a)正投影法;　(b)斜投影法

3)投影成像影像的特点。投影成像是射线从射线源出发沿直线在空间传播,并沿直线穿透被透照物体,以射线的透射强度将物体内部的情况投影在胶片平面形成图像。上述影像形成的过程使投影成像影像具有以下特点。

a.影像重叠。影像上的每个点都是物体的一系列点对射线衰减产生的总结果,即射线检测所得到的影像是把一个立体表现在平面上。因此,物体缺陷、结构等方面的情况,在射线检测的影像上将重叠在一起,这给射线检测影像的判读带来一定的困难。

b.影像放大。影像放大是指在胶片上形成的影像的尺寸大于影像所表示的物体的实际尺寸。

c.影像畸变。影像畸变是指得到的影像的形状与物体在射线投影方向截面的形状不相似。产生这种情况的原因是,物体截面上不同的部分在胶片上形成影像时产生的放大效果不同。

(4)透照技术。

1)透照布置。射线照相的透照布置的基本原则是有利于发现缺陷,一般应使透照区的透照厚度较小,但射线穿过缺陷区的厚度较大,从而使射线照相能更有效地对缺陷进行检验。射线束中心在一般情况下应指向有效透照区的中心,使整个有效透照区的透照厚度变化较小,使射线的照射角较小,提高整个透照范围内缺陷的可检验性。

检测发动机燃烧室界面黏结质量应采取切线透照方式,如图 3-36 所示。透照时,X 射线束中心应指向透照部位的中心,并垂直于胶片。射线源发出的 X 射线与被检测界面相切。

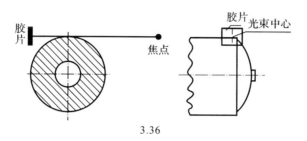

图 3-36　切线透照方式示意图

检测燃烧室药柱内部气孔、裂纹、夹杂等缺陷时,可采用单壁径向透照方式或双壁径向透照方式,分别如图 3-37 和图 3-38 所示。

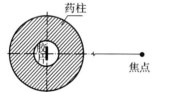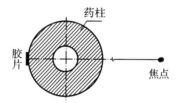

图 3-37　单壁径向透照方式示意图　　　图 3-38　双壁径向透照方式示意图

2)基本透照参数。射线照相检测的基本透照参数是射线能量、焦距、曝光量。X 射线能量是指具有连续能谱的 X 射线束的最大能量,单位为 MeV。焦距是射线源与胶片之间的距离,通常以符号 F 表示。曝光量通常用符号 E 表示,单位为 Gy。

A.射线能量。在工业加速器射线照相检测中,应根据材料的厚度选择射线源能量。能量选择的基本原则是在满足射线照相灵敏度要求的情况下,兼顾提高检测效率和降低辐射防护难度。

从提高射线照相灵敏度考虑,透照厚度较薄时,能量越低灵敏度越高;透照厚度较大时,能量越高灵敏度越高。以瓦里安加速器为例,如图 3-39 所示,不同能量加速器的射线照相灵敏度曲线在 2 in(50.8 mm)至 3.5 in(88.9 mm)处存在交叉,即灵敏度与能量的变化关系对薄工件和厚工件是完全相反的。当透照厚度小于 2 in(50.8 mm)的钢工件时,为了提高射线照相灵敏度,一般应选择较低的射线能量。当透照厚度大于 3.5 in(88.9 mm)的钢工件时,为了提高射线照相灵敏度,一般应选择较高的射线能量。

从检测效率考虑,射线能量越高,穿透能力越强,加速器的剂量率一般也越大,提高能量有利于缩短曝光时间。但当能量达到 15 MeV 时,会产生较强的残余辐射,人工换片需要等待一定的时间(一般比曝光时间更长),因此提高能量又会降低检测效率。另外,从辐射防护的角度考虑,提高能量会显著增加防护难度。

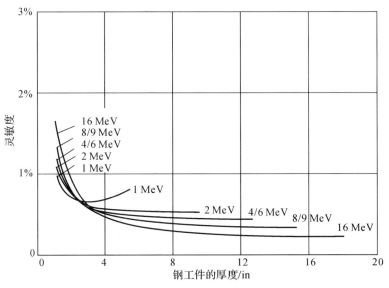

图 3-39　瓦里安加速器对钢工件射线照相的线形像质计灵敏度

（微粒胶片、铅屏、低散射线）

B. 焦距。焦距是射线照相另一个基本透照参数，确定焦距时必须考虑以下 3 点：

a. 所选取的焦距必须满足射线照相对几何不清晰度的规定。

b. 所选取的焦距应给出射线强度比较均匀的、适当大小的透照区。

c. 前者限定了焦距的最小值，后者指导如何确定实际使用的焦距值。计算焦距的公式为

$$F_{\min} = T\left(1 + \frac{d}{U_g}\right) \tag{3-20}$$

式中：$F_{\min}$——最小焦距；

　　　d——射线源焦点尺寸；

　　　T——物体的透照厚度；

　　　U_g——几何不清晰度。

在确定焦距时，应同时考虑物体的透照厚度、射线源的焦点尺寸和限定的几何不清晰度。

上面仅是从射线照相灵敏度要求的几何不清晰度确定的焦距最小值，在实际射线照相时还必须考虑有效透照区的大小，即选用的焦距必须给出射线强度均匀的、适当大小的透照区。因此，实际选用的焦距总是要大于上面确定的焦距最小值。选用的焦距值也不能过大，否则将会大大增加曝光量，这往往是不可能的。

C. 曝光量。曝光量的概念在射线照相中有两个用法：一个指胶片曝光量 H，它是胶片实际接收的辐射剂量，指经过距离和工件两重衰减后到达胶片的实际辐射剂量；另一个指射线照相曝光量 E，它是加速器产生的总剂量，指加速器在主射线束中心线上、距靶点 1 m 处的辐射剂量。

确定曝光量 E 经常用到二次方反比定律和互易律。二次方反比定律给出了射线剂量率

随距离变化的规律,互易律给出了射线剂量率与曝光时间在感光作用中的相互关系。

从 X 射线源辐射的射线是发散的,随着与源之间距离的增加,射线覆盖的面积逐渐加大,射线剂量率不断减小,它们之间存在二次方反比的关系,即空间某一点的射线剂量率 $\dot{D}$ 和这点与射线源的距离 F 的二次方成反比关系,这个关系即是二次方反比定律。这个定律的一般表示式为

$$\frac{\dot{D}_1}{F_2^2}=\frac{\dot{D}_2}{F_1^2} \tag{3-21}$$

从式(3-21)可以看到,如果使物体离开射线源的距离增加一倍,则射线剂量率不是降低为原剂量率的 1/2,而是降低为原剂量率的 1/4。由此可见,射线剂量率随着物体与射线源距离的增大将很快减小。

互易律是光化学反应的一个基本定律,它指出光的化学作用决定于吸收的光能,而不依赖于吸收光能的速率。互易律应用于射线照相则是指,在胶片感光乳剂中产生的光解银量只与总的曝光量相关,即与射线剂量率 $\dot{D}$ 和曝光时间 t 的乘积相关,只要保持 $\dot{D}_1 t_1=\dot{D}_2 t_2$,则得到的底片黑度将相同。

3)曝光曲线。曝光曲线是在一定条件下绘制的透照参数(射线能量、曝光量 E)与透照厚度之间的关系曲线。这些条件主要是射线源、焦距、透照工件材料、胶片、增感、暗室处理技术等。

在固定焦点至胶片距离、胶片型号、增感屏材料和厚度、暗室处理条件和底片光学密度的情况下,分别绘制不同能量下曝光量常用对数和材料厚度的关系曲线。高能 X 射线在钢中的典型曝光曲线如图 3-40 所示。在获得某种材料的曝光曲线后,若射线照相工艺条件不变,只需根据材料的厚度查出相应的曝光剂量。改变射线源到胶片的距离,可使用二次方反比定律求出新的曝光剂量。

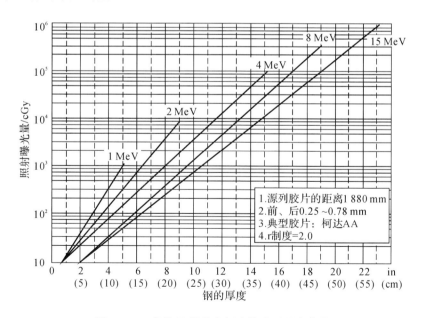

图 3-40　高能 X 射线在钢中的典型曝光曲线

4)散射线控制。在高能射线照相中存在着散射线,散射可能与到达胶片的初始辐射一样强烈,因此控制散射线非常重要。为消除或减少射线照相的散射线,可以采用下列控制措施。

A.准直器张角。应按检测区域的大小选择加速器准直器的张角,将初始射线束限制在透照区域之内,防止照射在附近的物体上。

B.背散射线防护。为降低背散射线的不利影响,可以在胶片背后用铅板防止散射线到达胶片上。

C.侧散射线防护。切线透照时,可在燃烧室上放置铅砂袋,以减弱边蚀现象。

3.3.2　工业 CT 检测系统

1. 概述

CT 检测技术是计算机层析(或断层)成像检测技术的简称。与射线照相检测不同,它可以得到被检测物体各个层面的图像。CT 检测技术首先应用于医学领域,形成了医用 CT 检测技术(MCT)。美国率先将这一技术引入航空航天等工业领域,形成了工业 CT 检测技术(Industrial Computed Tomography,ICT)。

采用工业 CT 可得到被检产品内部断层/三维数字图像,能够直观地检测部件的内部结构和缺陷,还可以定量地给出细节的辐射密度数据,有效解决工业上的各方检测需求技术。该技术是国际公认的最佳无损检测技术。ICT 涉及核物理学、微电子学、光电子技术、仪器仪表、精密机械与控制、计算机图像处理与模式识别等多学科,广泛应用于汽车、材料、航天、航空、核能、船舶、机械、地质等领域。

ICT 是一种十分先进的检测技术,可以得到固体火箭发动机燃烧室断层的二维/三维灰度重建图像,可以实现对缺陷的精确定位与定量,它的使用大大提高了固体火箭发动机内部缺陷的发现能力,对指导装药工艺改进、提升固体火箭发动机制造水平也具有十分重要的意义。

2. CT 检测技术

(1)CT 系统工作原理。

工业 CT 系统是一种成像分析系统,利用 X 射线的穿透性探测物体并获取物体的内部信息,图 3-41 所示为某发动机检测用工业 CT。固体火箭发动机燃烧室黏结界面及药柱内部等的缺陷的工业 CT 检测一般采用 X 射线源或 γ 射线源,高精密度 CT 扫描机械系统完成扫描运动,通过探测器分系统中的线阵列晶体和宽动态范围、低噪声的电子学系统完成数据采集,经过数据转换和处理,重建出被检测燃烧室的断层图像。工业 CT 系统采用立式转台承载被检燃烧室,可针对不同的检测需求,实现二代或三代 CT、数字射线照相(Digital Radiography,DR)扫描检测功能,获取燃烧室的射线透射图像。

工业 CT 系统采用立式或卧式结构,工件被垂直安装在转台上。在扫描工作中,重建检查分系统向射线源、扫描控制、探测与数据采集分系统下达扫描指令;射线源发出射线束,射线束穿透被检燃烧室后,由探测与数据采集分系统的晶体线阵列数字化探测器转换为数字信号,并传输、存储至重建与检查分系统的计算机中;扫描控制分系统控制扫描装置,精确实现扫描过程中的各项机械运动,并向加速器和探测器发出同步采集触发信号,协调射线投影数据的采集时序,同时负责整个系统的配电和安全连锁;重建与检查分系统中的系统控制软件,实现对整个扫描流程的自动控制、图像重建,完成对射线投影数据的校正、重排和重建,得到最终的 DR 和 CT 图像;图像检查软件提供对 DR/CT 图像进行处理的各种功能,方便操作人员根据图像信息对被检测工件的结构和缺陷等进行判读。

(2) CT 系统的主要组成。一般工业 CT 系统由射线源分系统、探测器分系统、扫描装置分系统、扫描控制分系统、重建检查分系统组成,如图 3-42 所示。

1)射线源分系统。一般采用 X 射线源或 γ 射线源,电子直线加速器受控产生的 X 射线穿透力强,灵敏度高,在发动机燃烧室的 CT 检测中得到广泛应用。电子直线加速器包括 X 射线机头、调制器、水冷机组和控制箱等部件。射线源的主要性能包括射线能量、射线强度、焦点尺寸和输出稳定性等。射线能量决定了射线的穿透能力,即决定了被检燃烧室的材料和直径范围。射线强度直接影响系统的对比灵敏度,强度越高,对比灵敏度越好,强度高也有利于缩短扫描时间。焦点尺寸影响系统的空间分辨率,焦点越小,空间分辨率越高,但小焦点将使射线强度降低。输出能量的稳定性影响测试数据的一致性,输出不稳定将引起伪影。

图 3-41　某发动机检测用工业 CT

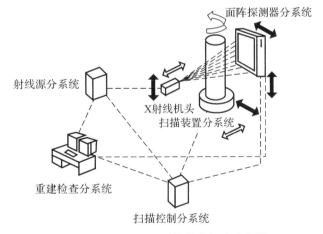

图 3-42　工业 CT 系统基本组成示意图

2)探测器分系统。探测器系统用来接收射线光子信号,并将其转换为电信号,用于图像重建,包括探测器阵列、前放模块和控制模块。目前,加速器工业 CT 系统的探测器阵列为 $CdWO_4$(钨酸镉)闪烁晶体材料的线阵列固体探测器,将透过被检物体及准直器的 X 射线转换为可见光,前放模块再将可见光转换为电信号,完成信号放大和模/数转换,并通过控制模块将数字信号传送到重建与检查分系统。探测器分系统与射线准直器配合使用。线阵列探测器模块采用 CdWO₄ 闪烁晶体耦合光电二极管的结构,将 X 射线转换为可见光。探测器晶体结构如图 3-43 所示。

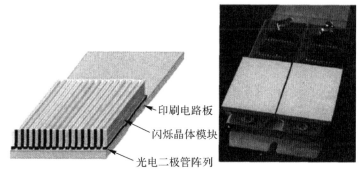

印刷电路板
闪烁晶体模块
光电二极管阵列

图 3-43　探测器晶体结构示意图

3)扫描装置分系统。扫描装置系统采用精密机械扫描系统,承载被检测燃烧室、射线源和探测器,并完成系统工作过程中的各种运动,其由加速器平台及其床身、探测器平台及其床身、检测平台及其旋转支撑架、辅助支撑架、专用工装夹具等组成。

分系统采用立式或卧式结构设计,加速器立柱和探测器立柱分别布置在回转工作台的两侧,加速器安装在加速器平台上,探测器安装在探测器平台的微动机构上,工件竖直安放在回转工作台上。

工业 CT 系统常用的移位扫描方式有以下 2 种。

a. TR 方式(平移加旋转)。燃烧室在切片平面内平移,移位方向垂直于射线束入射方向,采集完一次数据后,燃烧室旋转一个角度。其中:单源单探测器为第一代扫描方式;单源小角度扇束,探测器数目少,扇束不能完全包容被检燃烧室,为第二代扫描方式。

b. OR 方式(只旋转)。检测过程中燃烧室只做旋转运动。单源大角度扇束、探测器数目多,扇束能完全包容被检燃烧室,为第三代扫描方式。此种方式运动单一,易于控制,检测效率高,在发动机燃烧室 CT 检测中应用广泛。

4)扫描控制分系统。采用高精度机械运动控制系统,完成扫描过程中的控制及驱动、实时位置测量,并负责系统配电、安全连锁及监控,包括主控制台、控制柜、测量与驱动装置、现场手动操作台、安全连锁设备、警示设备、摄像监视设备、对讲设备等。

5)重建检查分系统。由计算机、打印机、网络设备等硬件和软件系统组成,负责整个系统的运行操作。以人机界面形式,实现扫描检测、安全监控,以及图像重建、图像检查、图像数据存储与管理等各项功能。

(3)图像重建。图像重建就是如何由测得的投影数据计算 CT 图像的问题。

假定被检测断面被分割为 $N \times N$ 个小单元,可以简单地想到,只要进行了 N^2 次独立的测量,就可以唯一地求出物体衰减系数的分布 $\mu(x, y)$。由此可见,应用直接矩阵反变换的方法可以"精确"地得到衰减系数的分布。

为了进一步说明这个问题,假设物体由 4 个小方块组成。在每个方块中衰减系数均匀,分别标记为 μ_1、μ_2、μ_3、μ_4,如图 3-44 所示。进一步考虑沿水平、垂直和对角线方向测量线积分的情形。在该例子中一共选择了 5 个方向测量,可以看到对角线和 4 个其他方向的测量结果组成了如下独立的等式：

$$
\left.\begin{array}{l}
p_1 = \mu_1 + \mu_2 \\
p_2 = \mu_3 + \mu_4 \\
p_3 = \mu_1 + \mu_3 \\
p_4 = \mu_1 + \mu_4 \\
p_5 = \mu_2 + \mu_4
\end{array}\right\} \tag{3-22}
$$

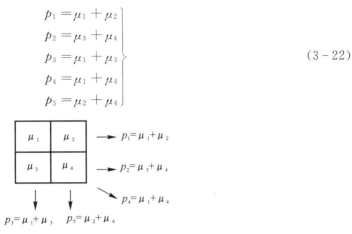

图 3-44　矩阵反变换的方法的简化实例

　　由此可以得出，当物体被分割成更加精细的单元（对应更高的空间分辨率）时，并行方程式的数量按二次方关系增加。此外，要保证组成足够多的独立方程，经常需要进行超过 N^2 次的测量，因为有些测量可能不独立。图 3-45 所示为 p_1、p_2、p_3 和 p_5 分别在水平方向和垂直方向进行测量。从图中可以看出，这些测量不是线性独立的（$p_5 = p_1 + p_2 - p_3$），需要增加一条对角线值以保证它们的正交性。实际测量时方程数量非常大，判断哪些方程之间线性独立并不总是非常容易的事情，再考虑到不可避免地存在测量误差，就更成问题。因此，这种基于矩阵反变换的重建方法没有被继续采用。

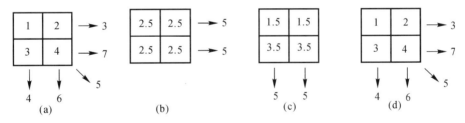

图 3-45　迭代重建的图示
(a)原始物体和它的投影；　(b)物体初始估计和它的投影；
(c)被更新的估计和它的投影；　(d)最终估计和投影

　　迭代重建方法是从一个极端简化的四方块物体例子开始的。给每个方块指定特定的衰减值，如图 3-45(a)所示。图中也给出了相应的投影测量值。首先要对物体衰减分布赋以初始值。在没有经验知识的情况下，可以先假设它是均匀的。开始用投影采样平均初值2.5（3+7=10 或 4+6=10）均匀分配到 4 个方块上，然后沿着原始投影测量的路径来计算被估计分布的线积分。例如，沿着水平方向计算投影采样，得到计算投影值分别为5（2.5+2.5）和 5，如图 3-45(b)所示。将它们与测量值 3 和 7[见图 3-45(a)]进行比较，观察到顶行被高估了 2（5-3），而底行被低估了 2（5-7）。再沿着每条射线路径，将测量和计算投影间的差值均匀分给所有像素点。于是，把顶行中每个方块数值减少 1，底行中每个方块数值增加

1,如图 3-45(c)所示。现在,在水平方向上计算投影值与测量投影值已经一致。再在垂直方向上对投影重复同样过程,第一列每个单元必须减少 0.5,第二列每个单元必须增加 0.5,如图 3-45(d)所示。最后,计算投影值与测量投影值在所有方向上已经一致(包括对角线测量),于是重建过程完成,物体被正确重建。这个重建过程被称为代数重建技术(Algebra Reconstruction Technique,ART)。

很明显,在迭代重建方法中(基于被估计的重建结果的)正向投影要重复执行,迭代重建算法在收敛到期望结果之前需要多次迭代,因此计算量很大。尽管如此,由于迭代方法自身的一些特点,至今仍然在一些场合得到应用。

迄今为止,所有重建算法中占有绝对主要位置的还是基于反投影的算法。

直接反投影算法基于如下的假设:断层图像上任何一点的值等于该平面上经过该点的全部射线投影之和(或平均值)。由此可知,直接反投影的主要运算是求和,因此该方法也被称为累加法。累加的过程称为反投影。

从最简单的情况开始,首先考虑感兴趣的物体仅仅是一个孤立点,假定在 0°~180°的范围内,每隔 22.5°测量一次投影数据。反投影重建过程相当于投影过程的逆过程,如图 3-46(a)所示,第一次投影方向垂直,对整个射线路径经过的全部像素都涂抹等于投影的相同数值。然后相对于第一条旋转 22.5°,重复上述过程,直到对所有角度完成这个过程。图 3-46(b)~(i)是以 22.5°间隔的不同角度范围得到的结果。由图 3-46(i)可以看出,经过在 0°~180°的范围内的反投影,获得了原始物体(一个点)的一个粗略估计。

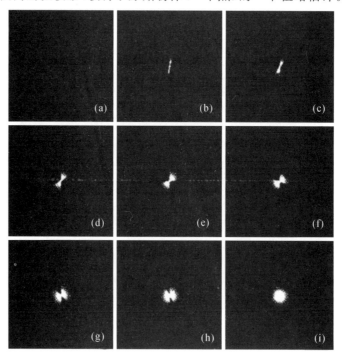

图 3-46 单点的反投影过程

(a)一次投影的反投影图像以及覆盖下列角度的多次观测的反投影; (b) 0°~22.5°;

(c)0°~45.0°; (d)0°~67.5°; (e)0°~90.0°; (f)0°~112.5°;

(g)0°~135.0°; (h)0°~157.5°; (i)0°~180.0°

从重建点的强度变化曲线可以看出,被重建点是真实物体的一个模糊版本(见图 3-47)。根据更加严格的数学证明,投影数据经过滤波以后再进行反投影累加可以显著改善重建图像,更接近真实的物体。目前,反投影算法已经发展成了一个完整的体系,成为计算机断层成像技术中应用最广泛的算法。

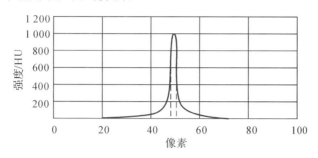

图 3-47　重建点的剖面曲线

实线—直接反投影重建;虚线—理想重建

为了计算 CT 图像,无论采用什么算法都需要首先测量大量的投影数据。测量精度要求越高,所需要的数据量也越大,或者说是数据的采样密度也越大。为了使这些数据的采集过程有条不紊地进行,必须预先规定某种程序,这个过程在 CT 中称为扫描。扫描过程通常由射线束的平移和旋转两种基本运动形式组成。因此,投影数据包含了位置信息和 X 射线强度信息。如果位置信息不准确,在图像重建的过程中实际应用的数据并不是精确地对应着需要重建的点,而是使用了邻近该点的数据(也可能通过插值计算得到),这和数据测量不准确效果没有什么两样,因此这两种信息对于重建 CT 图像来说几乎是同样重要的。

3. 利用工业 CT 检测固体火箭发动机燃烧室缺陷

通常,工业 CT 系统射线源、探测器平台分别位于检测平台两侧,检测时将固体火箭发动机燃烧室竖直装夹在检测平台上,通过加速器和探测器平台的同步升降运动及转台的回转和平移运动,完成系统扫描动作。通过扫描装置的多轴运动配合,系统可实现 DR 扫描、CT 扫描等工作方式。

(1)检测准备。首先,应启动并检查加速器急停按钮、安全连锁装置、警示灯和视频监控,确认它们工作正常,进行加速器预热。其次,按照燃烧室特点及技术要求编制检测工艺卡,工艺卡一般应包括燃烧室名称、设备型号、射线能量、扫描方式、切片位置、切片厚度、切片数量、重建范围、重建矩阵和签署等内容。最后,根据被检燃烧室的尺寸、质量和结构,选择合适的检测工装,并与扫描装置系统连接紧固。

(2)DR 扫描。在系统控制站(System Control Station,SCS)中设置扫描参数,系统将自动完成 DR 扫描流程:工件旋转至设定角度并停止,加速器产生高能 X 射线并穿透工件,$CdWO_4$ 晶体线阵列探测器分系统将透射 X 射线转换为光电信号和数字信号,加速器、探测器沿工件方向垂直同步升降运动,连续获取工件不同位置处的 X 射线透射信息,由图像处理系统进行重建运算,获得被检测工件的 DR 图像并进行检查操作。DR 扫描行程应能覆盖燃烧室检测区域及参考面。

（3）CT 扫描。在系统控制站中设置扫描参数，系统将自动完成 CT 扫描流程：射线源、探测器同步升降到工件指定检测位置，射线源发射 X 射线束，覆盖并穿透待检工件；工件在转台上连续旋转，通过微动实现探测器加密采样；探测器接收透射 X 射线信号，得到不同旋转角度和微动位置的投影数据；再通过计算机重建得到对应的断层图像，保存燃烧室 CT 检测的原始数据和图像文件。

（4）图像处理与评定。伪影鉴别一般可按照伪影出现的位置、形状以及影像密度等去分析判断。如果伪影的存在已经影响缺陷的判读，须对系统进行校正或核查。评定时应结合燃烧室的结构特征进行分析，区别伪影。燃烧室常见缺陷包括界面脱黏、药柱内部气孔、裂纹、夹杂等。CT 检测固体火箭发动机燃烧室典型气孔缺陷影像如图 3-48 所示。

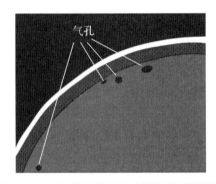

图 3-48　CT 检测燃烧室典型气孔缺陷影像

第4章 固体火箭发动机装药缺陷诊断方法

固体火箭发动机缺陷诊断的目的是对发动机进行健康监测、状态与寿命评估,提高其可靠性。目前,发动机缺陷诊断技术主要是采用离线监测的方式,基于知识(主要是专家判断法)或基于机理模型进行缺陷诊断。工业 CT 断层成像技术是目前固体火箭发动机结构缺陷可视化检测的主要技术手段,它可从断层的扫描图像直观地看到被测物体内部缺陷的空间位置、形状和大小,还可将获得的缺陷进行自动识别和定量分析,判断缺陷类型和性质特征,然后综合运用固体火箭发动机内弹道及有限元数值仿真计算方法,研究各种载荷作用下装药缺陷的发展及其对发动机工作性能的影响,并据此对发动机的工作状态进行判断,以减小损失,提高发动机的安全性。

4.1 装药缺陷诊断

4.1.1 基本要求

应用工业 CT 技术能够重建被测物体内部结构任意部位的三维空间效果图,而且能够精确测量缺陷的几何特征参数,准确定位缺陷的空间位置。固体火箭发动机有别于一般工件,其 CT 检测具有以下 3 个特点:

(1)固体火箭发动机结构复杂,材料多样,缺陷种类及产生机理独特;

(2)CT 检测技术比较先进,对人员素质要求高;

(3)缺陷产生的危害性大,判定难度高。

因此,对于固体火箭发动机 CT 检测缺陷进行准确诊断需要深厚的理论基础和丰富的实践经验,需要掌握固体火箭发动机 CT 检测的基本工艺、成像原理,熟悉基本评片技术,同时还需要掌握固体火箭发动机结构、材料和工艺知识,了解全寿命过程中所受载荷及应力分布情况。

4.1.2 诊断方法

通过 CT 检测可以得到发动机较为清晰的断层图像,其内部结构让人一目了然,特别是对实心、星孔、内齿轮等异型装药效果很好。将待评估发动机的 CT 图像进行重构,能够准确定位缺陷损伤的部位、类型、几何形状及尺寸,建立固体火箭发动机装药结构力学分析模型和内弹道分析模型,对含缺陷的固体火箭发动机进行内弹道分析计算,获得含缺陷装药的内弹道曲线,综合在内压载荷下装药的结构完整性分析,对含缺陷固体火箭发动机使用性能进行评估,具体流程如图4-1所示。

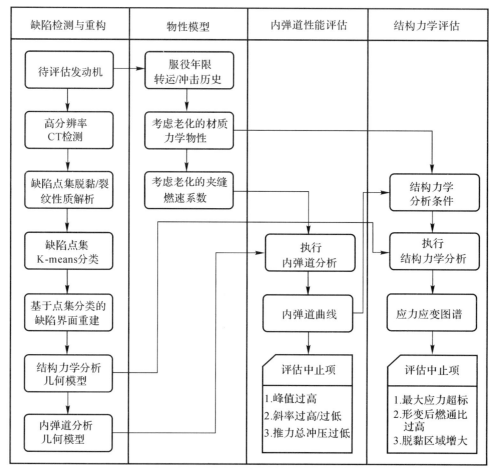

图4-1 固体火箭发动机缺陷检测与评估流程

(1)CT数据处理与重构。CT扫描数据是进行含缺陷发动机分析的原始数据,对CT扫描结果进行二维及三维图像重构,准确定位测量固体火箭发动机缺陷损伤的部位、类型、几何形状及尺寸。

(2)固体火箭发动机损伤模型构建。固体火箭发动机存在装药脱黏、裂纹等多种缺陷,且在不同寿命阶段会受到诸如温度载荷、加速度载荷及发动机燃气内压载荷等多种载荷的随机作用,需要在多种载荷随机作用下构建发动机装药缺陷损伤模型。

(3)含缺陷损伤装药的固体火箭发动机内弹道性能预示。综合考虑发动机服役年限、老化的材质力学物性及老化的狭缝燃速系数等因素,对装药缺陷损伤部位进行燃面退移计算,通过对获得的内弹道曲线与理论内弹道曲线进行比对,预示含缺陷发动机工作时的内弹道超差情况。

（4）含缺陷损伤装药结构完整性分析。固体火箭发动机装药是一个黏弹性体,运用黏弹性理论,在温度、压强、振动、冲击、加速度等联合载荷作用下,对固体火箭发动机结构完整性进行分析,对含缺陷固体火箭发动机使用性能进行评估。

4.1.3　诊断依据

固体火箭发动机缺陷诊断的重点是基于上述各个评估过程的仿真结果,判读实际缺陷发动机的使用安全性。因此,需要总结含缺陷发动机所有可能的失效模式,并针对每一种失效模式,确定其判读量化指标。表 4 - 1 给出了含缺陷固体火箭发动机常见的失效模式与判读依据。

表 4 - 1　含缺陷固体火箭发动机失效模式与判读依据

序号	故障模式	最终危害模式	模拟重现手段	安全性判读依据
1	绝热层脱黏	（1）与燃烧室原始空腔相联结的脱黏腔:相当于原始燃面增大; （2）封闭的脱黏腔:当脱黏腔与火焰接触时,整个内表面被迅速点燃,相当于燃面在某一时刻阶跃突增。 共同后果:燃面异常增大,燃烧室压强升高引发壳体爆破或推力超差(推力过高或工作时间过短)	在脱黏位置附近区域设置较高燃速系数,以便模拟火焰在脱黏缝隙中的传播和燃气冲刷效应	内弹道仿真数据:内弹道曲线峰值超出壳体承受范围或使得安全系数小于阈值,或内弹道曲线过早结束
2	药柱表面裂缝引起燃面异常增大和压强升高	相当于原始燃面增大,引起燃烧室压强升高,引发壳体爆破或推力超差(推力过高或工作时间过短)	在裂纹位置附近区域设置较高燃速系数,以便模拟火焰在药柱缝隙中的传播	
3	药柱内部空洞引起燃面异常扩张和压强升高	当内部空腔与火焰接触时,整个内表面被迅速点燃,相当于燃面在某一时刻阶跃突增。燃面异常增大,燃烧室压强升高引发壳体爆破或推力超差(推力过高或工作时间过短)	如果仿真模拟算法支持专门的空洞特征,则直接设置;否则,可在空洞位置设置极高燃速,以便模拟火焰在空洞中的传播	
4	狭缝燃烧引起局部推进剂燃速增高和压强升高	与空洞相比,狭长缝隙不仅具有燃面突增效应,狭缝对燃气的挤压和阻挡作用还将极为显著地提高狭缝两侧推进剂的燃速,相当于燃气生成率的瞬时大幅提高,造成燃烧室压强升高引发壳体爆破或推力超差(推力过高或工作时间过短)	在裂缝附近区域设置较高燃速系数,以便模拟火焰在药柱缝隙中的传播	

续表

序号	故障模式	最终危害模式	模拟重现手段	安全性判读依据
5	限燃层在点火前脱落	相当于初始燃面增大,造成燃烧室压强升高引发壳体爆破或推力超差(推力过高或工作时间过短)	将脱黏区域标记为初始燃烧表面	
6	限燃层在工作过程中脱落	相当于自某一时刻起燃面突增,造成燃烧室压强升高,引发壳体爆破或推力超差(推力过高或工作时间过短)	如果仿真模拟算法支持专门的动态脱落特征,则直接设置;否则,需要估算脱落时刻燃面的位置,在这一位置附近到脱落区域设置极高燃速,以便模拟燃面推进到这一位置后,限燃层覆盖区域被瞬时点燃的效应	
7	绝热层脱黏引起温度交变下结构完整性破坏	推进剂-绝热层脱黏范围扩展并引起进一步破坏	在计算几何模型中加入脱黏特征	结构完整性仿真:绝热层局部应力超出安全范围
8	药柱表面裂缝引起点火时结构完整性破坏	药柱破碎,使得燃面迅速增大,破碎推进剂装药堵塞喷管,引起进一步破坏	在计算几何模型中加入表面裂缝特征	结构完整性仿真:表面裂缝局部应力超出安全范围

4.2　CT 图像处理与重构

与其他的数据、声音信号等信息相比,图像信息具有直观、准确和易于获取等特点。通过 CT 设备获得的是被测火箭发动机的一组序列切片图像,反映的是装药断面上的形状、大小、材质、结构和密度等信息,但要精确地确定物体各部分的空间位置、形状、尺寸及相互关系,仅通过二维断层图像是远远不够的。为直观地对被测物体的各种信息进行观察、测量和分析,需要对二维断层图像进行必要的处理,通过提取、插值、拼接等步骤,将其重建为三维模型。因此,CT 图像的三维重建就是对获得的一系列 CT 断层图像进行处理,从而构造出三维几何模型,将看不见的火箭发动机内部缺陷通过三维的方式"逼真"地显示出来。

4.2.1　固体火箭发动机 CT 图像预处理

CT 探伤与缺陷分析受限于 CT 设备的效率与数据处理能力。一般先对待检测固体火箭发动机进行粗扫描,进行间隔 3 mm 切片检测;随后,利用缺陷定位技术对缺陷进行快速定位,找到粗扫描中所发现的疑似缺陷;然后针对性地对特定位置进行细扫描,以便获取缺陷位置的精确三维影像。图 4 - 2 所示为某固体火箭发动机 CT 扫描结果。因此,存在多次、多分辨率的扫描数据。为了将这些数据进行融合,达到既不浪费细扫描精度,又不影响后续数据统一性的目的,可以借助三维插值技术,对扫描数据进行融合和采样,从粗扫描数据中建立伪细扫描数据,后续处理统一在融合的细扫描数据上进行。该方法降低了后续数据处理的复杂性,但将浪费部分数据存储空间,适合配合数据压缩技术使用。

图 4 - 2　某固体火箭发动机 CT 扫描结果

1. 图像滤波

CT 图像是经过数字转换的重建模拟图像,由一定数目的从黑到白不同灰度按固有矩阵排列而成,这些像素的灰度反映的是相应体素点的 X 射线吸收系数。X 射线穿透不同密度的材质时衰减度不同,在 CT 图像上表现为代表不同材质的体素灰度值不同,同一材质的体素灰度值相似。

在基于序列 CT 切片图像数据的三维重建中,二维切片图像上目标的正确识别和轮廓的准确提取是进行三维重构的基础。因此,在 CT 切片图像的内部缺陷三维重建中,必须先从装药的 CT 切片图像中获得准确的缺陷目标和轮廓数据。设备、操作和环境等不可避免的影响,使得获取的 CT 切片图像中存在噪声、伪影等问题,而且内部缺陷图像还有对比度低、边界模糊等特点,使得在复杂背景条件下对装药内部缺陷如气孔、夹杂和裂纹等的准确分割和提取较为困难。因此,需通过三维滤波对其原始图像进行去噪,从而达到改善图像质量的目的。

(1)滤波的定义。滤波一词源于通信,它是从含有干扰的接收信号中提取有用信号的技术。成像系统和成像设备的不完善,导致数字图像在形成时会伴随多种噪声干扰。图像滤波就是要去除图像中干扰有用信息的噪声。

因此,图像滤波的目的有两个:一是突出图像的特征,提升图像的绝对质量;二是适应图像处理的要求,提升图像的相对质量。对滤波处理的要求是在尽量少地破坏图像的边缘等重要的高频信息的同时保证噪声被尽可能地消除。

(2)断层图像中的噪声。噪声是不可预测的随机信号,它只能用概率统计的方法去认识。根据噪声产生的原因,把影响 ICT 断层图像质量的噪声源分为以下 3 类。

1)由 X 射线束流或被测到的 X 光子数决定的量子噪声。这类噪声主要受两个因素影响:扫描技术条件(X 光管电压、管电流、切片厚度、扫描速度等)和扫描效率(探测器、本影-半影比等)。扫描技术条件决定了到达固体火箭发动机的 X 光子数,而扫描效率决定了射出固体火箭发动机的 X 光子能被转换为有效信号的百分比。

这类噪声常用具有泊松密度分布的随机变量作为模型。在照度非常小及用高倍电子线路放大的情况下,泊松噪声可以认为是椒盐噪声,其他的情况通常认为是加性高斯噪声。

2)ICT 系统内在的物理噪声。这类噪声包括探测器光电二极管中的电子噪声,数据采集系统中的电子噪声,被扫描物体的 X 射线半透明性、散射辐射,以及许多其他因素。这类噪声是噪声模型中最简单的一种,一般采用高斯白噪声作为其模型,可以用其标准方差来完全表征。在密度域中是高斯分布加性噪声,而在强度域中为乘性噪声。

3)重建算法产生的噪声。重建过程可进一步分为两个单独部分:重建参数和校正有效性。重建参数包括不同重建滤波核的选择、重建视场、图像矩阵大小和后处理技术。通常情况下,高分辨率重建使噪声水平增加,这主要是由于这些核保留或增强了投影中的高频信息。然而,大多数噪声表现为高频信号。

固体火箭发动机 ICT 断层图像中主要有加性噪声和乘性噪声,而加性噪声中又包括高斯噪声、椒盐噪声等典型噪声。图像中噪声往往和信号交织在一起,尤其是乘性噪声,如果平滑不当,就会使断层图像中的微小缺陷边界轮廓、线条等变得模糊不清。既能平滑噪声又尽量保持图像细节,是图像去噪研究的主要任务。

(3)断层图像滤波技术。噪声滤除算法多种多样,根据不同应用、不同要求,需要采取不同的处理方法。就目前应用的方法来看,图像去噪处理主要采取两大类方法:一类是空域中的去噪处理,即在图像空间中对图像进行各种去噪处理;另一类是把空域中的图像经过变换,如傅里叶变换或小波变换,变换到频率域,在频率域内进行各种去噪处理,然后变回图像的空间域,形成去噪处理后的图像。

1)均值滤波。均值滤波采用邻域平均法,是一种线性滤波,其基本原理是用均值替代原图像中的各个像素值。令被讨论像素的灰度值为 $F(i,j)$,以其为中心,窗口像素组成的点集用 A 表示,A 内像素数用 L 表示。经邻域平均法滤波后,像素 $F(i,j)$ 对应的输出为

$$G(i,j) = \frac{1}{L} \sum_{(x,y) \in A} F(x,y) \tag{4-1}$$

即用窗口像素的平均值取代 $F(i,j)$ 原来的灰度值。窗口的大小和形状根据图像的特点确定,一般取正方形、矩形和十字形等。

这种方法通过把突变点的灰度分散在其相邻点中来达到平滑效果,操作简单,但往往造成图像的模糊,模糊程度与窗口的大小成正比。为了尽可能减小模糊失真,可采用超限阈值法,即

$$G(i,j) = \begin{cases} \dfrac{1}{L} \sum\limits_{(x,y) \in A} F(x,y), & \left| F(i,j) - \dfrac{1}{L} \sum\limits_{(x,y) \in A} F(x,y) > T \right| \\ F(i,j), & \text{其他} \end{cases} \quad (4-2)$$

式中:T—— 设定的阈值。

因此,只有在 $F(i,j)$ 大于邻域均值一定值后,才能作为噪声处理,否则不予改变。

2) 中值滤波。中值滤波是一种非线性平滑技术,也是一种典型的非线性滤波方式。它将每一像素点的灰度值设置为该点某邻域窗口内的所有像素点灰度值的中值。其实现方式为:首先构建一种二维模板,二维模板通常为 $n \times n$ 的区域(由于 $n \times n$ 的奇数区域更方便取中心点,奇数个数字也更方便取中值,因此 n 常取奇数)。当然,也可以是不同的形状,如线状、圆状、十字形或圆环形。从前至后对一张图像进行处理,在二维模板的区域内取所有像素值的中位数对二维模板的中心点进行替换,接着向后移动一个像素单位,最后重复此操作直到图像中所有被覆盖的中心点的像素值都被中值替换。

令被讨论像素的灰度值为 $F(i,j)$,以其为中心,其邻域窗口像素组成的点集用 A 表示,则经中值滤波后,像素 $F(i,j)$ 对应的输出为

$$G(i,j) = \text{Med}[F(x,y)] \quad (x,y) \in A \quad (4-3)$$

3) 维纳滤波。维纳滤波是一种自适应滤波,它把图像信号近似看成平稳的随机过程,其最终目标是使去噪后图像 $f'(i,j)$ 与原始图像 $f(i,j)$ 之间的均方误差 e^2 最小,即

$$e^2 = \min\{E[f(x,y) - f'(x,y)]^2\} \quad (4-4)$$

式中:E 表示取均值。

断层图像维纳滤波时,令被讨论像素的灰度值为 $F(i,j)$,其邻域窗口像素组成的点集以 A 表示,A 内像素数以 L 表示。

首先,估计出像素的局部矩阵和方差分别为

$$\left. \begin{aligned} \mu &= \frac{1}{L} \sum_{(x,y) \in A} f(x,y) \\ \sigma^2 &= \frac{1}{L} \sum_{(x,y) \in A} f^2(x,y) - \mu^2 \end{aligned} \right\} \quad (4-5)$$

然后,利用维纳滤波器估计出 $F(i,j)$ 的灰度值 $G(i,j)$,即

$$G(i,j) = \mu + \frac{\sigma^2 - u^2}{2}[F(i,j) - \mu] \quad (4-6)$$

式中:u^2—— 图像中噪声的方差。

4) 小波变换滤波。小波变换滤波是一种窗口大小固定不变,但其形状可改变的时频局部化分析方法。利用小波变换滤波去除噪声的原理是:噪声大多属于高频信息,经小波变换后,在不同的分辨率下呈现不同的规律。在不同的分辨率下,设定阈值门限,调整小波系数,可以达到图像去噪的目的。

小波变换滤波中常用阈值化方法对图像去噪:

a.默认阈值去噪处理,即在去噪处理过程中采用程序中设定的阈值,对分解信号进行分类处理,以求消除噪声;

b.给定软(或硬)阈值去噪处理,即阈值通过某一个经验公式获得,该阈值比默认的阈值去噪效果更有说服力。

对于软阈值法,绝对值小于阈值 δ 的小波系数数值用 0 代替;绝对值大于阈值 δ 的小波系数数值用来缩减。软阈值法可表示为

$$W_\delta = \begin{cases} 0, & |W| < \delta \\ \mathrm{sgn}(W)(|W| - \delta), & |W| \geqslant \delta \end{cases} \tag{4-7}$$

式中:　　W——小波系数的数值;

$\mathrm{sgn}(W)$——符号函数,当数值大于 0 时,符号为正,反之符号为负。

对于硬阈值法,仅仅保留绝对值大于阈值 δ 的小波系数,令其被保留系数与阈值系数相同(没有被缩减)。硬阈值法可表示为

$$W_\delta = \begin{cases} 0, & |W| < \delta \\ W, & |W| \geqslant \delta \end{cases} \tag{4-8}$$

小波变换滤波去噪的关键在于选择合适的 δ。如果阈值太小,处理后的信号仍有噪声存在;阈值太大,重要的图像特征将被滤掉,引起偏差。

2. 图像插值

图像插值是图像处理中图像重采样过程的重要组成部分,其实就是一个图像数据再生的过程,即由原始具有较低分辨率的图像数据再生出具有更高分辨率的图像数据。若要把一幅较低分辨率的图像转化成另一幅较高分辨率的图像,这种插值可看作"图像内的插值"(如应用于图像放大)。若在若干幅图像之间再生出几幅新的图像,这种插值可看作"图像间的插值"(如应用于序列切片之间的插值)。图像插值的直接结果是原来由较少的像素所刻画的图像(低分辨率的图像)变成了由较多的像素所刻画的图像(高分辨率的图像)。

图像插值是一个具有很大任意性的问题。为了使图像插值成为一个确定、可解的问题,通常引入以下 3 个约束条件:

1)插值图像要与原始断层图像相似;

2)插值图像与两个原始断层图像的相似度应该分别和它与这两个断层图像的距离成反比关系;

3)插值图像序列应该呈现出从一幅原始断层图像到另一幅原始断层图像的渐变过程。

(1)插值方法。断层图像插值方法可描述为:假定存在一个连续三维图像 $w = g(x, y, z)$,此图像可以描述三维固体火箭发动机图像的所有信息,但这个图像函数是未知的,根据已知断层图像离散的像素点 k, l, m 和相应的灰度值 w_{kl},构造一个具有一定光滑性、简单、易于计算的连续图像函数 $w = f(x, y, z)$,使其作为 $w = g(x, y, z)$ 的近似,则任意点 (x, y, z) 的灰度值 $f(x, y, z)$ 即为 $g(x, y, z)$ 的近似值。图像插值就是从近似连续图像函数 $z = f(x, y, z)$ 中采样生成插值断层图像。

将从已知离散断层数字图像 $f(k, l, m)$ 构造出近似连续图像函数 $f(x, y, z)$ 归结为离散断层数字图像与连续三维插值核函数之间的卷积,即

$$f(x, y, z) = \sum_{k, l} f(k, l, m) \cdot {}_{3D} h(x - k, y - l, z - m) \tag{4-9}$$

式中:$k, l, m \in \mathbf{Z}$;

$f, x, y, z \in \mathbf{R}$;

$_{3D}h(x,y,z)$——连续三维插值核函数。

因此,研究图像断层插值效果即研究插值核函数的构造问题。三维函数的构造运算量大,插值核函数通常使用对称、可分的函数,即

$$\left.\begin{array}{l}_{3D}h(x,y,z)=h(x)\cdot h(y)\cdot h(z)\\ h(-x)=h(x)\\ h(-y)=h(y)\\ h(-z)=h(z)\end{array}\right\} \qquad (4-10)$$

把三维插值问题分解成一维插值来处理,可以减少计算复杂度。

由采样理论可知,Sinc 函数是式(4-10)中理想的插值核函数,通过卷积可完全、无损地恢复连续图像函数。但 Sinc 函数在空间是无限支持的,不可能通过计算机编程实现卷积运算,必须构造其他近似 Sinc 函数且空间有限支持的函数进行插值运算。Sinc 函数为

$$h(x)=\frac{\sin(\pi x)}{\pi x}=\mathrm{Sinc}(x) \qquad (4-11)$$

其函数图、频谱图和频谱对数图如图 4-3 所示。图 4-3(b)中,$-\pi<\omega<\pi$ 频率区间称为通带,$|\omega|\geqslant\pi$ 频率区间称为阻带,$\omega=\pi$ 称为截止频率或 Nyquist 频率。通带内频率幅度值为1,阻带区间频率幅度值为 0。图 4-3(c)所示为频谱对数图,以放大显示阻带内的旁瓣波纹,理想插值函数此处为 0。构造的其他插值核函数在频域上与其越接近,插值效果越好。

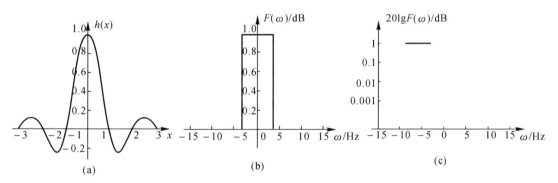

图 4-3　理想插值核函数

(a)$-3\leqslant x\leqslant3$ 区间的 Sinc 函数图;　(b)傅里叶变换频谱图;　(c)频谱对数图

构造近似 Sinc 插值核函数的方法主要有 2 种:①分段多项式近似;②加窗 Sinc 函数近似。对于不同的插值核函数,会有不同的插值效果和插值误差,也会有不同的计算量。

1)分段多项式插值核函数。分段多项式插值核函数通常有矩形函数、三角函数、三次多项式函数、三次 B 样条函数等。

a.矩形函数。矩形函数是最简单的插值核函数,相应的插值方法称为最近邻域法。最近邻域插值法是选取待插值点邻域已知像素点中与待插值点距离最近的已知像素点的像素值作为该点的像素值。其插值公式为

$$I(i+u,j+v)=I(i,j) \qquad (4-12)$$

式中:　　　　$I(i,j)$——低分辨率图像在点(i,j)处的像素值;

$I(i+u,j+v)$——高分辨率图像在点$(i+u,j+v)$处的像素值。

图 4-4 所示分别为最近邻域插值中低分辨率图像和经过 2 倍放大得到的高分辨率图像的示意图。其中黑色的圆点为原始低分辨率图像中的已知像素点,白色的圆点是高分辨率图像中的待插值点。

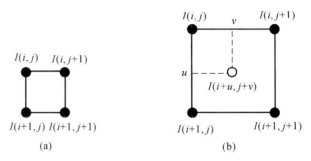

图 4-4 最近邻域插值法示意图

(a)低分辨率图像; (b)高分辨率图像

最近邻域法是用空间有限内插函数近似 Sinc 函数最简单的方法,就是用矩形函数和原始图像进行卷积。矩形函数可表示为

$$h(x) = \begin{cases} 1, & 0 \leqslant |x| < \dfrac{1}{2} \\ 0, & \text{其他} \end{cases} \tag{4-13}$$

矩形函数的函数图、频谱图和频谱对数图如图 4-5 所示。

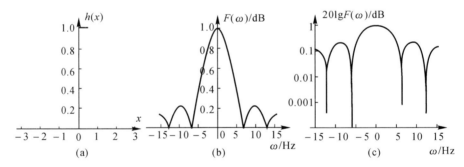

图 4-5 矩形函数的函数图、频谱图和频谱对数图

(a)矩形函数的函数图; (b)傅里叶变换频谱图; (c)频谱对数图

图 4-5(b)中,通带的增益在截止频率点 $\omega = \pi$ 处迅速下降至 $\dfrac{2}{\pi} = 64\%$,旁瓣最大幅度大于 20%。图 4-5(c)中,产生重复的频率区域中旁瓣太显著。因此,最近邻域插值将产生强烈的混叠现象和模糊效应。

b.三角函数。三角函数是应用最广泛的核插值函数,相应的插值方法称为线性插值法。

线性插值法,一般也叫双线性插值。对于双线性插值,它的四个相邻像素根据距离的不同被赋予不同的权重,然后相加得到插值结果。这意味着,线性插值相当于一种平滑操作。权重的选取与像素间的距离有关,像素间距离越近,说明相关性越大,权重就越大;反之,权

重就越小。线性插值公式为

$$I(i+u,j+v) = (1-u)(1-v)I(i,j) + v(1-u)I(i,j+1) +$$
$$u(1-v)I(i+1,j) + uvI(i+1,j+1) \tag{4-14}$$

式中：　　　$I(i,j)$——原始低分辨率图像在点 (i,j) 处的像素值；

　　$I(i+u,j+v)$——高分辨率图像在点 $(i+u,j+v)$ 处的像素值。

图 4-6 所示为双线性插值法示意图，首先由 $I(i,j)$ 和 $I(i,j+1)$ 内插得到 m_1 点的值，$I(i+1,j)$ 和 $I(i+1,j+1)$ 内插得到 m_2 点的值，再由 m_1 和 m_2 两点线性内插得到 $(i+u,j+v)$ 点的像素值。

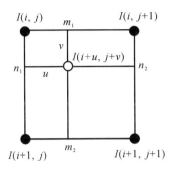

图 4-6　双线性插值法示意图

如果把双线性插值分解为水平和垂直两个方向分别进行，则每个方向上的 Sinc 插值函数近似为三角形函数，它可视为对 Sinc 函数的线性逼近，其插值核函数可表示为

$$h(x) = \begin{cases} 1-|x|, & 0 \leqslant |x| < 1 \\ 0, & \text{其他} \end{cases} \tag{4-15}$$

三角函数的函数图、频谱图和频谱对数图如图 4-7 所示。图 4-7(b)中，阻带内的旁瓣最大幅度小于 10%，但这个值仍然较大。与最近邻域法相比，双线性插值法能产生较好的插值效果，但其高频分量的衰减和截止频率 $|\omega| > \pi$ 外的数据和低频分量的混叠是其最主要的缺陷，造成图像模糊。因此，尽管这个函数使低通滤波的效果有所改善，但同时它削弱了截止频率附近的频率，使得图像被平滑了。又由于双线性插值算法的计算量不大，所以当对画质要求不高时，双线性插值法是比较好的选择。

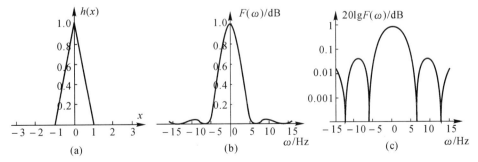

图 4-7　三角函数的函数图、频谱图和频谱对数图

(a)三角函数的函数图；　(b)傅里叶变换频谱图；　(c)频谱对数图

c.三次多项式函数。应用三次多项式函数为核函数的插值方法称为立方卷积法,也称为双三次插值法。其插值公式为

$$I(i+u,j+v)=A*B*C \tag{4-16}$$

式中

$$A=[S(1+u),S(u),S(1-u),S(2-u)]$$

$$B=\begin{bmatrix} I(i-1,j-1) & I(i-1,j) & I(i-1,j+1) & I(i-1,j+2) \\ I(i,j-1) & I(i,j) & I(i,j+1) & I(i,j+2) \\ I(i+1,j-1) & I(i+1,j) & I(i+1,j+1) & I(i+1,j+2) \\ I(i+2,j-1) & I(i+2,j) & I(i+2,j+1) & I(i+2,j+2) \end{bmatrix}$$

$$C=[S(1+v) \quad S(v) \quad S(1-v) \quad S(2-v)]^{\mathrm{T}}$$

三次多项式函数可表示为

$$h(x)=\begin{cases} 1-2\,|x|^2+|x|^3, & 0\leqslant|x|<1 \\ 4-8\,|x|+5\,|x|^2-|x|^3, & 1\leqslant|x|<2 \\ 0, & \text{其他} \end{cases} \tag{4-17}$$

三次多项式函数的函数图、频谱图和频谱对数图如图 4-8 所示。图 4-8(b)显示三次多项式函数的频域特性偏移理想矩形较小,通带性能较好;图 4-8(c)显示通带和阻带的过渡非常明显,最高旁瓣幅度小于 10%,但很快减弱,当 $|\omega|>2\pi$ 时,旁瓣幅度已小于 1%。

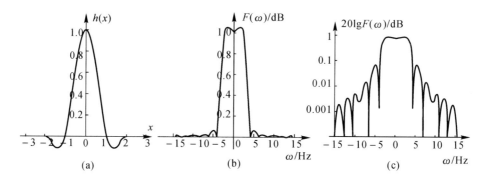

图 4-8　三次多项式函数的函数图、频谱图和频谱对数图
(a)三次多项式的函数图;　(b)傅里叶变换频谱图;　(c)频谱对数图

d.三次 B 样条函数。B 样条函数具有连续性、紧支性、规范性、对称性、阶间递推性等许多良好的性质,还具有良好的插值效果,但其计算量较最近邻域插值和线性插值显著增加,其函数表达式为

$$h(x)=\begin{cases} \dfrac{2}{3}-\dfrac{1}{2}\,|x|^2(2-|x|), & 0\leqslant|x|<1 \\ \dfrac{1}{6}(2-|x|)^3, & 1\leqslant|x|<2 \\ 0, & \text{其他} \end{cases} \tag{4-18}$$

三次 B 样条函数的函数图、频谱图和频谱对数图如图 4-9 所示。图 4-9(b)(c)显示三次 B 样条函数具有较好的带阻特性,旁瓣的最大幅度小于 1%。不过,三次 B 样条函数的傅

里叶变换为$(Sinc)^4$,导致通道内过渡平滑,截止频率$\omega=\pi$处的增益仅为16.4%。

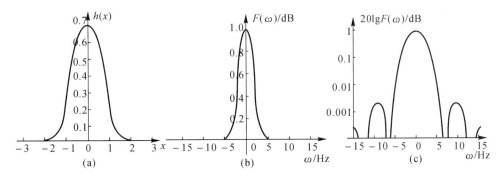

图 4 - 9　三次 B 样条函数的函数图、频谱图和频谱对数图

(a)三次 B 样条函数的函数图；　(b)傅里叶变换频谱图；　(c)频谱对数图

2)加窗 Sinc 插值函数。虽然 Sinc 函数是空间无限支持的,但可以通过加窗函数有效地截取其一部分,使其成为有限长的一段,这样也能起到很好的插值放大效果,核函数的构造直接决定图像插值的效果。加窗 Sinc 插值核函数通常构造的窗有矩形窗、Blackman 窗、Blackman - Harris 窗、Hanmming 窗、Lanczos 窗等。

a.矩形窗。简单的加窗截断相当于在时域中乘以矩形函数,窗函数式可以表示为

$$h_N(x)=\begin{cases}h(x)\cdot\omega(x), & 0\leqslant|x|<\dfrac{N}{2}\\[2mm]0, & \text{其他}\end{cases}\tag{4-19}$$

式中:N—— 带限内插函数所能作用的点数。

取 $N=5$ 的加矩形窗函数图、频谱图和频谱对数图,如图 4-10 所示。由图 4-10 可以看出,经矩形窗函数截断后的理想插值函数由于损失了大量的能量,反应在频域中就是产生了振铃效应,也称为吉布斯现象。

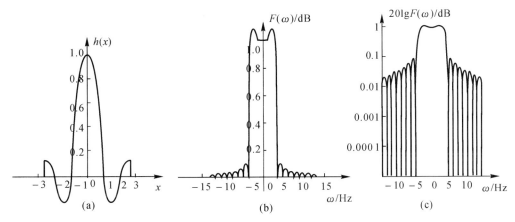

图 4 - 10　$N=5$ 的加矩形窗函数图、频谱图和频谱对数图

(a)空域特性；　(b)傅里叶变换频谱图；　(c)频谱对数图

b. Blackman - Harris 窗。为了克服矩形窗截断的振铃现象,可以用比较平滑的窗函数

来代替矩形函数,以得到较好的频率响应,比如 Blackman - Harris 窗。三项 Blackman - Harris 窗的窗函数式为

$$\omega(x) = \omega_0 + \omega_1 \cos\left(2\pi\,\frac{x}{N}\right) + \omega_2 \cos\left(2\pi\,\frac{2x}{N}\right) \tag{4-20}$$

取 $N=6$,$\omega_0=0.423\,23$,$\omega_1=0.497\,55$,$\omega_2=0.079\,22$,则加窗 $N=6$ 的 Blackman - Harris 窗的 Sinc 插值核函数图、频谱图和频谱对数图如图 4 - 11 所示。

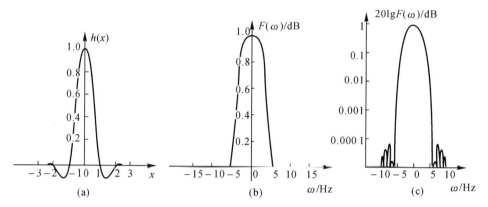

图 4 - 11　加 Blackman - Harris 窗的 Sinc 插值核函数
(a)插值核函数图; (b)傅里叶变换频谱图; (c)频谱对数图

图 4 - 11(b)(c)显示加 Blackman - Harris 窗 Sinc 插值核函数具有良好的带阻特性,旁瓣的最大幅度小于 0.01%,但通带内的高频也被削弱,其截止点的增益为 0.5%。

c. Lanczos 窗。选用 $N=3$ 的 Lanczos 窗,窗函数式为

$$\omega(x) = \text{Sinc}\left(\frac{\pi x}{3}\right) \tag{4-21}$$

加 $N=3$ 的 Lanczos 窗的 Sinc 插值核函数图、频谱图和频谱对数图如图 4 - 12 所示。

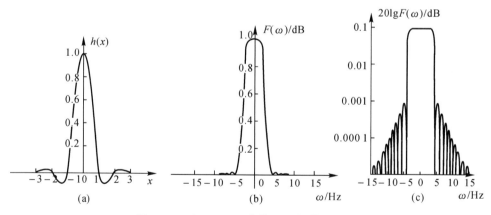

图 4 - 12　加 Lanczos 窗的 Sinc 插值核函数
(a)插值核函数图; (b)傅里叶变换频谱图; (c)频谱对数图

图 4 - 12(b)(c)显示加 Lanczos 窗 Sinc 插值核函数具有较好的带阻特性,旁瓣的最大

幅度不大于 1%,且通带特性良好。

由上述分析可知,插值函数均是对 Sinc 函数的近似,在时域波形和频域波频谱中存在一定误差。频域内的频谱误差主要集中在以下 3 个方面:

A.在通带内与理想插值常数增益的偏差;

B.插值核的傅里叶变换在截止频率处的幅值和坡度;

C.在阻带内波纹和旁瓣的产生和幅值。

通带内的偏差会导致插值图像产生锯齿效应,旁瓣波纹的产生和幅值异常将会导致离散频谱的重复频段混叠到通带,导致插值图像边缘处产生光晕。

(2)插值方法分析。断层图像插值总会产生模糊、锯齿、光晕三种伪像,不同的方法是这三种伪像间的权衡。在保证断层图像插值精度的前提下,对插值计算的速度要求很高。上述插值方法中,最近邻域插值速度最快,但其产生严重的锯齿效应,插值图像的精度达不到工业系统使用要求;立方卷积插值、三次 B 样条函数插值、加 Lanczos 窗和加 Blackman - Harris 窗插值效果较好,但计算速度慢,达不到缺陷识别实时显示的要求。

在固体火箭发动机的三维图像重建中,通常根据采样点所在体素的立方体网格单元的 8 个顶点上已知的数值进行三维线性插值,也称三线性插值(tri - linear interpolation)。三线性插值定义为立方体内插值点 $P(x,y,z)$ 的数值 V_P。层间插值的体素如图 4 - 13 所示。

结合图 4 - 13,其计算公式为

$$V_P = V_0(1-x)(1-y)(1-z) + V_1(1-x)y(1-z) + V_2(1-x)(1-y)z +$$
$$V_3(1-x)yz + V_4x(1-y)(1-z) + V_5xy(1-z) + V_6x(1-y)z + V_7xyz$$

$$(4-22)$$

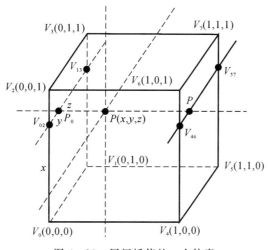

图 4 - 13 层间插值的一个体素

4.2.2 固体火箭发动机 CT 图像缺陷定位

缺陷定位技术对于缺陷图像的分析和评估十分关键,其有助于提高检测系统的自动化程度以及准确率,也有利于减少后续图像处理的计算量。固体火箭发动机工业 CT 图像缺陷定位的目的是将工件图像中的缺陷找出来并得到关于缺陷位置的尽可能准确的信息。工业 CT 检测得到的数据量非常大,需要通过一些有针对性的算法来快速自动定位和标记缺陷,为缺陷的分析和测量提供技术基础。工业 CT 检测到的数据十分庞大,需要研究一些特殊算法来快速定位缺陷的可能位置,为缺陷的分析提供基础。考虑到固体火箭发动机装药的特点,可以采用分形维特征和数学形态学相结合的方法对存在的缺陷进行宏观定位。利用分形维的概念,先将图像分成一定的子区域,再计算不同子区域的分形维,最后利用缺陷与背景之间分形维的不同对缺陷进行快速定位。

1. 分形理论基础

(1)分形的定义。分形概念是美籍法国数学家 B. B. Manderbrot 于 1960 年在研究棉价变化的长期性态过程中,发现的价格在大小尺度间的相似性。B. B. Mandelbrot 指出,Hausdorff Besicovitch 维数严格大于拓扑维数的集合称为分形。这仅是试验性的定义,很不严格,也无可操作性。而后他修改了这个尝试性的定义,指出"其组成部分以某种方式与整体相似的形体叫分形"。

目前流行的对分形的描述定义为:一般地,如果 F 是具有以下性质的集合,则称它是一个分形。

1)F 具有精细的结构,即有任意小比例的细节;

2)F 是如此不规则,以至于它的整体与局部都不能用传统的集合语言来描述;

3)F 通常具有某种自相似形式,可能是近似的或统计的;

4)一般地,F 的"分形维数"(以某种方式定义的)大于它的拓扑维数;

5)在大多数令人感兴趣的情形下,F 可以由某种非常简单的方法产生,也可能由迭代产生。

在上面的定义中,自相似性是分形具有的一个最重要的特征。所谓自相似,是指系统的总体和部分之间,这部分和那部分之间具有的相似性。分形作为一个数学集,它的内部应具有精细结构,也就是在所有比例尺度上其组成部分应包含整体,而且是自相似的,它以其独特的手段来解决整体与部分的关系问题。自相似性具有标度不变性,其严密的量化方法至今未形成,仅能借助计算机模拟。

(2)分形维数。分形集的复杂性和不规则性使它区别于光滑点集,分形维作为刻画分形的不变量,定量地刻画了这种不规则性的程度。维数的概念源于经典的欧氏空间,把确定空间任意一点所需的互相独立的坐标个数称为空间维数,也可以把维数看成是自由度数。欧氏维数与拓扑维数的特点是集合的维数取整数,由于它们不能很好地刻画像 Koch 曲线等一类集合,所以引入了新的维数,并将其维数值拓广到分数。

维数概念应用于自然界中大量的无特征长度的、极不规则的、极不光滑的、维数不一定为整数的对象,且定义各种各样。最常见的有 Hausdorff 维数、相似维数、盒维数、信息维和相关维等。

1)Hausdorff 维数。Hausdorff 维数是非常重要的,也是最早提出的分形维数。其理论基础是测度,优点是对所有的集合均有定义,最大的不足是在大部分情况下不容易进行计算,甚至要估计它的数值都很困难。

2)相似维数。相似维数是一种相对简单的维数定义方式。对一些经典的人工分形集合,如 Cantor 集、Koch 曲线、Sierpinski 三角形等,它们的整体和局部是严格相似的,把局部放大若干倍后,就能够获得跟整体一模一样的图案,这种类型的集合叫作自相似集。如果一个自相似集 $F \subset \mathbf{R}^n$,并且它总能够划分成 a 个与原始集合相似的子集,同时每个子集的大小都为原始集合的 $1/b$,那么 F 的相似维数定义为

$$\mathrm{Dim}(F) = \frac{\ln a}{\ln b} \tag{4-23}$$

(3)计盒维数。计盒维数(又称盒维数)是在实际分形维计算中应用最多的一种维数定义,其基本思想是对于给定集以一定尺寸的小盒进行填充,然后根据填充的小盒个数与小盒本身尺寸的关系,可以得到集的维数特征。

设 $F \subset \mathbf{R}^n$ 是一个不为空且有界的子集,$N_\delta(F)$ 代表用直径最大为 δ 的集合覆盖 F 的最少数量,那么 F 的上盒维数和下盒维数定义为

$$\overline{\mathrm{Dim}}(F) = \overline{\lim_{\delta \to 0}} \frac{\log N_\delta(F)}{-\log \delta} \tag{4-24}$$

$$\underline{\mathrm{Dim}}(F) = \underline{\lim_{\delta \to 0}} \frac{\log N_\delta(F)}{-\log \delta} \tag{4-25}$$

其中,上、下划线分别代表集合的上、下确界。若以上两式的值相同,即上、下确界相同,则把这个相同的值称为 F 的盒维数。因此盒维数可表示为

$$\mathrm{Dim}(F) = \lim_{\delta \to 0} \frac{\log N_\delta(F)}{-\log \delta} \tag{4-26}$$

(4) Blanket 方法。A. P. Pentland 假设,若某个目标的表面具有分形的特性,那么它具有分形的灰度图像曲面,反过来也是这样。Peleg 在分形布朗随机场模型的基础上,根据图像表面的灰度信息建立了"Blanket 方法(双毯法)",对灰度曲面下同一个区域多种尺度的面积进行度量。

设 $g(i,j)$ 为图像的灰度函数,Blanket 算法想象有一个毯子覆盖图像的灰度曲面,将毯子的上下表面分别设为 $U_\delta(i,j)$ 和 $B_\delta(i,j)$。

初始化时,$\delta = 0$ 且 $U_0(i,j) = \delta_0(i,j) = g(i,j)$。

不同尺度的 $\{\delta \mid \delta = 1, 2, \cdots, N\}$,上、下表面分别表示为

$$U_\delta(i,j) = \max\{U_{\delta-1}(i,j) + 1, \max_{|(m,n)-(i,j)| \leqslant 1} U_{\delta-1}(m,n)\} \tag{4-27}$$

$$B_\delta(i,j) = \min\{B_{\delta-1}(i,j) - 1, \min_{|(m,n)-(i,j)| \leqslant 1} B_{\delta-1}(m,n)\} \tag{4-28}$$

通过上表面和下表面可以计算出毯子的体积

$$V_\delta = \sum_{i,j} [U_\delta(i,j) - B_\delta(i,j)] \tag{4-29}$$

分形面面积可表示为

$$A_\delta = \frac{V_\delta}{2\delta} = \frac{\sum\limits_{i,j} [U_\delta(i,j) - B_\delta(i,j)]}{2\delta} \tag{4-30}$$

根据明可夫斯基定义可知

$$A_\delta \approx \beta \delta^{2-D} \tag{4-31}$$

式中：D——分形维数；

    β——常数。

对式（4-31）两边取对数

$$\log A_{\delta} \approx (2-D)\log\delta + \log\beta \tag{4-32}$$

由式（4-32）可以看出，分形维面积 A_{δ} 与尺度 δ 在对数上呈近似线性关系，因此通过计算斜率或者取一组数据进行直线拟合就可以得到分形维数 D。

采用计算斜率的方法，分形维数 D 可表示为

$$D \approx 2 - \frac{\log A_{\delta 1} - \log A_{\delta 2}}{\log\delta_1 - \log\delta_2} \tag{4-33}$$

采用数据拟合的方法，首先计算出不同尺度 δ_i 下的分形面积 $A_{\delta i}$，获得若干数据点分形 $(\log\delta_i, \log A_{\delta i})$，并使用最小二乘法进行处理，最后获得维数 D，可表示为

$$D \approx 2 - \frac{N\sum_i \log\delta_i \log A_{\delta i} - \sum_i \log\delta_i \sum_i \log A_{\delta i}}{N\sum_i (\log\delta_i)^2 - \left(\sum_i \log\delta_i\right)^2} \tag{4-34}$$

2. 基于分形维数的缺陷自动定位

按照分形理论思想，在图像中变化较剧烈的位置（如目标的边缘或缺陷体等）对应的分形维数数值相对背景等变化缓慢的地方小。基于分形维数的缺陷自动定位算法，首先把图像划分成一些相同大小的矩形区域，通过计算这些区域的分块分形维数，对这些分块分形维数进行阈值处理，然后对可能存在图像边缘或者缺陷的块进行块标记，最终通过对这些标记块的连通区域进行处理，去除正常的工件边缘，标记定位出图像的缺陷。

（1）分块分形维数计算。将降噪处理后的固体火箭发动机 CT 图像分成若干个相等的矩形区域，再在每个分块区域上通过 Blanket 方法计算出不同的尺度 δ_i 下的分形面积 $A_{\delta i}$，得到一组 $(A_{\delta i}, \delta_i)$。对这组数据用最小二乘法拟合直线，按照式（4-34）计算出每个分块区域的分块分形维数 D。

（2）块标记。设置分形维数阈值 T，对每一块的分形维数与阈值进行比较，把分形维数大于该值的分块区域进行块标记，认为其内部可能存在边缘或缺陷，块标记的目的是为后续的缺陷标记做准备。图 4-14(a) 是一幅固体火箭发动机模型工业 CT 切片图像，其内部具有两个孔洞缺陷，对其进行块标记处理，得到的结果如图 4-14(b) 所示。

 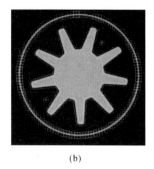

(a)   (b)

图 4-14　固体火箭发动机装药缺陷自动定位结果

(a)固体火箭发动机 CT 原图像；　(b)固体火箭发动机 CT 块标记处理图像

（3）连通阈值处理。对块标记步骤处理完后的图像要进行以块为基本元素的连通区域处理，进而定位出缺陷区域。通过分析固体火箭发动机 CT 图像的基本结构可知，由于边缘占据的图像面积远大于缺陷体，所以按照分形维数的性质，经过块标记后的图像中边缘占据的块数目是远大于缺陷体的。因此，可以对标记块图像进行连通区域处理，通过一个连通阈值把大于该值的块消除，剩余的块即为定位出的缺陷区域。图 4-15 所示为进行连通区域处理后定位标记出缺陷区域的图像。

图 4-15 固体火箭发动机模型缺陷定位标记图像

4.2.3 固体火箭发动机 CT 图像缺陷分割

为了更好地实现发动机内部缺陷的三维重构，需要把 CT 断层图像分割成各具特性的区域，提出感兴趣的目标区域，从而进行缺陷的三维重建与识别。因此，图像分割是图像分析的第一步。所谓图像分割是指根据灰度、彩色、空间纹理、几何形状等特征把图像划分为若干个互不相交的区域，使得这些特征在同一个区域内表现出一致性或相似性，而在不同的区域间表现出明显的不同。简单地说，图像分割就是把目标从背景中分离出来。

图像分割法一般基于灰度的两个性质之一：不连续性和相似性。不连续性的应用是基于灰度的不连续变化来分割图像；相似性是根据事先制定的准则将图像分割为相似的区域。常见的图像分割方法有阈值分割、边缘检测、聚类分析等。

1. 基于阈值的分割方法

灰度图像中的不同物体往往有不同的灰度级，而图像中的同一个物体的不同部分的灰度级常常是相同的。阈值法就是根据图像中灰度级的这一特点对图像进行处理的。该算法根据图像的具体特点对图像中的灰度级进行分组，确定多个分界点，一般认为处于相邻的分界点的灰度级是属于相同物体或目标的。因此，阈值法的主要任务就是分割灰度级，然后把图像中的像素点分配到各个分组中从而完成对图像的分割。该算法的优点是运算量小、运算效率高、算法易于理解。

（1）阈值分割的思想。若图像中的目标和背景具有不同的灰度集合，即目标灰度集合和背景灰度集合，且两个灰度集合可用一个灰度级阈值 t 进行分割。

设图像中像素点的坐标位置为 (x,y)，函数 $f(x,y)$ 表示对应坐标图像位置像素点的灰度值。设定某一阈值 t，可以用 t 将图像的数据分成两部分：大于等于 t 的像素群和小于 t 的像素群，则输出图像 $g(x,y)$ 可描述为

$$g(x,y)=\begin{cases}1, & f(x,y)\geqslant t \\ 0, & f(x,y)<t\end{cases} \tag{4-35}$$

其中：在灰度级中标记为 1 的像素表示白色，代表对象点；标记为 0 的像素表示黑色，代表背景。这样得到的图像 $g(x,y)$ 是一幅二值图像。

分界值的选择是阈值化分割算法的关键。阈值法是通过对图像的灰度级的处理来达到分割图像的目的的。因此，阈值法对于图像的灰度特点是具有较大的依赖性的。阈值法适用于灰度级差距大、不同目标和物体之间的灰度级区分明显的情况。相反地，对于图像的各个部分的灰度级相似的情况则该算法难以获得满意的结果。

（2）最小误差阈值分割。假如一幅图像，其对象物的灰度分布具有平均值为 μ、标准差为 δ 的正态分布概率密度函数 $p(z)$，背景的灰度分布具有平均值为 ν、标准差为 τ 的正态分布概率 $q(z)$，如图 4-16 所示。

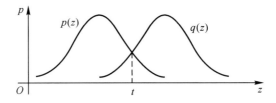

图 4-16   目标和背景概率密度分布

设对象物占整体图像的比例为 θ，此时整体图像的灰度概率密度可表示为

$$R(z)=\theta p(z)+(1-\theta)q(z) \tag{4-36}$$

用阈值 t 分开：当 $z>t$ 时为背景，反之则是对象物。此时，把背景误认为对象物的概率为

$$Q(t)=\int_{-\infty}^{t}q(z)\mathrm{d}z$$

把对象物误认为背景的概率为

$$P(t)=\int_{t}^{\infty}p(z)\mathrm{d}z=1-\int_{-\infty}^{t}p(z)\mathrm{d}z \tag{4-37}$$

错误区分的概率为

$$f(t)=\theta P(t)+(1-\theta)Q(t) \tag{4-38}$$

式（4-38）为最小值时的 t 便是阈值。也就是对式（4-38）求微分并使之为零，即

$$\frac{\mathrm{d}}{\mathrm{d}t}[\theta P(t)+(1-\theta)Q(t)]=0 \tag{4-39}$$

求解式(4-39)可得

$$(1-\theta)q(t)-\theta p(t)=0 \tag{4-40}$$

根据假设,当 θ、$p(z)$、$q(z)$ 已知时,可求解阈值 t。利用此方法求取阈值时必须用两个已知正态分布的曲线合成来近似直方图的分布,还要给定两个正态分布合成的比例 θ,因此实现起来比较复杂,必须用数值计算才能得到。

(3)最大类间方差阈值分割。最大类间方差阈值是在判别与最小二乘法原理的基础上推导出来的。把直方图在某一阈值处分割成两组,当被分成的两组间方差为最大时,决定阈值。

设一幅图像的灰度值为 $1 \sim m$ 级,灰度值 i 的像素数为 n_i,此时得到像素总数为

$$N=\sum_{i=1}^{m} n_i \tag{4-41}$$

各值的概率为

$$p_i=\frac{n_i}{N} \tag{4-42}$$

用 t 将其分成两组 $C_0=\{1 \sim t\}$ 和 $C_1=\{t+1 \sim m\}$,各组产生的概率如下。

C_0 的概率:

$$w_0=\sum_{i=1}^{t} p_i=w(t)$$

C_1 的概率:

$$w_1=\sum_{i=t+1}^{m} p_i=1-w_0$$

C_0 的平均值:

$$\mu_0=\sum_{i=1}^{t} \frac{ip_i}{w_0}=\frac{\mu(t)}{w(t)}$$

C_1 的平均值:

$$\mu_1=\sum_{i=t+1}^{m} \frac{ip_i}{w_1}=\frac{\mu-\mu(t)}{1-w(t)}$$

式中:$\mu=\sum\limits_{i=1}^{m} ip_i$——整体图像的灰度平均值;

$\mu(t)=\sum\limits_{i=1}^{t} ip_i$——阈值为 t 时的灰度平均值。

全部采样的灰度平均值为

$$\mu=w_0\mu_0+w_1\mu_1 \tag{4-43}$$

两组间的方差为

$$\delta^2(t)=w_0(\mu_0-\mu)^2+w_1(\mu_1-\mu)^2=w_0 w_1(\mu_1-\mu_0)^2=\frac{[\mu w(t)-\mu(t)]^2}{w(t)[1-w(t)]} \tag{4-44}$$

在 $1 \sim m$ 之间改变 t,求式(4-44)为最大值时的 t,即求 $\max\delta^2(t)$ 时的 t' 值,此时 t' 即为阈值,$\delta^2(t)$ 称为阈值选择函数。此方法不管图像的直方图有无明显的双峰,都能得到比较满意的结果。图 4-17 所示为利用最大类间方差阈值法对缺陷图像进行分割的效果。

图 4 - 17　利用最大类间方差阈值法对缺陷图像进行分割的效果

2. 基于边缘的分割方法

考虑到固体火箭发动机的特点,断层图像的缺陷分割具有特殊性,为了更好地实现对内部缺陷的重构,需要较为准确地检测缺陷的边缘。边缘是图像最基本的特征之一,具有灰度值不连续的性质,存在于图像中的物体与背景、物体与物体之间,即不同灰度值的相邻区域之间,包含了目标物体边界的三个主要信息(边缘法线方向、边缘方向、边缘强度),可用于图像分析及目标识别。因此,图像的边缘标志着一个区域的终结和另一个区域的开始。

传统的基于场景的插值本质是对原始图像建立连续数学模型,然后按缩放要求进行重采样,从而得到最后的缩放图像。缩放过程使用了统一数学模型,没有考虑边缘部分的高频信息损失,比如双线性插值在边缘处会引起锯齿效应,而 Lanczos 插值在边缘处会造成光晕效应,等等。在图像处理中,为了方便处理,可以简单地把边缘定义为亮度发生突变的位置。理想的边缘具有以下特点:

1)垂直于图像边缘,从边缘的一侧到另一侧,图像灰度值有明显变化;

2)沿着图像边缘,即顺着边缘方向移动,图像灰度值变化平缓。

图像上区域的边缘特征反映为相邻像素间灰度值的跃变,而两个具有不同灰度值的相邻区域之间总会存在灰度边缘,这种不连续的灰度边缘常可以利用求导数的方法检测到。因此,图像的边缘检测可以借助空域微分算法,通过卷积或类似卷积的运算来实现。目前,主要有两种类型的微分边缘检测,即一阶微分与二阶微分,这是因为在边缘地带的导数值大,而非边缘的地方导数值小,如图 4 - 18 所示。利用一阶微分的最大值能够检测出图像中的边缘像素点;利用二阶导数不仅可以根据二阶导数值的正、负检测出边缘像素点属于亮区域还是暗区域,而且可以根据二阶导数过零点的性质确定边缘像素点,即二阶微分的零交叉点对应的是图像的边缘。

它采用基于梯度的 3×3 卷积模板,如图 4 - 19(b)所示。将模板在图像中移动,并将图像中的每个像素点与此模板进行卷积,得到每个像素点的响应 R。用 R 来表征每个像素点的邻域灰度值变化率,即灰度梯度值,从而可将灰度图像经过与模板卷积后转化为梯度图像。模板系数 $w_i(i=1,2,\cdots,9)$ 相加的总和必须为零,以确保在灰度级不变的区域中,模板的响应为零。

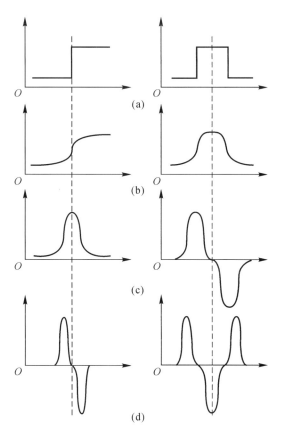

图 4-18　图像中边缘一阶导数和二阶导数

(a)理论曲线；　(b)实际曲线；　(c)一阶导数；　(d)二阶导数

设原始图像中的 3×3 子区域如图 4-19(a) 所示,其中 $z_i (i=1,2,\cdots,9)$ 表示像素的灰度值,则图像中对应像素点的模板响应 R 的数学描述为

$$R = w_1 z_1 + w_2 z_2 + \cdots + w_9 z_9 = \sum_{i=1}^{9} w_i z_i \qquad (4-45)$$

z_1	z_2	z_3
z_4	z_5	z_6
z_7	z_8	z_9

(a)

ω_1	ω_2	ω_3
ω_4	ω_5	ω_6
ω_7	ω_8	ω_9

(b)

图 4-19　原始图像与模板进行卷积

(a)原始图像中的 3×3 子区域；　(b)3×3 卷积模板

一般使用边缘检测局部算子法检测图像边缘,即通过观察图像的每个像素在其某个邻

域内灰度值的变化,并利用其边缘导数的变化规律来检测图像的边缘。这种检测边缘的方法通过检测每个像素点和其邻域的状态,来决定该像素点是否在一个物体的边缘上。如果该像素点在一个物体的边缘上,则其邻域像素点灰度值的变化就比较大。应用某种算法检测出来这种变化并进行量化表示,那么就可以确定物体的边缘。

(1)一阶微分边缘检测算子。

1)Roberts算子。Roberts边缘检测算子是交叉的梯度算子,是利用局部差分来寻找边缘的。梯度是一个向量,$\mathbf{V}f$指出灰度变化最快的方向和数量。

$$\mathbf{V}f = \left(\frac{\partial f}{\partial x}, \frac{\partial f}{\partial y}\right) \tag{4-46}$$

梯度的大小 $\parallel \mathbf{V}f \parallel$ 和方向 θ 为

$$\parallel \mathbf{V}f \parallel = \sqrt{\left(\frac{\partial f}{\partial x}\right)^2 + \left(\frac{\partial f}{\partial y}\right)^2} \tag{4-47}$$

$$\theta = \arctan\left(\frac{\partial f/\partial y}{\partial f/\partial x}\right) \tag{4-48}$$

Roberts边缘检测算子通过计算对角线方向相邻两像素之差来近似表示梯度强度,该梯度的大小表示边缘的强度,它在2×2邻域内计算,即

$$G[i,j] = \sqrt{(f[i,j] - f[i+1,j+1])^2 + (f[i+1,j] - f[i,j+1])^2} \tag{4-49}$$

式中:$f[i,j]$ —— 具有整数像素坐标的输入图像;

$G[i,j]$ ——Roberts边缘检测算子,又称Roberts交叉算子。

在实际边缘检测应用中,为简化运算,Roberts交叉算子为梯度幅值计算提供了一种更简单的近似方法:

$$G[i,j] = |f[i,j] - f[i+1,j+1]| + |f[i+1,j] - f[i,j+1]| \tag{4-50}$$

用卷积模板,式(4-50)可以写成:

$$G[i,j] = |G_x| + |G_y| \tag{4-51}$$

式(4-51)是两个2×2卷积模板作用的结果(标注"·"的是当前像素点的坐标位置),其中G_x和G_y由下面的模板计算:

$$G_x = \begin{vmatrix} 1 \cdot & 0 \\ 0 & -1 \end{vmatrix}, \quad G_y = \begin{vmatrix} 0 \cdot & 1 \\ -1 & 0 \end{vmatrix} \tag{4-52}$$

由上面两个卷积模板对图像进行运算后,将计算值代入式(4-51)中,可求得图像的梯度幅度值$G[i,j]$,然后选取适当的门限T_1(threshold),如果$G[i,j] > T_1$,则$[i,j]$点为阶跃状边缘点。

Roberts算子检测水平和垂直边缘的效果好于斜向边缘,其定位精度高,对噪声较敏感。图4-20为Roberts算子边缘提取效果图。

2)Sobel算子。Roberts算子的最大缺陷是在计算方向差分时对噪声很敏感。为了在图像的边缘检测中降低噪声的影响,1970年Sobel提出了Sobel边缘检测算子。其具体做法为:将边缘检测算子的模板扩大到3×3邻域来计算像素点的梯度值,如图4-21所示。Sobel算子对数字图像$f[i,j]$的每个像素点,都会综合考虑图像的上、下、左、右邻点灰度的加权差,与之接近的邻点的权值最大。

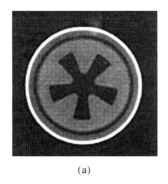 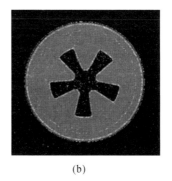

(a)　　　　　　　　　　　　(b)

图 4 - 20　Roberts 算子边缘提取效果图

（a）原图像；　（b）边缘检测结果

z_1	z_2	z_3
z_4	z_5	z_6
z_7	z_8	z_9

图 4 - 21　3×3 邻域像素编码

Sobel 算子的两种计算方法分别为：取水平差分与垂直差分中的较大者；取两种差分之和。通常选择前者进行计算，其具体计算公式为

$$f'_x(x,y) = f(x-1,y+1) + 2f(x,y+1) + f(x+1,y+1) -$$
$$f(x-1,y-1) - 2f(x,y-1) - f(x+1,y-1) \tag{4-53}$$

$$f'_y(x,y) = f(x-1,y+1) + 2f(x-1,y) + f(x-1,y+1) -$$
$$f(x+1,y-1) - 2f(x+1,y) - f(x+1,y+1) \tag{4-54}$$

$$G[f(x,y)] = \max\{|f_x(x,y)|, |f_y(x,y)|\} \tag{4-55}$$

式中：$f'_x(x,y)$——$f(x,y)$ 在 x 方向的一阶微分；

$f'_y(x,y)$——$f(x,y)$ 在 y 方向的一阶微分；

$G[f(x,y)]$——Sobel 算子的梯度值。

利用差分的计算公式，并将结果反映到图 4 - 21 中，则有：

$$G = \max\{|(z_7 + 2z_8 + z_9) - (z_1 + 2z_2 + z_3)|, |(z_3 + 2z_6 + z_9) - (z_1 + 2z_4 + z_7)|\}$$

用卷积模板，上式可以写成

$$G[i,j] = \max\{|G_x|, |G_y|\} \tag{4-56}$$

式（4-56）是两个 3×3 卷积模板作用的结果（标注"·"的是当前像素点的坐标位置），其中 G_x 和 G_y 由下面的模板计算：

$$G_x = \begin{vmatrix} -1\cdot & 0 & 1 \\ -2 & 0\cdot & 2 \\ -1 & 0 & 1 \end{vmatrix}, \quad G_y = \begin{vmatrix} -1 & -2 & -1 \\ 0 & 0\cdot & 0 \\ 1 & 2 & 1 \end{vmatrix} \tag{4-57}$$

由式(4-57)的卷积模板对图像进行运算后,将计算值代入式(4-56)中,将求得的最大值作为图像的梯度幅度值 $G[i,j]$,然后选取适当的门限 T_1(threshold),如果 $G[i,j] > T_1$,则 $[i,j]$ 点为阶跃状边缘点。

Sobel 算子容易在图像区域中实现,因为它不仅能产生较好的边缘检测效果,而且受噪声的影响也较低。尤其是在使用大邻域的情况下,抗噪声的性能会更加出色;缺点是会增加计算量,并且计算出的图像边缘线条较粗。图4-22为 Sobel 算子边缘提取效果图。

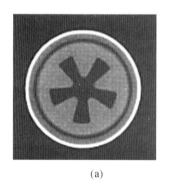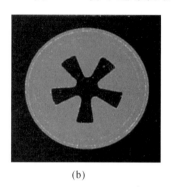

(a) (b)

图4-22 Sobel 算子边缘提取效果图

(a)原图像; (b)边缘检测结果

3)Prewitt 算子。与 Sobel 边缘检测算子相类似,Prewitt 边缘检测算子也是利用像素点 3×3 邻域的上、下、左、右相邻像素点的灰度差在边缘处达到极值来检测边缘,并对噪声起到平滑处理作用。在实际应用中,由于边缘点像素的灰度值与其邻域内像素点的灰度值有显著不同,所以通常采用微分算子和模板匹配的方法检测图像的边缘。

Prewitt 算子也通过检测图像在水平和垂直方向的卷积,并取其中最大值作为该点的输出值。Prewitt 算子的计算公式为

$$f'_x(x,y) = f(x+1,y-1) - f(x-1,y-1) + f(x+1,y) - f(x-1,y) +$$
$$f(x+1,y+1) - f(x-1,y+1) \tag{4-58}$$

$$f'_y(x,y) = f(x-1,y-1) - f(x+1,y-1) + f(x,y-1) - f(x,y+1) +$$
$$f(x+1,y-1) - f(x+1,y+1) \tag{4-59}$$

$$G[f(x,y)] = \max\{|f_x(x,y)|, |f_y(x,y)|\} \tag{4-60}$$

式中:$f'_x(x,y)$——$f(x,y)$ 在 x 方向的一阶微分;

$f'_y(x,y)$——$f(x,y)$ 在 y 方向的一阶微分;

$G[f(x,y)]$——Prewitt 算子的梯度值。

利用差分的计算公式,并将结果反映到图4-21中,则有:

$$G = \max\{|(z_7 + z_8 + z_9) - (z_1 + z_2 + z_3)|, |(z_1 + z_4 + z_7) - (z_3 + z_6 + z_9)|\}$$

用卷积模板,上式可以写成

$$G[i,j] = \max\{|G_x|, |G_y|\} \tag{4-61}$$

它是两个 3×3 卷积模板作用的结果(标注"·"的是当前像素点的坐标位置),其中 G_x 和 G_y 由下面的模板计算:

$$G_x = \begin{vmatrix} -1 & -1 & -1 \\ 0 & 0 \cdot & 0 \\ 1 & 1 & 1 \end{vmatrix}, \quad G_y = \begin{vmatrix} 1 & 0 & -1 \\ 1 & 0 \cdot & -1 \\ 1 & 0 & -1 \end{vmatrix} \qquad (4-62)$$

由式(4-62)的卷积模板对图像进行运算后,将计算值代入式(4-61)中,将求得的最大值作为图像的梯度幅度值 $G[i,j]$,然后选取适当的门限 T_1(threshold),如果 $G[i,j] > T_1$,则 $[i,j]$ 点为阶跃状边缘点。

Prewitt 算子不仅能检测边缘点,而且能抑制噪声的影响,因此对灰度和噪声较多的图像处理得较好。图 4-23 给出了 Prewitt 算子的边缘检测效果图。

 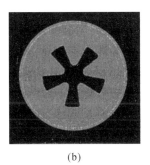

(a) (b)

图 4-23　Prewittl 算子的边缘检测效果图

(a) 原图像；　(b) 边缘检测结果

(2) 二阶微分边缘检测算子。采用一阶导数的边缘检测方法,如果所求的一阶导数高于某一设定的阈值,那么该点就为边缘点。并且一阶导数的局部最大值与二阶导数的过零点相对应,也就是说,在边缘点处有一阶导数的峰值,而此峰值对应于二阶导数的零交叉点。因此,通过查找图像强度的二阶导数的零交叉点就可以找到图像的边缘点。

1) Laplacian(拉普拉斯)算子。Laplacian 算子是最简单的各向同性的微分算子,在图像处理中具有特殊的意义。假设图像 $f(x,y)$ 在像素点 (x,y) 的二阶拉普拉斯值为 $\nabla^2 f$,即

$$\nabla^2 f = \frac{\partial^2 f}{\partial x^2} + \frac{\partial^2 f}{\partial y^2} \qquad (4-63)$$

应用到数字图像 $f(x,y)$ 中,Laplacian 算子可以表示成如下差分格式:

$$\frac{\partial^2 f}{\partial x^2} = \frac{\partial^2 G_x}{\partial x} = \frac{\partial(f[i,j+1] - f[i,j])}{\partial x} = \frac{\partial f[i,j+1]}{\partial x} - \frac{\partial f[i,j]}{\partial x} =$$
$$f[i,j+2] - 2f[i,j+1] + f[i,j] \qquad (4-64)$$

式(4-64)是以点 $[i,j+1]$ 为中心的,用 $j-1$ 替换 j,得到下式:

$$\frac{\partial^2 f}{\partial x^2} = f[i,j+1] - 2f[i,j] + f[i,j-1] \qquad (4-65)$$

同理,以 $[i,j]$ 为中心,$f(x,y)$ 在 y 方向上的二阶偏导数可以表示为

$$\frac{\partial^2 f}{\partial y^2} = f[i+1,j] - 2f[i,j] + f[i-1,j] \qquad (4-66)$$

将式(4-65)和式(4-66)代入式(4-63),得

$$\nabla^2 f[i,j] = f[i+1,j] + f[i-1,j] + f[i,j+1] + f[i,j-1] - 4f[i,j]$$
$$(4-67)$$

根据卷积的定义,式(4-67)的卷积模板如图4-24(a)所示,相应的8邻点Laplacian算子的模板如图4-24(b)所示。

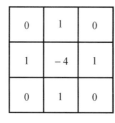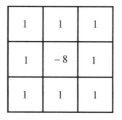

（a）　　　　　　　　　　　（b）

图4-24　Laplacian边缘检测算子模板
（a）卷积模板；　（b）8邻点Laplacian算子的模板

Laplacian算子是一个与方向无关的边缘检测算法,由于数字图像的离散形式,为了能检测出准确的图像边缘,采用8邻点模板进行边缘检测,检测的过程如下:

a.对于阶跃状边缘,二阶导数在边缘点出现过零点。如果检测出$\nabla^2 f[i,j]$在$[i,j]$点出现过零点情况,则认定$[i,j]$点为图像边缘。

b.对于屋顶状边缘,二阶导数在边缘点取极小值。如果检测$\nabla^2 f[i,j]$在$[i,j]$点取得极小值,则认定$[i,j]$点为图像边缘。

Laplacian算子具有线性和位移不变性,对细线和孤立点的边缘检测效果明显,图4-25给出了Laplacian算子的边缘检测效果。

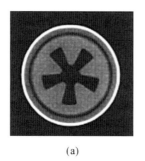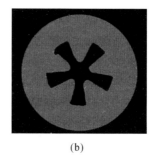

（a）　　　　　　　　　　　（b）

图4-25　Laplacian算子的边缘检测效果图
（a）原图像；　（b）边缘检测结果

2)高斯-拉普拉斯(Laplacian of Gaussian,LOG)边缘检测算子。在实际应用中,图像一般都混有噪声,而导数对于噪声比较敏感(二阶导数对于噪声更为敏感)。如何消除噪声干扰带来的伪边缘,并且保证边缘定位的准确性,是边缘检测需要解决的一个重要问题。拉普拉斯算子是二阶导数运算,由于导数运算对噪声的增强,所以在使用拉普拉斯算子进行边缘检测前,应预先对图像进行平滑滤波,以抑制或消除噪声。这样做可以改善边缘检测的结果,产生较平滑的边界。

LOG算子是将高斯平滑滤波器和Laplacian算子结合在一起,先过滤掉对其有影响的噪声,再进行边缘检测。实验表明,LOG算子的边缘检测效果比Laplacian算子的边缘检测效果好。

这种方法的特点是图像先于高斯滤波器 $g(x,y)$ 进行卷积,这一步平滑了噪声且降低了噪声,然后再利用无方向性的 Laplacian 算子实现边缘检测。设图像为 $f(x,y)$,通过卷积运算和 Laplacian 算子,得到输出图像 $h(x,y)$ 为

$$h(x,y) = \nabla^2 \left[g(x,y) \right] \bigotimes f(x,y) \tag{4-68}$$

式中:$g(x,y)$——高斯滤波器,$g(x,y) = \dfrac{1}{2\pi\delta^2} e^{-\frac{x^2+y^2}{2\delta^2}}$;

$\quad\quad \nabla^2$——拉普拉斯运算,$\nabla^2 = \dfrac{\partial^2}{\partial x^2} + \dfrac{\partial^2}{\partial y^2}$;

$\quad\quad \delta$——尺度因子,控制图像的平滑程度。

式(4-68)实际上是一个低通滤波过程,用于消除空间尺度小于高斯空间系数 δ 的图像强度变化,抑制了部分噪声。由于线性系统中卷积与微分的次序是可以交换的,所以有

$$h(x,y) = \nabla^2 g(x,y) \bigotimes f(x,y) = \left[\frac{\partial^2 g(x,y)}{\partial x^2} + \frac{\partial^2 g(x,y)}{\partial y^2} \right] \bigotimes f(x,y) =$$
$$\left[\frac{1}{\pi\delta^4} \left(\frac{x^2+y^2}{2\delta^2} - 1 \right) \right] e^{-\frac{x^2+y^2}{2\delta^2}} \bigotimes f(x,y) \tag{4-69}$$

平滑和微分合并后的 LOG 算子为

$$\nabla^2 g(x,y) = \frac{1}{\pi\delta^4} \left(\frac{x^2+y^2}{2\delta^2} - 1 \right) e^{-\frac{x^2+y^2}{2\delta^2}} \tag{4-70}$$

LOG 边缘检测算子的图像如图 4-26 所示,因其形状酷似一顶草帽,故有"墨西哥草帽"之称。常用的 5×5 LOG 算子边缘检测模板如图 4-27 所示。

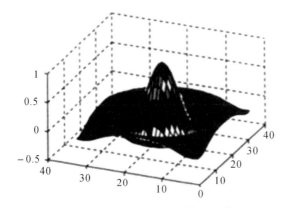

图 4-26　LOG 边缘检测算子图像

-2	-4	-4	-4	-2
-4	0	8	0	-4
-4	8	24	8	-4
-4	0	8	0	-4
-2	-4	-4	-4	-2

图 4-27　5×5 LOG 算子边缘检测模板

(3)带方向的边缘检测。在图像边缘检测处理过程中,有时不仅需要知道边缘的位置,同时需要知道边缘的方向,此时就需要使用带方向的边缘检测。如果把像素点的灰度值看作高度,那么灰度值大的地方地势就高,此时图像上处于边缘的区域就成了斜坡。如果以斜坡上升为标志,那么就有八种不同的斜坡,带方向的边缘检测就是基于这种假设,按需要将这 8 种方向区分开来。方向算子也称罗盘算子,利用一组模板分别计算出不同方向上的差分值,取其中的最大值作为边缘强度,而将与之对应的方向作为边缘方向。

1)Kirsch(凯西)算法。Kirsch(凯西)算法是1971年R.Kirsch提出的一种用于边缘检测的新方法,它是基于方向的一阶微分算子。Kirsch算法使用了8个模板来确定梯度和梯度的方向,是一种最佳匹配的边缘检测算法,如图4-28所示。对图像的任意像素都采用图中的8个卷积核进行卷积,且每个卷积核都对某特定边缘方向做出最大响应,最后再将8个方向中的所有最大值作为该点的输出值。

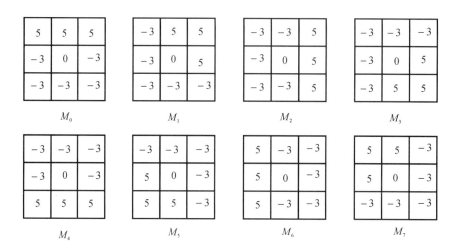

图4-28 Kirsch边缘检测算子模板

使用Kirsch边缘检测算子得到的边缘检测效果图如图4-29(b)所示。

(a)   (b)

图4-29 Kirsch边缘检测算子的边缘检测效果图
(a)原图像; (b)边缘检测结果

2)Canny(坎尼)算法。Canny边缘检测算子是一种基于二阶导数的算子,它提取的边缘比较完整,提取的边缘线型的连接程度也比较好,但其受噪声的影响较大。Canny算法的计算步骤如下:

a.滤除噪声。用高斯卷积模板卷积图像,实现高斯平滑。图4-30所示为高斯函数离散近似卷积模板。

b.利用梯度搜寻边缘。对滤波后图像中的每个像素计算其梯度大小和方向,可采用以下2×2大小的模板作为对x方向和y方向偏微分的一阶近似,如图4-31所示。

2	4	5	4	2
4	9	12	9	4
5	12	15	12	5
4	9	12	9	4
2	4	5	4	2

$\frac{1}{159} \times$

 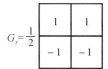

图 4-30 高斯函数离散近似卷积模板　　　　图 4-31 Canny 梯度求取模板

c.计算方向角。若水平方向梯度分量和垂直方向梯度分量已知,梯度值和方向角的计算公式为

$$M[i,j] = \sqrt{G_x^2 + G_y^2} \tag{4-71}$$

$$\theta = \arctan(G_y/G_x) \tag{4-72}$$

d.方向角规范化。对于图像中任意像素,与邻点相连的方向最多只有 4 个,分别为 0°(水平方向)、45°(正对角线)、90°(垂直方向)和 135°(负对角线)。这样方向角被规范到以下 4 个角度范围。

0°:0°~22.5°,157.5°~180°;

45°:22.5°~67.5°;

90°:67.5°~112.5°;

135°:112.5°~157.5°。

e.非最大化抑制。遍历图像,若某 D 个像素的灰度值与其梯度方向上前后两个像素的灰度值相比不是最大的,则将这个像素值置为 0,即不是像素。

f.双阈值分割。使用累计直方图计算两个阈值,凡是大于高阈值的一定是边缘,凡是小于低阈值的一定不是边缘。如果检测结果大于低阈值而小于高阈值,那就要看这个像素的邻接像素中有没有超过高阈值的边缘像素,如果有则它就是边缘,否则就不是边缘。

图 4-32 所示为 Canny 算子边缘提取效果图。

（a）　　　　　　　　　　（b）

图 4-32 Canny 算子边缘提取效果图

（a）原图像;　（b）边缘检测结果

3. 基于聚类的分割方法

聚类是多元统计分析中的方法,就是将图像中的每个像素划分到不同的类别中,利用模式识别的聚类分析问题,通过迭代执行分类算法提取各类的特征值。

(1)聚类分析。聚类分析是一组将研究对象分为相对同质的群组的统计分析技术,即将物理或者抽象世界中的某些目标集合按照不同的特征进行分类的分析过程,每个类都是原目标集合的子集,类内相似程度高,类间相似程度低。聚类分析的目标就是在相似的基础上收集数据来进行分类,在人工智能、统计分析、数据挖掘等领域得到了广泛的应用。

基于聚类分析的图像分割方法是一种利用像素特征的聚类结果对原始图像进行分割的方法。该方法主要根据图像的某些特征(如灰度、RGB 位等)来对原始图像进行划分标记。其基本思想是:首先把像素点映射到特征空间,对特征空间中的点按照一定的聚类准则进行聚类,然后根据聚类结果对原始图像中的相应像素点进行标记,最终完成对图像的分割。聚类算法主要可以分为划分聚类算法和层次聚类算法。

1)划分聚类算法把一组包含 m 个数据对象的集合划分成 k 个类别,并满足条件 $k \leqslant m$。首先需要初始化一个原始划分,然后根据数据对象之间的相似程度对集合不断迭代划分,将数据对象移动到相似程度更高的类中,不断提高类内对象的相似度,直到满足目标条件。划分聚类算法的优点是收敛速度快,缺点是它倾向于识别凸形分布大小相近、密度相近的聚类,不能发现分布形状比较复杂的聚类。它要求合理地估计类别数 k,并且初始中心的选择和噪声会对聚类结果产生很大影响。

2)层次聚类算法把数据对象按照它们之间的相似程度分为若干集合,并形成一种分裂或合并的树状层级结构,层次聚类法算法示意图如图 4-33 所示。它具有算法简单、高效和不需要设置初始聚类中心的优点,但它的缺点也很明显,由于没有使用全局的目标函数,类与类之间的对象不能随时移动,若其中一步发生错误将导致严重的错误。

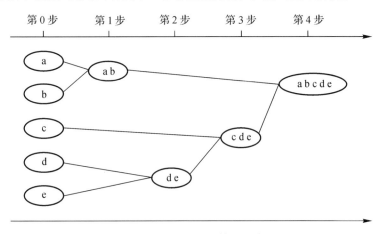

图 4-33 层次聚类法算法示意图

(2)k-means 算法。k-means 算法,也称 k 值聚类算法(k-means clustering algorithm),是一种典型的划分聚类算法,可以看作是传统的无监督机器学习算法,一种迭代求解的聚类分析算法,它具备简单易行、鲁棒性高、效率高等优点,在各个领域中得到了普遍的运用。

k - means 算法的基本思想是：预先将数据分为 k 组，则随机选取 k 个对象作为初始的聚类中心，然后计算出每个对象与各个种子聚类中心之间的距离，把每个对象分配给距离它最近的聚类中心。聚类中心以及分配给它们的对象就代表一个聚类。每分配一个样本，聚类的聚类中心会根据聚类中现有的对象被重新计算。这个过程将不断重复直到满足某个终止条件。终止条件可以是没有（或最小数目）对象被重新分配给不同的聚类，没有（或最小数目）聚类中心再发生变化，误差平方和局部最小。k - means 算法的基本步骤如图 4 - 34 所示。

1）选择初始化的 k 个样本作为初始聚类中心，初始 k 值可以任意选取；

2）针对数据集中的每个样本 x_i，计算它到 k 个聚类中心的距离并将其分到距离最小的聚类中心所对应的类中；

3）针对每个类别 a_i，重新计算它的聚类中心 $a_j = \dfrac{1}{|c_i|}\sum\limits_{x \in c_i} x$（即属于该类的所有样本的质心）；

4）重复上面 2）和 3）两步操作，直到达到某个终止条件（迭代次数、最小误差变化等）；

5）校验所有聚类中心的间距，基于一个预定的阈值，增大或减小在第 1）步中所设定的 k，确保没有发生将两个缺陷特征划入一个，或者将同一个特征强行分为两个的情况。测试表明，分布范围相对较大的两个缺陷特征被划入两个独立分组，并不显著影响计算的精度。

通过这样的聚类，能很好地将背景颜色平滑过渡的区域分割为几个梯度的颜色特征区域。图 4 - 35 所示为采用 k - means 算法分割的图像。

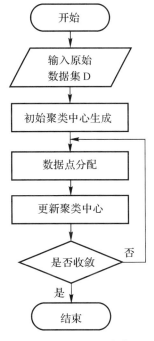

图 4 - 34　k - means 聚类算法流程

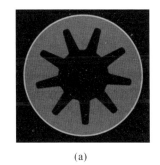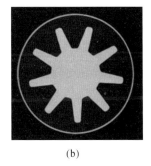

(a)　　　　　　　　　　(b)

图 4 - 35　采用 k - means 算法分割的图像

（a）固体火箭发动机装药 CT 原图像；　（b）固体火箭发动机装药分割结果

4.2.4 固体火箭发动机CT图像三维重建

CT图像的三维重建是指利用人类的视觉特点,通过计算机对二维CT断层图像序列所形成的三维体数据进行处理,把它变为能够直观、立体地展示固体火箭发动机三维形态的图像。通常,CT图像的三维重建方法可以分成两类:一类是表面绘制方法,它是最早用于断层图像三维重建的技术,其特征在于提取物体的表面轮廓,并通过算法将一些几何形状的表面片应用于每个轮廓点,最后去除隐藏表面并根据光照执行明暗处理以获得要绘制的表面;另一类是体绘制方法,这是一种直接将体素投影到显示平面,但却并不需要创建三角形面片的方法,又称直接绘制方法。

1. 面绘制

面绘制是一种传统的方法。首先对断层数据进行分割,提取感兴趣物体的表面信息,由三维空间数据场构造出中间几何图元(如曲面、平面等),然后利用传统的计算机图形学技术如剪裁、几何变换等,根据光照、明暗模型进行消隐和渲染后得到画面绘制,实现图像显示。最常见的中间几何图元就是平面片,当需要从二维数据场中抽取出等值面时就属于这种情况。可以抽取出一个等值面,也可以抽取出多个等值面。这时,可以将中间几何图元的生成过程看作是可视化流程中的映射。这种方法构造出的可视化图形可以产生比较清晰的等值面图像,而且可以利用现有的图形硬件实现绘制功能,使图像生成及变换的速度加快,因而是一类常用的可视化算法。面绘制算法发展到今天已经相当成熟,并可利用专门的图形加速硬件来加速绘制的过程,但面绘制需要指定阈值,以确定场景中感兴趣物体的表面,而且除了阈值法,任何自动的、"硬"(bar)的(相对于模糊分割而言)、基于边缘或基于区域的分割方法都可以使用。由于上述方法采用的参数需要交互指定,所以分割和绘制速度在这里是最重要的考虑因素。另外,这种分割得到的表面可以用多种方式对其进行描述,如体素、点、体素的面、三角面片及消隐和渲染几个基本步骤,这些步骤对于产生三维立体感是必需的,而其他技术(如立体显示、旋转物体)造成的运动视差以及阴影和纹理映射,都可用于增强立体感。

(1)面绘制的方法。面绘制主要有以下4种方法:

1)连接轮廓线法。该方法是最早被用来进行表面绘制的方法,它是首先将每层图像的轮廓提取出来,然后用以轮廓线点为顶点的三角形将每层的轮廓线连接起来,从而拼接出物体表面。这种方法较适合于断层扫描数据,且断层间等值面变化较小或大致相似,同时精度要求较低的场合,但该算法中两相邻层轮廓线对应点的确定和连接通常是难以解决的问题。

2)Cuberille表示和显示方法。Cuberille表示将三维图像中的每一个像素点看成是空间中的一个小立方体,在该小立方体内,数据场具有相同的值,整个数据空间及其对象就由这类小立方体组成,这类小立方体被称为Cuberille中的体素。在这种方法中决定显示质量的关键因素是消隐(shading)。该方法的等值面就由该体素的6个外表面中的一个或几个组成,虽然计算简单,但效果不佳。

3)剖分立方体法。当离散三维数据场的密度很高时,由MC方法在体元中产生的小三角面片,与屏幕上像素差不多大,甚至还要小,通过插值来计算小三角面片是不必要的。剖分立方体法以体元为单位进行处理,对于等值面经过的体元进行剖分至其投影等于或小于像素。这种方法采用绘制表面点而不是绘制体元内等值面的办法来绘制整个等值面,可以节省大量的计算时间,其结果为等值面的近似表示。对于数据场密度很高的图像来说,其视觉效果是可以接受的。

4)MC 方法(Marching Cubes Algorithm,移动立方体算法)。该方法也是用三角形拼接来形成表面,但与连接轮廓线法不同的是,这些三角形位于单个立方体内。MC 法是三维数据场等值面生成的经典算法,是体素单元内等值面抽取技术的代表。该方法的基本思想是逐个处理数据场中的立方体,分类出与等值面相交的立方体,采用插值法计算出等值面与立方体边的交点。根据立方体中每一个顶点与等值面的相对位置,将等值面与立方体边的交点按一定方式连接生成等值面,作为等值面在该立方体内的一个逼近表示。这种方法构造出的等值面不能反映整个原始数据场的全貌及细节,但对感兴趣的等值面可以产生清晰的图像,而且可以利用现有的图形硬件实现绘制功能,速度较快。

(2)MC 算法的步骤。MC 算法是在三维空间规则数据场构造等值面中最有代表性的,它是由 Lorensen 和 Cline 在 1987 年提出的。空间中具有相同值的所有的点集合称为等值面,可以表示为

$$\{(x,y,z) \mid f(x,y,z)=c\} \quad (c \text{ 为常数}) \tag{4-73}$$

MC 算法用于处理断层成像数据,其本质是将待重建模型的 2D 断层成像数据集看成一个三维数据场,然后根据数据场中每个体素所包含的顶点的值(通过阈值方法判定该顶点属于模型内侧或者外侧获得)来确定其内部等值面的构造方式,所有等值面之和构成一个连续的网格,从而实现三维数据场中等值面的抽取。

MC 算法主要包括以下 3 个步骤:

1)等值面的构造。三维数据场中一个体素由上下相邻两幅切片图像的八个像素点组成,图 4-36 所示为体素构成的示意图。

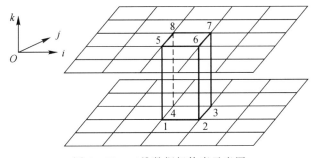

图 4-36　三维数据场体素示意图

基于给定的阈值可以判定体素的每一个顶点是否包含于等值面内。若顶点的值小于阈值 C,表示该顶点位于等值面外部,以数值 0 表示,并称该角点位于等值面之外;若顶点的值超过阈值 C,表示该顶点位于等值面内部,以数值 1 表示。显然,体元中顶点只有 1 和 0 两种可能状态。显然,如果某体元中一条边的一个角点在等值面之内,而另一个角点在等值面之外,那么,该边必然与所求等值面相交。根据这一原理,就可以判断等值面将与哪些体素相交,或者说将穿过哪些体素。如果 1 点的值大于给定的等值面阈值 C,2、3、4、5、6、7、8 点

的值小于等值面阈值 C,那么在角点 1 与 5、1 与 2、1 与 4 之间必定存在着等值面通对。因此,在此立方体单元内采用三角面片来构造等值面,如图 4-37 所示。

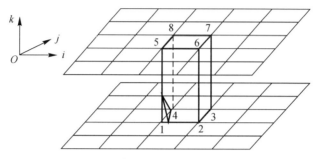

图 4-37　采用三角面片来构造等值面

由于每个体素有 8 个角点,每个角点又可能有 1 和 0 两个状态,所以每个体素按其 8 个角点 1 和 0 分布而言,共有 256 个不同的状态。因此,有必要考虑到各种情形,建立相应的移动立方体模型。为了对等值面的提取过程进行简化,可通过旋转和反转操作等变换得到 15 种拓扑结构不同的体素模式,如图 4-38 所示。通过比较给定的等值面的值与体元中顶点的函数值,可以确定场中所有体元的状态,构造出体素状态表,再利用线性插值获得等值面与体元的交点,并进行三角剖分,从而获得等值面的三角网格表示。

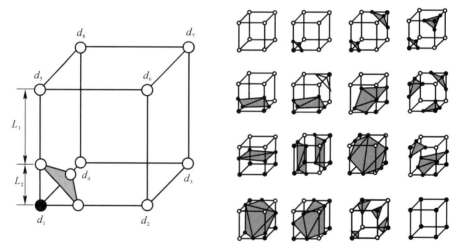

图 4-38　MC 算法的 15 种拓扑结构不同的体素模式

2)求等值面与体素边界的交点。当三维数据场的密度较高,也就是说当每个体素很小时,可以假定函数值沿体元边界呈线性变化。因此,等值面与体素边界的交点可以通过该边两端点函数值的线性插值求出。求出等值面与体素边界的交点以后,就可以将这些交点连接成三角形或多边形,形成等值面的一部分。

基于 MC 算法的基本假设,可以直接通过线性插值的方法计算等值面和体素边界的交点。

若立方体的棱边平行于 x 轴,同时设该边的两个端点分别为 $d_1(i,j,k)$ 和

$d_2(i+1,j,k)$,那么交点为 $d(x,j,k)$,其中

$$x = i + \frac{c - f(d_1)}{f(d_2) - f(d_1)} \tag{4-74}$$

若立方体的棱边平行于 y 轴,同时设该边的两个端点分别为 $d_1(i,j,k)$ 和 $d_2(i,j+1,k)$,那么交点为 $d(x,y,k)$,其中

$$y = j + \frac{c - f(d_1)}{f(d_2) - f(d_1)} \tag{4-75}$$

若立方体的棱边平行于 z 轴,同时设该边的两个端点分别为 $d_1(i,j,k)$ 和 $d_2(i,j,k+1)$,那么交点为 $d(x,j,z)$,其中

$$z = k + \frac{c - f(d_1)}{f(d_2) - f(d_1)} \tag{4-76}$$

3) 计算等值面的法向量。当用三角面片构成等值面时,必须考虑到每个三角面片的方向性。对于位于等值面中的任意一个三角面片而言,其方向直接影响到等值面的三维绘制的结果。通常情况下,通过三角面片的三个顶点的顺序来确定其方向,并且约定:相对视点而言,当三角面片三个顶点呈顺时针方向排列时,此三角面片为正面方向;相反,当三角面片三个顶点呈逆时针方向排列时,则此三角面片为反面方向。

对于已获得的等值面三角网格表示,MC 算法首先采用中心差分计算出体元角点处的梯度,再根据线性插值算法计算出体元边界与等值面的交点处梯度,并将该梯度作为三角形顶点的法向量。三元函数的梯度公式为

$$\mathbf{g}(x,y,z) = \mathbf{\nabla} f(x,y,z) \tag{4-77}$$

三维数据场中体素顶点 (i,j,k) 处梯度计算法公式为

$$\left. \begin{array}{l} g_x(i,j,k) = \dfrac{h(i+1,j,k) - h(i-1,j,k)}{\Delta x} \\[2mm] g_y(i,j,k) = \dfrac{h(i,j+1,k) - h(i,j-1,k)}{\Delta y} \\[2mm] g_z(i,j,k) = \dfrac{h(i,j,k+1) - h(i,j,k-1)}{\Delta z} \end{array} \right\} \tag{4-78}$$

式中:$h(i,j,k)$—— 第 k 个断层图像在位置 (i,j) 处的像素对应的函数值;

Δx、Δy、Δz—— 体元边界长度;

$g_x(i,j,k)$—— 体元顶点 (i,j,k) 在 x 方向上的梯度;

$g_y(i,j,k)$—— 体元顶点 (i,j,k) 在 y 方向上的梯度;

$g_z(i,j,k)$—— 体元顶点 (i,j,k) 在 z 方向上的梯度。

然后再次通过体素边界两端点处梯度的线性插值求出三角面片各顶点的梯度,也就是各顶点的法向,从而实现面的绘制。

MC 算法作为一种经典的等值面构造方法,较好地解决了在任意不规则、非线性体数据场中进行等值面重建的问题。此算法以体数据场中的相邻最近的 8 个体元所构成的立方体为最小的等值面搜索单元,并根据每个立方体的各个顶点的情况来决定该立方体内部的等值面的分布。同时,MC 算法用三角形面片作为等值面的最小构成单位,来逼近等值面的真实情形。利用 MC 算法可以正确地判断出任意立方体单元的任意两个相邻的顶点之间有

无等值面通过,并且适用于同一个立方体单元内部有多个等值面通过时的情形。

MC 算法具有以下几个优点:

a. 计算速度快,便于在体数据场中对立方体单元进行搜索;

b. 提取的等值面容易接近等值面的真实情形;

c. 能够分辨出同一个立方体单元内有多个等值面通过时的情形;

d. 虽然体数据场中不同的立方单元在构造等值面时是彼此独立进行的,但所产生的等值面是统一的、关联的。

(3)MC 算法面绘制 CT 三维图像。采用 MC 算法,可以对系列 CT 图像进行面绘制。选择装药的灰度值作为等值面阈值,显示结果为装药部分图像(不包含壳体),绘出的三维模型如图 4-39 所示。其中,图 4-39(a)所示为某型固体火箭发动机序列 CT 图像,图 4-39(b)所示为面绘制 CT 三维图像显示效果。

在进行等值面抽取的过程中,由于 CT 扫描数据的相对性和波动性,不同来源的 CT 数据所需要抽取的等值面阈值是波动的,这就需要在计算时反复调整等值面阈值。

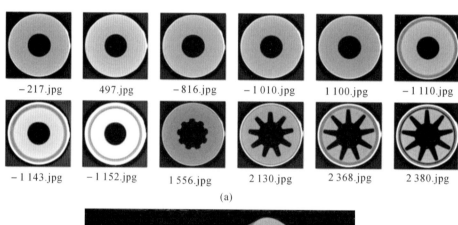

-217.jpg   497.jpg   -816.jpg   -1 010.jpg   1 100.jpg   -1 110.jpg

-1 143.jpg   -1 152.jpg   1 556.jpg   2 130.jpg   2 368.jpg   2 380.jpg

(a)

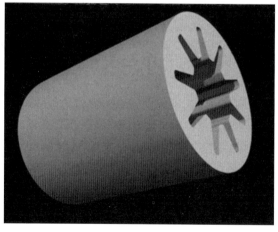

(b)

图 4-39 固体火箭发动机三维模型

(a)固体火箭发动机装药 CT 原图像; (b)固体火箭发动机三维重建效果

2. 体绘制

与面绘制方法相比,体绘制方法不需要提取等值面或等值线,而是直接对图像空间的重采样和在光线投射路径上的积分得到绘制图像。体绘制方法的作用是将离散、分散的三维数据场,按照一定的规则转化为图形显示设备帧缓存中的二维离散信号,即生成每个像素点的 RGB(Red,Green,Blue)值,最终显示为图像。

体绘制技术中所用到的数据类型称为体数据,通常反映为三维空间中大量带有一种或多种属性值的离散点。目前,空间体数据大多分为规则网格数据与非规则网格数据两种。比较常见的是规则网格数据,其空间分布反映为三维规则网格中的一系列空间散点,如图 4-40 所示。图中将三维立体数据表示为三维空间中的一个连续体,其中每个数据单元称为一个“体素”,这种表示方式与显卡中所使用的纹理概念类似。体素是体数据中最基本的单位,通常被理解为空间中的一个小的立方体,实际的数据点位置在立方体的正中心。体素中三个方向的边长(即实际数据点之间的空间间隔)可以是不同的,然而在此类数据中,同一个方向上的数据间隔应当保持一致。

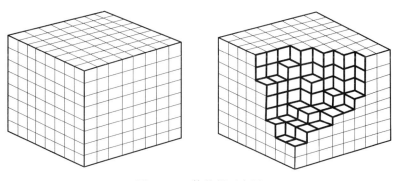

图 4-40　体数据示意图

体数据反映的实际上是物体在对应空间位置上的数值分布,每个体素包含一个或者多个标量值信息。在计算机模型中,通常使用三维数组来表示具体数据。然而抽象的标量数据无法直接表示成用户所能理解的图像信息,所以需要将属性数据映射为光学数据。用户所能观察到的是图像的颜色,以及其不透明度,所以需要将体素的标量值映射为对最终图像具有贡献的光强度值。因此,需要使用计算机图形学中的光学模型,模拟现实环境中光线的产生、衰减、反射以及折射等现象,并将这些现象叠加而得到最终的图像结果。

(1)光学模型。在体绘制技术中,应用光学模型将数据体标量值映射为光学数据的过程中,所使用的映射标准被称为传递函数。传递函数可以简单地理解为数据标量值到光学信息之间的一种映射关系,这里的光学信息主要包括颜色值和不透明度两种。由于数据体中的属性值并不具备图像合成所需要的颜色信息,需要通过传递函数为其赋予一定的颜色值。传递函数反映了最终图像中的颜色信息与数据之间的对应关系,具有一维以及多维两种。一维传统函数仅与数据体本身的标量值相关,颜色值与标量值之间一一对应;多维传递函数则常在标量值之外综合考虑其他数据特征,如梯度、曲率、旋度等,用于凸显数据边界等特征区域。目前,体绘制的主流光学模型有吸收模型、发射模型、吸收发射模型、散射及阴影模型和多重散射模型等。

1)吸收模型。吸收模型模拟了一种黑色的、冰冷的模型体,它假定在三维空间中的小粒子具有黑色颗粒的属性,只能够吸收所有入射的光线,但却没有反射、散射和发光的功能,是光学模型中最简单的一种。该模型可以表示为

$$I(s) = I_0 \exp\left[-\int_0^s \tau(t)\,\mathrm{d}t\right] \tag{4-79}$$

式中:$I(s)$ —— 距离 s 处的光线强度;

$\quad I_0$ —— 光线进入三维数据场时($s=0$)的光线强度;

$\quad s$ —— 光线投射方向的长度参数;

$\quad \tau(t)$ —— 光线强度的衰减系数。

若 $I_0=1$,即表示单位强度的光线经过数据场的边缘到达 s 这段距离后的光线强度,也称为透明度。如果定义 α 为这段距离的不透明度,则有

$$\alpha = 1 - \exp\left[-\int_0^s \tau(t)\,\mathrm{d}t\right] \tag{4-80}$$

若将某一数据值 α 定义为零,则表示光线不被吸收而完全穿过,因而在结果图像中该数据代表的物质将是透明的。相反地,若将 α 定义为 ∞,则表示光线完全被吸收,在结果图像中该数据代表的物质将是完全不透明的,而在它后面的物质将完全被遮挡。固体火箭发动机的内部是由不同结构组成的,因此,壳体的不透明度大于绝热层和推进剂的不透明度。

(2)发射模型。发射模型假设数据体会产生光线并发射光线,而对投射于其上的光线几乎没有吸收作用。由于数据场中的每个体素都具有发射光线的功能,所以整个三维空间充满了粒子云,且每个粒子都可以发光。该模型可以表示为

$$I(s) = I_0 + \int_0^s g(t)\,\mathrm{d}t \tag{4-81}$$

式中:I_0 —— 初始光强值;

$\quad s$ —— 沿光线射入方向的长度参数;

$\quad g(t)$ —— 光源项,与反射光无关。

(3)吸收与发射模型。吸收与发射模型综合考虑了吸收和发射两种模型的特点,认为数据体既产生光线又发射光线,而且对投射至其上的光线具有一定的衰减作用。然而,这种模型同样不考虑光线反射、散射等过程。这种模型是一种能够较好地模拟真实情况下光照情况的模型。该模型可以表示为

$$I(D) = I_0 T(D) + C[1 - T(D)] \tag{4-82}$$

式中:$\quad I_0$ —— 背景光;

$\quad T(D)$ —— 透明度;

$\quad 1 - T(D)$ —— 不透明度;

$\quad C$ —— 所赋的颜色值。

(4)散射及阴影模型。散射及阴影模型考虑了光线在物体表面的散射过程以及物体之间的遮挡关系。这种模型常用在真实感绘制中,以模拟出较好的绘制效果。在体绘制中其通常用于模拟简单的光照效果,也被称为局部光照。

(5)多重散射模型。多重散射模型也被称为全局光照模型,是目前最好的光照模型之

一,用于追求高质量绘制的应用场景。它在前面几种光学模型的基础上,考虑了现实世界中物体对光线的反射,以及反射光线对空间中其他物体的影响。这种反射效应通常被多次模拟,已达到最好效果。这种模型能够模拟出优质的光照效果,然而由于计算量巨大,所以难以用于一般设备的体绘制流程中。

2. 常用的体绘制算法

常用的体绘制算法有 Ray Casting 算法、Splatting 算法和 Shear - warp 体绘制算法。

(1)光线投射(Ray Casting)体绘制算法。光线投射体绘制算法是最早提出的,也是最经典的体绘制算法,它既能显示丰富的信息,又能满足精确度的要求。光线投射法的基本原理是首先对三维体数据进行数据预处理,将得到的数据根据阈值进行分类,分类完成后根据传输函数得到每一个数据点的颜色值和不透明度值,然后从屏幕上的每一个像素点发出一条射线,沿着射线按照预先设定的采样步长进行重采样,对重采样点近邻的 8 个数据点进行三线性插值得到该重采样点的颜色值和不透明度值,最后对每条射线上所有采样点按一定规则进行合成,从而得到屏幕上这条射线的颜色,将屏幕上所有像素点的颜色值计算出来,最终得到一幅完整的三维图像。光线投射法的原理如图 4 - 41 所示。

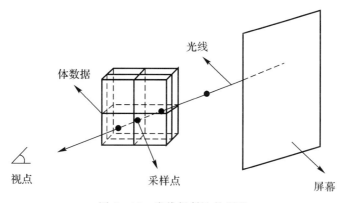

图 4 - 41 光线投射法的原理

由于重新采样和图像合成是按照屏幕上每条扫描线的每个像素逐个进行的,所以这一算法又被称为图像空间扫描的体绘制算法。在运行光线投射算法前,首先要对三维数据进行预处理操作,再对数据值进行分类,其目的是为每一类的数据赋予不同的颜色值及不透明度值,以此来区分不同的物质,然后用光线投射算法进行体素的采样计算,最后进行图像合成和屏幕图像的显示。光线投射算法基本流程如图 4 - 42 所示。

该算法流程假定三维空间数据 $f(x_i, y_j, z_k)$ 分布在均匀网格或规则网格的网点上,数据预处理包括原始数据的格式转换、剔除冗余数据及导出所需要的数据等;数据值分类是根据数据值的不同将其分为若干类,并给每类数据赋予不同的颜色值和不透明值,这样可以比较准确地表示多种物质的不同分布或单一物质的不同属性;重采样是从屏幕上的每个像素点根据设定的观察方向发出一条射线,这条射线穿过三维数据场,沿着这条射线选择 k 个等距的采样点,并由距离采样点最近的 8 个数据点(采样点所在的体素)的颜色值和不透明值作三次线性插值,从而求出该采样点的颜色值和不透明值。注意,在做重采样前要将具有颜色值及不透明值的三维数据场由物体空间坐标转换为相应的图像空间坐标。图像合成是沿着某像素点发出的射线逐一计算该射线上各采样点的颜色值和不透明值并按照一定的规则合成，形成该屏幕像素点的最终颜色值，将屏幕上各像素点的颜色值计算出来后即形成了一幅图像。

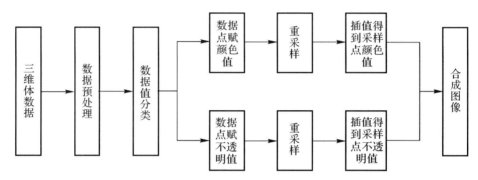

图 4-42　光线投射法的基本流程

为了得到较好的绘制效果，所需光线数量巨大，对每一条光线又需要进行多次采样，运算量巨大（大小为 1 024×1 024×120 的数据场，一次光线投射绘制总的运算量为 $2.894×10^9$ 次乘法、$3.272×10^9$ 次加法），极大地影响了成像速度。这种方法和其他体绘制方法一样有一个共同的缺点：不能灵活地改变外部光照及视角，每一次变化都意味着整个绘制过程的重新开始。

2）抛雪球（Splatting）算法。抛雪球法与光线投影法不同，它是反复对体素的投影叠加效果进行运算。抛雪球法将体素理解为一种可以影响其周边区域的粒子，如图 4-43 所示。抛雪球法将体素投射至屏幕上，并认为每个体素会影响其投射位置周围的一小片区域，这种影响从中心往四周递减，该方式类似于将雪球击打在墙上所形成的一种扩散效应。抛雪球法在实现过程中，依据一定的顺序对所有的体素进行投射，并将其影响进行融合以得到最后的绘制结果。

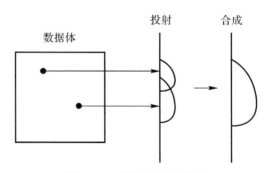

图 4-43　抛雪球法示意图

由于抛雪球法是"以物体空间为序"的体绘制算法，所以其优点在于按照具体数据存储顺序来存取对象，易于控制，同时只有与图像有关的体素才能被投射和显示，大大地减少了体数据的存取数量。然而，抛雪球法的计算量过于庞大，特别是在考虑交互式体绘制的情况下,在融合过程中需要进行大量的实时计算,因此难以满足交互式体绘制的需求。

3)错切-变形(Shear-warp)法。错切-变形法将三维数据体理解为多个二维切片的组合,并根据观察方向的不同,在物体空间对这些二维切片进行错切变换,具体分为两步执行:首先,采用错切变换矩阵将具体数据变换为临时数据,这个转换的过程称为错切;其次,采用变形变换矩阵对临时数据进行处理,生成重建图像,这个处理的过程称为变形。错切-变形法示意图如图4-44所示。错切-变形法的重采样数据就是通过错切变换矩阵生成的临时数据,因此该方法重建速度较快,但其重建图像的质量较差。

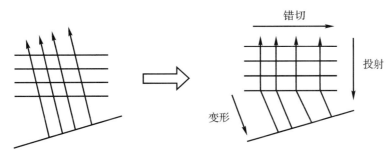

图4-44　错切-变形法示意图

(3)光线投射加速方法。针对固体火箭发动机内部缺陷的三维重建进行故障的精确定位和性质分析是研究发动机使用性能的基础。固体火箭发动机内部缺陷有一个共同的特点就是空间尺寸小,这就要求各种体绘制算法能够精确地显示微小缺陷。其中光线投射法能够显示出非常丰富的信息,甚至连数据场中细微的特征都不会丢失,因此,固体火箭发动机缺陷的三维重建一般选用光线投射法。但是由于光线投射法在实现的过程中耗时很长,所以要提高算法的绘制速度,需要对光线投射算法进行加速。

近年来,许多光线投射算法的改进算法被提出,主要分为两类:一类是减少投射光线的数目;另一类是减少采样点的数目。

1)图像空间加速法。减少投射光线数目的方法被称为图像空间加速法。因为在结果图像中,相邻像素存在着相关性,它们很可能有相似的颜色,所以并不需要像平面中的所有像素都投射出光线,而是间隔地投射出光线,如计算两个投射光线对应像素的差值。若小于设定的阈值,则该间隔之间的像素就不用再投射光线,其像素值等于两间隔像素值的插值;否则必须投射中间像素的光线,还要单独计算像素值,但这种方法的显示效果不是很好,不是当前研究的主要方向。

2)物体空间加速法。减少采样点数目的方法被称为物体空间加速法。由于光线穿过体数据场中的体素含有许多空的体素,或一条光线上的相邻采样点的值变化不大,所以可以从具体数据的存储结构上来处理这种相关性,从而跳过空的体素(对最终图像没有贡献的体元),减小体元寻址和体元与光线求交的计算量。洪歧,R. Yagel J. Willelms,M. Agate,K. R. Subramanian 等人采用分层的体数据结构重新规划三维规则体数据场,跳过其中对绘制效果没有影响的空体素,C. Suneup 对空体素赋予一个与邻近非空体素距离的值,在绘制时直接跳过空体素。这些方法不同程度地减小了计算量,在不降低图像质量的前提下,提高了绘制速度。

3. 重构模型对齐

CT 扫描数据有其自己的坐标系,该坐标系与标准三维图纸坐标系存在着变换关系。上述 CT 图像处理与重建等操作,均在 CT 坐标系下进行。为了将抽取得到的特征映射到标准三维图纸中,必须获取两坐标系间的变换矩阵进行求解。

三维空间变换是以三维几何变换为基础的,其中包括三维基本的几何变换和复合变换。对三维的坐标轴和坐标原点的变换叫作基本的几何变换,对图像进行多次变换的变换叫作复合变换,复合变换以三维基本的几何变换为基础。

(1)平移变换。设三维空间中有任意一点 $p(x,y,z)$,分别沿着 X、Y、Z 轴的方向上移动 Δx、Δy、Δz 的距离,得到点 $p'(x',y',z')$,如图 4-45 所示。

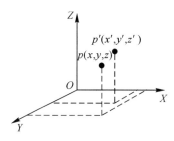

图 4-45　平移变换示意图

其平移变换为

$$\left.\begin{array}{l} x' = x + \Delta x \\ y' = y + \Delta y \\ z' = z + \Delta z \end{array}\right\} \tag{4-83}$$

其矩阵形式为

$$\begin{bmatrix} x' & y' & z' \end{bmatrix} = \begin{bmatrix} x & y & z \end{bmatrix} \begin{bmatrix} 1 & 0 & 0 \\ 0 & 1 & 0 \\ 0 & 0 & 1 \end{bmatrix} + \begin{bmatrix} \Delta x & \Delta y & \Delta z \end{bmatrix} \tag{4-84}$$

(2)三维旋转变换。三维空间的旋转变换要比二维空间的旋转变换复杂得多,不仅仅要指定旋转角度,还要指定绕哪个轴旋转,即旋转轴。如果分别将坐标系的三个坐标轴(X、Y、Z 轴)作为旋转轴,那么实际上某点只需要在垂直于坐标轴的平面上做二维旋转。此时,就可以直接使用二维旋转公式推导出三维旋转变换矩阵。

依据规定,在右手坐标系中物体旋转的正方向是右手螺旋的方向,即从该轴的正半轴向原点看是逆时针的方向。

1)绕基本轴旋转。设定某一点的坐标是 $p(x,y,z)$,该定点分别以 X、Y、Z 轴作为旋转轴,旋转 α、β、γ 的角度后得到 $p'(x',y',z')$,如图 4-46 所示。

绕 Z 坐标轴旋转后的坐标为

$$\left.\begin{array}{l} x' = x\cos\gamma - y\sin\gamma \\ y' = x\sin\gamma + y\cos\gamma \\ z' = z \end{array}\right\} \tag{4-85}$$

绕 Z 坐标轴旋转后的矩阵形式为

$$[x' \quad y' \quad z'] = [x \quad y \quad z] \begin{bmatrix} \cos\gamma & -\sin\gamma & 0 \\ -\sin\gamma & \cos\gamma & 0 \\ 0 & 0 & 1 \end{bmatrix} \tag{4-86}$$

同理,绕 X 轴旋转后获取的矩阵形式为

$$[x' \quad y' \quad z'] = [x \quad y \quad z] \begin{bmatrix} 1 & 0 & 0 \\ 0 & \cos\alpha & -\sin\alpha \\ 0 & \sin\alpha & \cos\alpha \end{bmatrix} \tag{4-87}$$

绕 Y 轴旋转后获取的矩阵形式为

$$[x' \quad y' \quad z'] = [x \quad y \quad z] \begin{bmatrix} \cos\beta & 0 & -\sin\beta \\ 0 & 1 & 0 \\ -\sin\beta & 0 & \cos\beta \end{bmatrix} \tag{4-88}$$

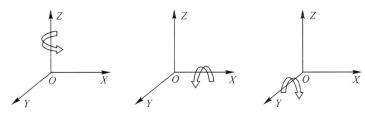

图 4 - 46　绕基本轴变换示意图

2) 绕任意轴旋转。若物体将三维空间中任意的一条线(除坐标轴外)作为旋转轴,并旋转一定的角度,其变换流程如图 4 - 47 所示。

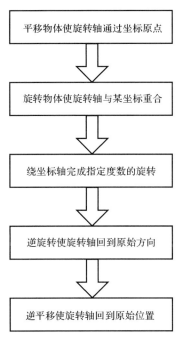

图 4 - 47　绕任意轴旋转变换流程

经过以上变换流程可以得到绕任意轴旋转的变换矩阵为

$$R(\theta) = T^{-1'} * R(\alpha)^{-1'} * R(\beta)^{-1'} * R(\gamma)^{-1'} * R(\alpha)' * R(\beta)' * R(\gamma)' * T \qquad (4-89)$$

式中： T——平移矩阵；

$R(\alpha)$、$R(\beta)$、$R(\gamma)$——物体绕 X、Y、Z 轴旋转 α、β、γ 角度的旋转矩阵。

4.3 固体火箭发动机装药缺陷的识别和重建

CT 数据是一种点数据，只提供各个空间位置点上的 X 射线吸收率，并不能自动得出有关缺陷位置和缺陷类型的结论。其中缺陷类型的数据可以通过对当地 X 光射线吸收率，以及邻近位置 X 光射线吸收率的模式识别进行。但是，用于进行物理仿真的缺陷位置信息并不能通过简单的点数据给出，而是需要通过分析邻近位置两个缺陷类型以及点与点之间的位置关系。本节按照"点缺陷性质识别—点集分类—单组点集总结为缺陷体"的步骤对装药缺陷进行识别和重构。其具体的流程如图 4-48 所示。

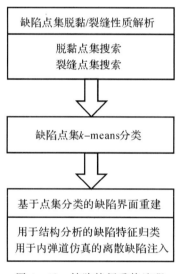

图 4-48　缺陷特征重构流程

1. 缺陷点集脱黏/裂缝性质解析

通过对 CT 点数据的解析，可以获取该点的吸收率及其临界点的吸收率。同时，基于对固体火箭发动机原始三维模型的体素化，以及基于几何特征点的模型对齐技术，可以获得各个空间位置点预期所具有的 X 射线吸收率。

基于对材质的 X 射线吸收率的标定，可以判定各个空间位置点所对应的材质，最终获得可疑空间位置的材质和与其邻接位置的材质信息。通过图 4-49 所示的空间邻接位置采样，可以获得一组用于缺陷类型判定的材质对应关系。

（1）空气：目标位置与邻接位置均为空气。

（2）疑似裂缝：目标位置的吸收率明显低于实体（由于分辨率的因素可能略高于空气），

但其邻接位置存在推进剂实体。

（3）疑似脱黏：目标位置的吸收率明显低于实体（由于分辨率的因素可能略高于空气），但其邻接位置存在绝热层和壳体实体。

（4）实体：根据具体的吸收率可以判定为推进剂、绝热层、壳体，或者其他附件材质。

在完成上述初步判定后，可以进一步根据各疑似点的邻接关系，以及三维图纸，对上述判定所得到的点集信息进行进一步过滤，获得最终的缺陷特征分类。

（1）排除空腔：将所有与燃烧室直接相连的"空气"点排除；将推进剂表面所必然存在的错误标注的"疑似裂缝"一并通过连接关系数据进行排除。

（2）判定脱黏：不与燃烧室空间直接相连而与脱黏特征相连接的"空气"点。

（3）判定裂缝或空腔：不与燃烧室空间直接相连而与裂缝特征相连接的"空气"点。

至此，获得了两组点集合数据，分别存放可能存在脱黏的点和可能存在裂缝和空腔的内容。

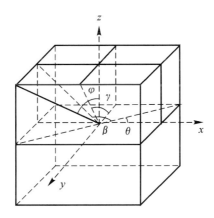

图 4-49　空间方位遍历

2. 缺陷点集 k-means 分类

在这一步骤中，分别对上一步中所获得的点集、基于点集的空间位置进行 k-means 分类，以便将同一脱黏、裂缝、空腔特征与其他特征进行区分。

进行这一区分的主要目的是考虑推进剂的燃烧过程，同一个脱黏或者裂缝特征，在推进剂燃烧到此处时，会被同时点燃，并出现短暂的快速燃烧现象。相反，对于目前尚未接触到火焰的缺陷特征，只有在真正接触到火焰后才开始燃烧，因此有必要对其进行区分和分组。与此同时，考虑到现有 CT 设备的分辨率不可能完全精确地获取到缺陷的精细三维形状，因此不可能依赖点与点之间的直接三维邻接关系进行缺陷的分组，因为对于同一个缺陷，可能会由于 CT 数据分辨率不足而被错误地划分为互不连接的两个。同时即使真正在物理上分离的两个邻近的裂缝，也往往会因为冲击效应而在接触火焰的一瞬间贯通，对于这种在非常接近的位置伴生的两个缺陷，在物理仿真的意义上把它们划分为同一个是合理的。考虑上述固体火箭发动机装药缺陷点及分类的具体要求，按空间位置对缺陷点集进行聚类分析即可满足要求。

3. 基于点集分类的缺陷界面重建

基于点集分类的缺陷界面重建可分为用于结构分析的缺陷特征归类和用于内弹道仿真的离散缺陷注入两个分支。其中,由于结构分析对网格光顺性的要求较高,所以用于结构分析的缺陷特征归类需要人员的参与:将识别和分组后的结构缺陷特征进行显示,由技术人员判读缺陷特征的分类,并且在模型中预制对应的特征。

4.4 网格划分

在进行缺陷分析与性能评判之前,需要利用 CT 数据处理重构后的输出数据(包括缺陷数据)进行自动化仿真网格划分。网格划分针对从 CT 数据重构的含缺陷发动机的几何模型,可以实现结构完整性分析网格、内弹道分析网格的自动划分与标注。

内弹道仿真的离散缺陷注入通过一个简单的步骤自动进行:在已经划分完成的固体火箭发动机非等距燃面退移仿真网格中,取所有网格节点坐标,逐个与已经完成分组的缺陷和脱黏特征进行对照。对于处在缺陷内部的所有网格节点,以及虽然不处在缺陷内部但距离足够近的节点,为其设定"缺陷"标志和分组序号。在每一步的固体火箭发动机非等距燃面退移中,检查是否有包含"缺陷"标志的顶点接触火焰。在某一分组的任意一个顶点接触火焰后,改变整个分组的推进燃速模型,还需要在计算燃速时乘以对应的狭缝燃烧系数。

1. 全自动网格划分

在待测发动机标准图纸的基础上,使用重建得到的各缺陷参数,需要在标准图纸中对其进行重建。该过程基于缺陷重建数据,应用 CAD 自动技术进行,无需手动操作,可以降低操作员的学习成本和错误概率。随后,可以对包含缺陷数据的 CAD 图纸进行标注和输出,将相关数据导入全自动网格划分模块。该模块自动调用自适应网格划分技术,对输入模型进行网格划分。对于执行网格划分的需求,项目基于实体模型的标注信息,展开网格自动划分技术的研究,在无需设计人员参与的情况下,完成对模型的网格划分,并自动标注划分后网格中的物理域。在这一过程中,所需的数据已经在前置步骤中完全导出并组织到磁盘,因此这一过程不需要设计人员的任何干预,可以实现完全的自动化运行。

在对固体火箭发动机进行有限元网格划分时,需考虑以下几点:

(1)药柱的用途特殊性。作为高技术产品,固体火箭发动机药柱的仿真必须力求精确。

(2)药柱的几何结构特殊性。大部分的固体火箭发动机推进剂药柱都以轴对称模型为基础,并依据内弹道性能等要求在基础结构上进行部分改动。

(3)药柱的载荷特殊性。由于药柱在生产、贮存和使用过程中将经受温度载荷和点火冲击载荷等各种载荷作用,这些载荷会造成药柱内表面、星孔过渡圆弧,以及星、管过渡段等区域的应力应变集中。

因此,当在参数化建模的基础上进行全六面体网格划分时,应划分成精度更高的全六面体网格;当采用映射法或扫掠法等高质量网格生成算法进行网格划分时,对于复杂造型的药柱,需先分割成简单的子实体,对重点关注区域进行适当的网格加密操作。

以图 4-50 中的星型药柱为例,星型药柱直接采用了扫掠法划分网格,其源面和目标面分别是药柱的两个端面。同时,在星型药柱的圆弧过渡段等处进行了网格加密。

图 4-50　星型药柱全六面体网格

2. 边界标记

对于边界标识,利用图元级标注技术和图块级标注技术分别对应于对药柱复杂曲面、包覆进行标注和对组成药柱的不同推进剂装配元素进行标记的要求,实现对于药柱中的初始燃面、包覆面、对称面、绝热层表面等的标记,以及各个药柱分块的完整标注。

CT 数据处理与重构模块中,已经获得了零件、几何图素间相关语义标识,利用预置对照表即可进一步将这些语义表示转换为边界条件标记,以下是部分边界条件的标记准则。

(1)初始燃面:与燃烧室空腔直接接触的药柱表面。

(2)内部缺陷面:与燃烧室空腔不直接接触,但远离衬层的药柱表面。

(3)脱黏腔:同时接触衬层和药柱,吸收率接近空腔,除燃烧室空腔外体积高于阈值的小空间。

(4)脱黏燃面:接触脱黏腔,不接触燃烧室空腔的药柱表面。

第 5 章 含缺陷装药固体火箭
发动机数值分析

当裂纹等缺陷暴露于燃烧室主流场时,燃气可能进入裂纹腔中,并沿裂纹表面点燃推进剂,随着燃烧表面积的扩大又导致裂纹腔中燃气压强的增加。同时,推进剂表面的燃气载荷还会引起推进剂药柱及裂纹腔的变形。如果裂纹腔内的压强或增压速率达到一定数值,裂纹顶部的结构就会遭到破坏而导致裂纹扩展,从而使燃烧表面大大增加。因此,固体火箭发动机装药燃面面积的变化对发动机的内弹道性能和装药结构完整性有着显著的影响。

5.1 燃面退移计算方法

随着药柱的燃烧,燃面不断地发生退移。装药燃面退移过程计算是为了实时反映固体推进剂燃烧过程,从而获得装药任意时刻燃面的几何参数以进行内弹道计算,求出压力和推力等参数。在计算时基于平行层燃烧规律,先对不同时刻下燃面所处的空间位置进行计算,然后通过积分计算得出燃面的面积。燃面退移计算不仅需要较高的计算精度,同时还需要与流场实现较好的耦合运算,从而可以得到不同时刻流场的分布情况。目前,应用较广泛的燃面计算方法有通用坐标法、实体造型法、动网格法和界面追踪法。

1. 通用坐标法

通用坐标法的基本思想是认为固体推进剂药柱的外形和空腔可以分解为若干基本形体(如圆锥体、圆锥台、圆柱体、圆环、椭球等),这些基本几何形体把药柱的初始空腔填满,将这些基本形体的坐标位置和基本参数按规定输入程序。这些几何图形在燃烧过程中按平行层燃烧规律沿着法向等厚度平行扩大或缩小,由于不同的几何形体在发展过程中相互影响(相交、相离或者伸出边界),所以需要能够自动判定各燃面向前推进时空腔和药柱的分界面,并计算出当前的药柱体积、燃面面积、质量、质心和转动惯量。

如图 5-1 所示,当肉厚为 ω_k 时,药柱的体积为

$$V_k = \sum_{i=0} A(x_i)(x_{i+1} - x_i) \qquad (5-1)$$

式中:$A(x_i)$——$x = x_i$ 时对应药柱的截面积,$A(x_i) = \sum_{i=0} \Delta z_i (y_{i+1} - y_i)$。

这种方法的优点在于通用性好,可以计算多种装药。但是对于不同药型的装药仍然需要将药型划分为多个标准几何体,对于复杂装药标准几何体的定义,烦琐而困难,而药型的

划分对于计算结果起着重要的作用,并且不能计算同一标准几何体内燃速不均匀时对内弹道的影响,此外还存在燃面计算随肉厚的变化计算精度不高的问题。

2. 实体造型法

实体造型法的基本思想是利用绘图软件(如 AutoCAD)定义装药实心体和装药内腔芯模的体素,在实心体和芯模之间做去布尔运算,得到初始装药形状。随着燃面的退移,每个体素特征的几何参数也发生相应改变,使每个体素变化后的表面与原表面距离相等,然后再重复上一步进行布尔运算,就可以得到此时刻装药的形状。经此循环,便可得到每一时刻装药的形状。

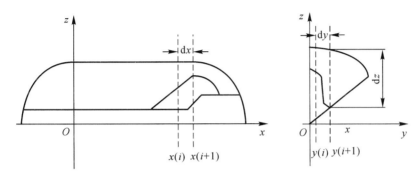

图 5-1　通用坐标法原理

实体造型有体素的描述和定义,也有体素间的交叉运算,根据平行层燃烧定律对体素进行退移计算。此方法主要基于 AutoCAD 软件,通过三维软件 AutoCAD 的建模,可以得到不同形状的实心体,如长方体、圆柱体等。以此体素特征作为最基本的体素,变化这些几何参数,可以得到一个新的三维实体。如图 5-2 所示,B_1 为芯模,B_2 为芯模与药柱实体相交,B_3 为芯模与实体间的差,各自的表面积分别为 A_1,A_2,A_3,那么燃烧面积就为

$$A = (A_1 + A_2 - A_3)/2 \tag{5-2}$$

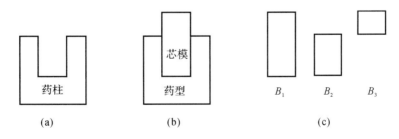

图 5-2　实体造型燃面计算示意图
(a)药柱模型;　(b)药柱芯模模型;　(c)芯模模型

这种方法的优点在于 AutoCAD 与药型设计结合比较紧密,并且利用了大型软件的造型和统计计算功能,精度有所保证,并可以直观显示不同时刻装药的构型。但是对于某些特殊、复杂的药型,在 AutoCAD 的退移造型过程中会出现奇异点,使得燃面退移不能继续下

去,只能重新构造几何形状进行退移计算,而且对于在装药燃烧过程中出现拓扑变形和多燃速的情况也较难处理,也不存在与流场计算耦合的可能,对于不同药型需要进行不同的退移构造。

3. 动网格法

在 Fluent 中运用移动网格技术对装药的燃面进行跟踪,通过提取装药表面的压力并在装药燃速方程中计算得出单位时间内装药燃烧的厚度,能够精确地控制每一个燃面点的运动,从而精确地跟踪运动的燃面,实现网格在计算过程中的自动更新。

根据固体火箭发动机装药的结构特点,采用建立燃烧室装药二维非定常模型,采用 Realizab lek $-\varepsilon$ 两方程湍流模型;不考虑装药的点火过程,将点火压强作为燃烧室装药燃烧的初始条件处理;考虑装药表面气相加质层的燃气加质,而不引入具体的化学反应。

为方便计算,对燃烧室的燃烧过程进行了如下简化:

(1)所有装药的燃烧规律服从几何燃烧定律的假设,即装药是在按照平行层或同心层的规律逐层进行燃烧的情况下进行的。

(2)所有装药的表面同时被点燃,燃烧气体服从理想气体状态方程。

(3)所有装药的燃烧满足给定的燃烧定律,且装药是在平均压力下进行燃烧的。

(4)装药在燃烧过程中不考虑侵蚀效应。

(5)装药在燃烧室内的燃烧过程可以看作是绝热过程,高压室壁面密封性能良好、无漏气、绝热。

图 5-3 所示为圆柱形装药的计算模型与网格划分。装药从外圆柱面开始燃烧,燃面退移的过程中,不断有内部网格移动变形,并有新网格生成更新。

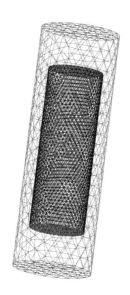 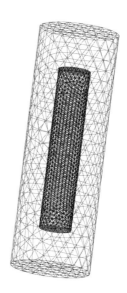

图 5-3 圆柱形装药的计算模型与网格划分

(a)燃烧 5 ms 后; (b)燃烧 25 ms 后

对于通量 ϕ,在控制体 V 内,其边界是运动的,动态网格的控制方程为

$$\frac{\mathrm{d}}{\mathrm{d}t}\int_V \rho\phi\,\mathrm{d}V + \int_{\partial V}\rho\phi(\boldsymbol{u}-\boldsymbol{u}_g)\mathrm{d}A = \int_{\partial V}\Gamma\,\nabla\,\phi\,\mathrm{d}A + \int_V S_\phi\,\mathrm{d}V \qquad (5-3)$$

式中：ρ—— 流体的密度；

　　$\boldsymbol{u}$—— 流体的流速矢量；

　$\boldsymbol{u}_g$—— 动网格的移动速度矢量；

　Γ—— 扩散系数；

S_ϕ—— 源项；

　ϕ—— 通量，是待求变量；

∂V—— 有限容积的边界。

这种方法的优点在于通用性较好，但是对于复杂装药在退移过程中出现部分型面的交汇、分离和变形的情况时计算效果不佳，误差较大。

4. 界面追踪法

当装药燃面在退移过程中界面拓扑结构发生变化时，显式的描述运动界面的方法会出现计算发散的情况，然而界面追踪法的思路为引入一个参数来表达界面，通过参数值的变化来控制界面的运动。应用较为广泛的界面追踪法主要有水平集（Level Set）方法和流体体积（Volume of Fluid，VOF）方法。

（1）Level Set 方法。Level Set 方法最先由 Osher Stanely 等人提出并用于界面追踪，其基本思想是：将随时间运动的物质界面看作函数 $\phi(x,t)$ 的零等值面，$\phi(x,t)$ 满足一定约束。在每一时刻，只要求得函数 $\phi(x,t)$ 的值，就可知其零等值面位置，即运动边界位置。

Level Set 就是集合。求解任一数学方程，实际上都是在寻找满足约束的某个集合。例如求解一维非定常方程 $f(x,t)=C$，令

$$\phi(x,t)=f(x,t)-C$$

则满足 $\{x\mid\phi(x,t)=0\}$ 的点集就是一维方程 $f(x,t)=C$ 的解集。

Level Set 方法即是寻找某个函数 $\phi(x,t)$，利用函数的零值点表征两相的界面，并通过函数值区分不同计算域，函数的表达式为

$$\phi(x,t)=\begin{cases}<0,&\text{离散相}\\=0,&\text{界面}\\>0,&\text{连续相}\end{cases} \qquad (5-4)$$

函数 ϕ 的控制方程为

$$\frac{\partial\phi}{\partial t}+v\cdot\nabla\phi=0 \qquad (5-5)$$

式中：v—— 界面移动的速度。

满足条件的函数 ϕ 有很多，如图 5-4 所示。

使用 Level Set 方法进行药柱燃面退移仿真的步骤如图 5-5 所示。

图中每一步骤的意义如下：

1）使用 CAD 方法获得需仿真药柱的几何形状。为提高通用性，也可采用离散的三角面片文件（STL 格式文件或 Wave front OBJ 文件）作为输入，因此必须首先将药柱的几何形状离散为三角面片格式。主流的实体造型平台均可支持此离散转换操作；

2)依据药柱的形状、大小和包覆形式等进行网格划分以及边界条件的设定;

3)对 Level Set 方法进行初始化,即构建一个初始的有向距离场;

4)循环进行燃速场构建、燃面退移、燃面重构和重新初始化,燃面重构指在退移后的有向距离场中构建显式表达的燃面形状,并进行相关统计;

5)检测到药柱燃尽、发动机停止工作后,停止计算并输出结果。

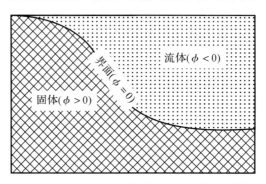

图 5 - 4   Level Set 方法建立的 ϕ 函数示意图

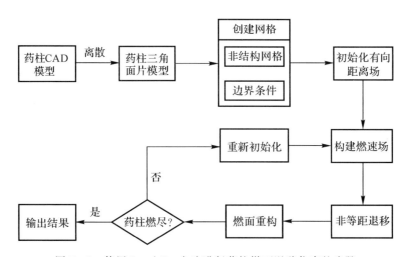

图 5 - 5   使用 Level Set 方法进行药柱燃面退移仿真的步骤

这种方法的优点是可以隐式地捕捉界面,无论流场如何改变,Level Set 函数始终是光滑的,并且易于处理复杂界面变形或者拓扑结构改变,但是该方法不是守恒方法,在计算过程中会出现物理量的损失。

(2)VOF 方法。VOF 即流体体积,其定义为目标流体的体积与网格体积的比值,通过定义体积分数 F 来表征在网格内某一相所占的体积份额。当 $F=1$ 时,说明该相完全占据当前网格;当 $F=0$ 时,说明另一相完全占据当前网格;当 $0<F<1$ 时,说明两相的界面在该网格内。

VOF 方法的控制方程为

$$\frac{\partial F}{\partial t} + \nabla \cdot (UF) = 0 \tag{5-6}$$

式中：F—— 体积分数（流体体积与网格体积的比值），值为 $0 \sim 1$ 之间的变量；

　　U—— 流体流动的速度；

　　t—— 时间。

为了确保界面能够保持锐利性，在式（5-6）中添加如下压缩项：

$$\frac{\partial F}{\partial t} + \nabla \cdot (UF) + \nabla \cdot \{c_F |U| \boldsymbol{n} [F(F-1)] F\} = 0 \qquad (5-7)$$

式中：$\boldsymbol{n}$—— 法向量；

　　c_F—— 压缩系数。

这种方法的优点是便于计算复杂的相变界面变化过程，需要内存量小，可用于实际问题的模拟计算，界面的锐利程度高，且能够保证物理量的守恒；其缺点是界面重构方法复杂，难以准确计算出曲率以及和曲率相关的物理量。

5.2　含缺陷装药的固体火箭发动机内弹道数值分析

通用坐标法、实体造型法和动网格法只能用于无缺陷常规装药燃面计算，不能用于含缺陷发动机装药燃面计算。其原因是含缺陷装药结构复杂，常规燃面算法无法捕捉缺陷扩展时面的消失、生成、交汇等拓扑结构变化。界面追踪法能较好地运用在含缺陷固体推进剂装药燃面计算中。Level Set 方法在计算中不论流场如何变化，其函数始终是保持光滑的，因此实现复杂构型燃面的退移计算较为容易，但是在重新初始化计算中难以保证 Level Set 函数的质量守恒。VOF 方法在计算中可以确保质量守恒，但是界面曲率和法向量的计算随着计算步骤的增加，误差会逐渐增大，因此对于具有复杂构型的燃面难以精确地确定界面的位置。针对上述计算方法所存在的不足，将 Level Set 方法与 VOF 方法耦合起来计算，称为 CLSVOF 方法。本节利用 CLSVOF 方法建立含缺陷装药燃面计算模型并进行流场计算。

5.2.1　燃面退移的 CLSVOF 方法

1. CLSVOF 方法的基本原理

将式（5-6）计算出的体积分数 F 代入符号距离函数中，采用如下计算公式：

$$\phi_0 = (2F - 1) \cdot \Gamma \qquad (5-8)$$

式中：ϕ_0—— 初始距离函数；

$\Gamma = 0.75 \Delta x$，Δx 代表网格单元尺寸。

在迭代计算过程中，需要确保每步计算的 F 值大于等于 0 或小于等于 1，否则需要对其进行修正，从而确保 ϕ_0 的准确性。因此在求解式（5-6）时，在每个时间步内会进行数次循环计算。求得 F 值后，通过式（5-8）代入 Level Set 函数内进行运算。

在求解式（5-5）的过程中，由于数值方法的内在效应，在进行几个时间步后，$\phi(x,t)$ 可能无法满足符号距离的约束，所以需要进行重新初始化来使 $\phi(x,t)$ 能够继续满足符号距离约束。

假设 $\phi_0(x)$ 为式(5-8)在某时刻求出的 Level Set 函数的数值解，$\phi_0(x)=0$ 为该时刻界面位置所在。令函数 $\phi(x)$ 为该时刻的符号距离函数，且 $\phi(x)=0$ 同样表示该时刻界面位置，并进行如下迭代：

$$\frac{\partial \phi}{\partial t}=S(\phi_0)(1-|\nabla \phi|) \tag{5-9}$$

$$\phi(x,0)=\phi_0(x) \tag{5-10}$$

迭代求解式(5-9)，直至达到稳定状态，所求得的 $\phi(x)$ 可作为新的符号距离函数。式(5-9)中 $S(\phi_0)$ 的求解公式为

$$S(\phi_0)=\frac{\phi_0}{\sqrt{\phi_0^2+\zeta^2}} \tag{5-11}$$

式中：ζ —— 微小量，$\zeta=\Delta x$。

利用求得的新符号距离函数 $\phi(x)$ 计算出界面的法向量 $\boldsymbol{n}$ 为

$$\boldsymbol{n}=\frac{\nabla \phi}{|\nabla \phi|+\zeta} \tag{5-12}$$

CLSVOF 方法的主要计算过程如下：

1)计算第 n 步的体积分数 F^n 以及流场速度；

2)通过式(5-9)将体积分数 F^n 映射为初始距离函数 ϕ_0^n；

3)基于重新初始化算法，对方程式(5-10)进行求解，得到最终的距离函数 ϕ^{n+1}；

4)利用距离函数 ϕ^{n+1} 确定界面位置，通过求解方程式(5-8)可得出后一步的体积分数 F^{n+1}；

5)得到距离函数 ϕ^{n+1} 和体积分数 F^{n+1} 后重新进行步骤1)，进行下一迭代步计算。

图 5-6 所示为 CLSVOF 方法实现过程示意图。

这种方法既克服了 Level Set 方法在计算过程中出现的物理量不守恒问题，同时也克服了 VOF 方法对于界面曲率和法向量的计算随着计算步骤的增加误差会逐渐增大的问题，还提高了在计算复杂界面变化的算例时的精度。

2. 平行层退移规律

采用 CLSVOF 方法控制燃面退移，退移规律服从平行层退移规律，即假设燃面上每一点的燃速相同，燃面各点都按垂直该点所在面的法线方向退移。因此，发动机装药燃面计算可视为界面追踪问题，其燃面可以看作不同的物质界面，通过追踪燃烧界面可以计算出燃面变化规律。

推进剂药柱根据燃烧表面的位置可以分为端面燃烧药柱、侧面燃烧药柱和侧端面同时燃烧药柱。侧面燃烧药柱可分为外燃药柱、内燃药柱和内外燃药柱。图 5-7 所示为不同药柱燃面沿外法线方向退移的示意图。

1)燃面平面退移。如端面燃烧药柱在退移过程中，燃面始终保持为一平面，如图 5-7(a)所示。

2)燃面凸面退移。如星型药柱和车轮型药柱等，装药部分凸向燃烧室的燃面，在燃面退移过程中，界面当地曲率不断增大，最后出现凸尖点，甚至在其退移过程中存在一种凸尖点。如图 5-7(b)和图 5-7(c)所示。

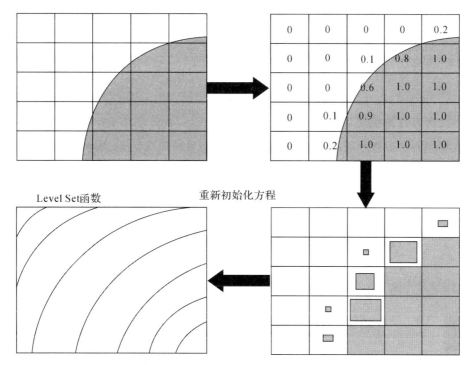

图 5 - 6　CLSVOF 方法实现过程示意图

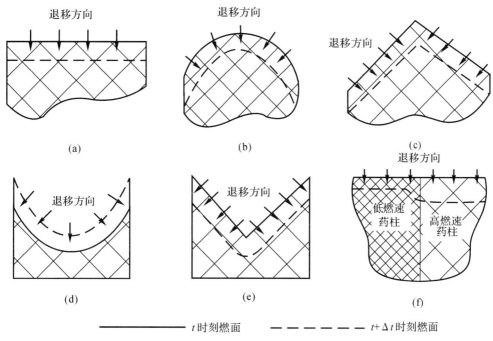

　(a)　　　　　　　　　　　　　　　(b)　　　　　　　　　　　　　　　(c)

　(d)　　　　　　　　　　　　　　　(e)　　　　　　　　　　　　　　　(f)

———— t 时刻燃面　　　-------- $t+\Delta t$ 时刻燃面

图 5 - 7　装药燃面退移示意图

(a)平面燃面退移；　(b)凸曲面燃面退移；　(c)凸尖点燃面退移；　(d)凹面燃面退移；
(e)凹尖点燃面退移；　(f)不同燃速推进剂燃面退移

3)燃面凹面退移。如星型药柱和车轮型药柱等,装药部分凹向燃烧室的燃面,且初始当地曲率比较大(极限情况为凹尖点)。在燃面退移过程中,界面当地曲率不断减小,形成曲率比较小的曲面。如图 5 - 7(d)和图 5 - 7(e)所示。

4)不同燃速燃面退移。装药可能是由不同燃速的推进剂组成的,燃面会以不同燃速退移,如图 5 - 7(f)所示。

3. 燃面面积计算模型

在获得燃面的位置及形状等信息后,需要对燃面进行积分运算,从而得到装药燃面面积以及轴线上各点的燃烧周长。将装药与发动机壳体连接的边界作为积分运算的上限,将燃烧室区域记为 Ω,对于三维装药,其面积计算公式为

$$|\Gamma(t)| = \int_{X \in \Omega} \delta_\varepsilon(\phi) |\nabla \phi| \, \mathrm{d}x \mathrm{d}y \mathrm{d}z \qquad (5-13)$$

式中: $|\Gamma(t)|$ ——t 时刻装药燃面面积;

X——Ω 内的任意一点 (i,j,k)。

δ 函数采用下式表达:

$$\delta_\varepsilon(\phi) = \begin{cases} 0.5[1 + \cos(\pi\phi/\varepsilon)]/\varepsilon, & |\phi| < \varepsilon \\ 0, & |\phi| \geqslant \varepsilon \end{cases} \qquad (5-14)$$

式中: $\varepsilon = 1.5 \min(\Delta x, \Delta y, \Delta z)$。

燃烧周长计算公式为

$$|C_k(t)| = \int_{X \in \Omega} \delta_\varepsilon(\phi_k) |\nabla \phi_k| \, \mathrm{d}x \mathrm{d}y \qquad (5-15)$$

式中: $|C_k(t)|$ ——t 时刻 $(0,0,k)$ 点处的燃烧周长。

5.2.2 内流场计算模型

1. 控制方程

忽略辐射传热,将燃气视为常物性的单一完全气体,不考虑燃气的组分和燃气物性随温度的变化。当燃烧面退移至某处时,该处的推进剂直接转化为燃气,不考虑推进剂燃烧的化学反应过程。燃气流动控制方程为

$$\frac{\partial \rho}{\partial t} + \nabla(\rho \boldsymbol{U}) = \dot{S}_m \qquad (5-16)$$

$$\frac{\partial(\rho E)}{\partial t} + \nabla(\rho \boldsymbol{U} E) = -\nabla(p\boldsymbol{U}) + \nabla(\boldsymbol{\tau}\boldsymbol{U}) + \lambda \nabla^2 T + \dot{S}_e \qquad (5-17)$$

$$\frac{\partial(\rho \boldsymbol{U})}{\partial t} + \nabla(\rho \boldsymbol{U}\boldsymbol{U}) = -\nabla p + \mu \nabla^2 \boldsymbol{U} + \frac{1}{3}\mu \nabla(\nabla \boldsymbol{U}) + \dot{\boldsymbol{S}}_v \qquad (5-18)$$

$$p = \rho R_g T \qquad (5-19)$$

$$\dot{S}_m = \frac{(\rho_p - \rho)S}{\Delta \boldsymbol{U}_C} \frac{\boldsymbol{r}}{|\nabla \phi_e|} \qquad (5-20)$$

$$\dot{\boldsymbol{S}}_v = D\mu\boldsymbol{U} + \frac{1}{2}C\rho|\boldsymbol{U}|\boldsymbol{U} \qquad (5-21)$$

$$\dot{S}_e = \dot{S}_m C_p (T_{\text{tot}} - T_{\text{ref}}) \tag{5-22}$$

式中:$\boldsymbol{U}$—— 燃气流动的速度;

　　　ρ—— 燃气密度;

　　　$\dot{S}_m$—— 质量源项;

　　　$\dot{\boldsymbol{S}}_v$—— 动量源项;

　　　$\dot{S}_e$—— 能量源项;

　　　$\boldsymbol{\tau}$—— 切向应力;

　　　R_{g}—— 气体常数;

　　　p—— 燃烧室内平均压强;

　　　E—— 内能;

　　　λ—— 导热系数;

　　　T—— 温度;

　　　$\boldsymbol{r}$—— 推进剂燃速;

　　$\nabla \phi_e$—— 带符号的最小距离函数;

　　　μ—— 动力黏度;

　　　D—— 黏性阻力系数;

　　　C—— 惯性阻力系数;

　　　C_{p}—— 定压比热;

　　　T_{tot}—— 总温度;

　　　T_{ref}—— 参考温度;

　　　S—— 网格内的燃面面积,如图 5-8 所示。

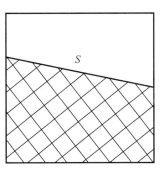

图 5-8　网格内的燃面示意图

2. 湍流模型

考虑到流场的复杂性和气体的压缩性,本书采用 SST k-ω 模型计算湍流,SST k-ω 模型的方程为

$$\frac{\partial(\rho k)}{\partial t} + \frac{\partial}{\partial x_i}(\rho k u_i) = \frac{\partial}{\partial x_i}\left(\Gamma_k \frac{\partial k}{\partial x_i}\right) + G_k - Y_k + \dot{S}_k \tag{5-23}$$

$$\frac{\partial(\rho \omega)}{\partial t} + \frac{\partial}{\partial x_j}(\rho \omega u_j) = \frac{\partial}{\partial x_j}\left(\Gamma_\omega \frac{\partial \omega}{\partial x_j}\right) + G_\omega - Y_\omega + D_\omega + \dot{S}_\omega \tag{5-24}$$

式中：$u_i \equiv \boldsymbol{U} = [u_1, u_2, u_3]^\mathrm{T}$；

$\quad\quad k$—— 湍流动能；

$\quad\quad \omega$—— 比耗散率；

$\quad\quad G_k$—— 由于平均速度梯度而产生的湍流动能；

$\quad\quad G_\omega$—— 比耗散率的产生；

$\quad\quad \Gamma_k$、Γ_ω—— k 和 ω 的有效扩散率；

$\quad\quad Y_k$、Y_ω—— 由于湍流而引起的 k 和 ω 耗散；

$\quad\quad D_\omega$—— 交叉扩散项；

$\quad\quad \dot{S}_k$、$\dot{S}_\omega$—— 用户定义的源项。

涡黏性通过如下公式计算：

$$\mu_t = \frac{\rho k}{\omega} \frac{1}{\max\left[\dfrac{1}{\alpha^*}, \dfrac{S^* F_2}{a_1 \omega}\right]} \tag{5-25}$$

$$F_2 = \tanh(\varPhi_2^2) \tag{5-26}$$

$$\varPhi_2 = \max\left[\frac{2\sqrt{k}}{0.09\omega y}, \frac{500\mu}{\rho y^2 \omega}\right] \tag{5-27}$$

式中：S^*—— 应变率；

$\quad\quad y$—— 到下一个表面的距离；

$\quad\quad \alpha^*$—— 系数，阻尼湍流黏度，导致低雷诺数校正，α^* 的表达式为

$$\alpha^* = \frac{0.024 + \rho k / 6\mu\omega}{1 + \rho k / 6\mu\omega} \tag{5-28}$$

在高雷诺数情况下，$\alpha^* = 1$。

3. 多孔介质模型

通过在标准流动方程中添加动量源项来模拟多孔介质，限制装药区域中流体的流动速度，使装药区域具有固体的性质。动量源项由黏性损失项和惯性损失项两部分组成：

$$\dot{\boldsymbol{S}}_v = -D\mu\boldsymbol{U} - C\frac{1}{2}\rho|\boldsymbol{U}|\boldsymbol{U} \tag{5-29}$$

通过在多孔介质模型中加入黏性阻力系数 D 和惯性阻力系数 C，可以将固体域的流速限制为零。图 5-9 展示了 D 和 C 在不同计算域中的分布。当固体域和流体域之间的压差较大时，允许固体域中的缓慢流动来平衡压差，从而避免因压力跳跃而发散导致的压力发散。

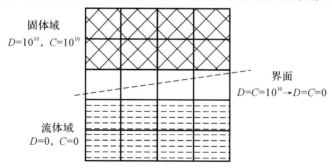

图 5-9　D 和 C 在不同计算域中的分布

为了使方程满足流体域和固体域的计算要求,黏性阻力系数 D 和惯性阻力系数 C 需要满足以下条件:

1) 对于固体域,将 D 和 C 的值设为极大的数(如 10^{10}),从而限制固体域的流动;

2) 对于流体域,将 D 和 C 的值设置为零,以确保不会对流动产生影响;

3) 界面处的系数可以很好地过渡,不影响计算效率。

用体积分数 F 构造函数计算界面处的 D 和 C,引入两个参数 R_s 和 R_f,使函数满足上述三项,其中 $R_s = 10^{10}$,$R_f = 10^2$。　其计算公式为

$$D = \frac{F}{F \cdot \dfrac{1}{R_s} + (1 - F) \dfrac{1}{R_f}} \tag{5-30}$$

C 与 D 具有相同的值,其分布曲线如图 $5-10$ 所示。

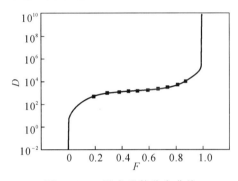

图 $5-10$　阻力系数分布曲线

4. 燃气生成模型

推进剂在燃烧中会生成高温、高压燃气,为了简化计算,不考虑燃气生成过程中的物理以及化学反应,将计算模型中的流固界面等效为装药燃烧表面,界面的运动等效为燃面的退移,当界面移动到某处时,该处由固相转化为气相,即用来模拟推进剂的燃烧过程,通过在网格中添加质量源项和能量源项来模拟燃气的生成过程。

假设已知一个网格,其体积为 V_c,在 t 时刻,体积分数为 vof_0,燃面面积为 s_0,燃面退移速率为 r_0;在 $t + \Delta t$ 时刻,体积分数为 vof_1,燃面面积为 s_1,燃面退移速率为 r_1。在该网格中,质量源项可采用如下两种方式表达:

$$\dot{S}_m = \frac{(\rho_p - \rho_g)(vof_0 - vof_1)}{\Delta t} \tag{5-31a}$$

$$\dot{S}_m = \frac{(\rho_p - \rho_g) s_1 r_1}{V_c \nabla \phi} \tag{5-31b}$$

式中:ρ_p—— 推进剂密度;

　　　ρ_g—— 燃气密度;

　　　ϕ—— 符号距离函数。

能量源项可以表示为

$$\dot{S}_e = \dot{S}_m C_p (T_{tot} - T_{ref}) \tag{5-32}$$

式中: T_{tot}——燃气总温;

T_{ref}——基准温度,取值为 298.15 K。

5.2.3 耦合计算方法

1. 燃面退移与流场的耦合计算流程

为了对固体火箭发动机的工作过程进行仿真,需要将燃面退移计算与流场计算进行耦合,从而实现对发动机内弹道性能的计算。CLSVOF 方法用于控制燃面退移,为流场计算提供边界、燃面面积和体积分数等信息。多孔介质模型在计算中用来实现对流体域与固体域的划分,采用流体动力学方法对燃气的生成以及流动进行数值模拟,得到流场内燃气的压强、温度及速度等信息的分布,进而利用所得流场信息为下一步燃面的计算提供数据。随后不断交替耦合运算,直至装药燃烧完毕。耦合计算流程如图 5 – 11 所示。

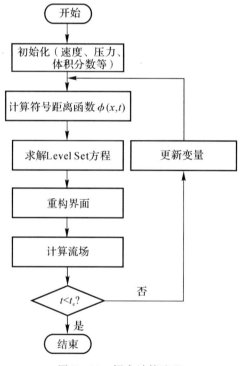

图 5 – 11 耦合计算流程

在对流场的计算中采用有限体积方法进行空间离散化,其中扩散项采用中心差分格式离散,对流项采用二阶迎风格式离散。时间离散采用四阶显式 Runge – Kutta 方法。时间步长取所有流体单元中最大稳定时间步长的最小值,采用 SIMPLE 算法作为流场计算中的压力修正算法。

为了简化计算,在燃面退移计算中,作出如下假设:

1)装药的所有燃烧面同时燃烧;

2)燃烧面以局部推进剂的燃烧速度沿法线向装药内部退移；

3)不考虑侵蚀燃烧；

4)推进剂燃速 r 通过圣罗伯特定律 $r = a_1 p^b$ 计算，其中 p 为燃烧室压强，a_1 为燃速系数，b 为燃速压强指数。

2. 流固耦合计算方法

(1)迭代计算方法。流固耦合在求解中通常分为全耦合和分区迭代耦合两种算法。全耦合算法在求解中对所求解的物理场建立统一的控制方程，对计算域中的两个或者多个物理场直接进行求解，全耦合算法往往有着较高的精度，但同时需要消耗大量的计算资源，因此该算法仅适合于解决理论模型较为完善的问题。如果所求解的问题具有较高的非线性特性，全耦合算法的应用价值相对较低，采用分区迭代方法进行求解更为合适。

分区迭代耦合在一个时间步内对单个物理场依次进行求解，然后通过在不同物理场之间进行插值，从而实现信息的交换。分区迭代耦合方法在每一个时间步内的计算中，通过是否进行子迭代分为紧耦合与松耦合两种方法。

1)松耦合方法。松耦合方法是已知流场边界，在 k 时刻：

a.计算 k 时刻的流场；

b.计算流场压强，并进行插值运算，将流场边界处的压强转化为固体边界载荷；

c.利用传递所得的载荷信息进行结构有限元计算，得到 $k+1$ 时刻固体边界位移；

d.将固体边界位移信息通过插值运算传递至流场，从而进行 $k+1$ 时刻的流场计算；

e.进行下一交错迭代步计算。

图 5-12 所示为松耦合方法交错迭代步计算示意图。

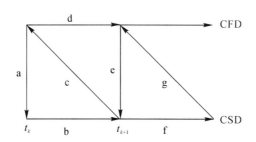

图 5-12　松耦合方法交错迭代步计算示意图

2)紧耦合方法。紧耦合方法为了避免在交错求解中引入误差，因此需要在每一个时间步内进行多次迭代，直至计算收敛，计算步骤如下：

a.由 k 时刻的载荷信息计算 $k+1$ 时刻的固体位移信息；

b.将固体边界位移信息通过插值运算传递至流场，并进行 $k+1$ 时刻的流场计算；

c.由 k 时刻的信息再次对固体域进行计算，得到 $k+1$ 时刻的固体域的信息；

d.结合固体域所传递的信息，再次对流场进行计算，并传递给固体域；

e.不断进行迭代计算，直至计算收敛。

图 5-13 所示为紧耦合方法交错迭代步计算示意图。

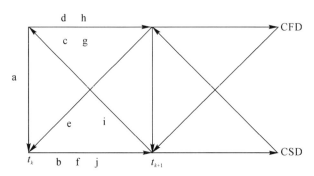

图 5 - 13　紧耦合方法交错迭代步计算示意图

由上述计算流程可以看出,紧耦合方法通过多次迭代计算可以获得较高的计算精度,但是在计算中计算量大,从而会导致计算效率较低,对于某些复杂的问题,在计算中很难收敛,因此在工程实际中应用程度不高。松耦合方法在计算中采用对流体域与固体域交错求解的方法,并通过插值运算实现两个计算域之间的信息交换,在计算中流体域与固体域各自保持较高计算精度的情况下,实现高精度的信息交换是研究该问题中的重点内容。

(2)网格间及其界面信息交互方法。不同的插值运算方法有其各自的优点和缺点,针对不同的计算工况可选择更为适应计算需求的方法。下面介绍几种较为常用的插值方法。

1)最邻近点法和共节点法。对于流体域和固体域之间网格疏密程度较为相近的计算工况,采用最邻近点法进行信息传递较为简便。该方法通过搜索与目标域内任意一点 b 距离最近的一点 a,然后将 a 点的值赋予 b 点,即

$$\begin{cases} f(x_b, y_b, z_b) = f(x_a, y_a, z_a) \\ r_{ab} = \min[d(b, i)] \end{cases} \quad a \in 1, 2, \cdots, n, \quad i \in 1, 2, \cdots, n \quad (5-33)$$

式中,当 $r_{ab} = 0$ 时,a 与 b 共点。

对于两个计算域界面处的网格全部为共点的计算工况,则采用共节点法进行信息传递。该方法在相邻网格节点之间直接进行传递,避免了传递过程中的近似,有着较高的精度和计算效率。但是在实际计算中的大多数情况下流固计算域之间的网格是不共节点的,因此该方法的应用范围比较有限。

2)无限平板样条法。在一个平面内,已知其中有 n 个点,并且已知点的函数值,在无限平板平面内点的映射表达式为

$$U(x, y) = a_0 + a_1 x + a_2 y + a_3 (x^2 + y^2) + \sum_{i=1}^{n} K_i(x, y) P_i \quad (5-34)$$

式中:a_0、a_1、a_2 —— 待定系数;

　　　　P_i —— 作用在点 (x, y) 上的载荷;

$K_i = (1/16\pi l) r_i^2 \ln r_i^2$;

$r_i^2 = (x - x_i)^2 + (y - y_i)^2, i \in 1, 2, \cdots, n$。

由式(5-34)可得,无限平板样条法对网格的形状及所处的位置没有要求,可用于二维平面内不同类型网格之间的插值运算,但是当对有限空间内的函数进行运算时,在边界处的计算结果通常表现为非平滑。

3）梯度法。梯度法的计算原理是通过把已知计算域内的节点定位于目标计算域相应的单元节点处,然后通过目标域节点的物理量及节点所在单元物理量梯度,根据已知域节点到目标域单元中心距离获得已知域的节点信息。

如图 5-14 所示,单元 a 中心的压强为 p_a,压强梯度为 $\partial p_a/\partial r$,则单元 b 节点处的压强值为

$$p_b = p_a + \frac{\partial p_a}{\partial r} \cdot r \qquad (5-35)$$

梯度法在进行信息传递中,对于采用二阶或二阶以上离散格式的流场,可以实现与流场计算有相同精度的流体域与固体域之间的数值传递,并且具有较高的信息传递效率。

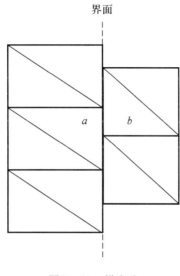

图 5-14　梯度法

5.3　含缺陷装药固体火箭发动机结构完整性分析

固体火箭发动机的装药在含有裂纹或脱黏等缺陷的情况下,燃气的压强作用可能会造成缺陷发生扩展,导致装药发生结构破坏,引发严重的后果,因此在研究中需要对裂纹或脱黏的扩展进行计算与分析,从而对装药的结构完整性作出判断。

固体火箭发动机的结构完整性分析工作非常复杂,主要原因有:

1）黏弹性效应的影响,复合固体推进剂是含有大量固体颗粒的聚合物,具有黏弹性,其力学性能与时间和温度具有强烈的依赖关系;

2）为了得到较好的内弹道性能,固体药柱内通道形状通常是很复杂的,目前采用的药型多为星型、车轮型或多种形状组合的三维药型,给有限元建模带来较大困难;

3）固体火箭发动机在其全寿命周期中承受的载荷种类及载荷历程均十分复杂,如固化降温、燃气内压、飞行加速度以及运输和飞行中的振动、冲击等因素的影响。

5.3.1 裂纹扩展理论

1. 裂纹模式

对同一种材料,在相同的环境条件下,由于所受的外力不同,裂纹的变形也不同。裂纹按力学特征可分为张开型裂纹(Ⅰ型裂纹)、滑移型裂纹(Ⅱ型裂纹)、撕开型裂纹(Ⅲ型裂纹)。复合型裂纹是上述裂纹中两种或两种以上的组合。

张开型裂纹如图 5-15(a) 所示。在内压的作用下,会产生垂直于裂纹扩展面的拉力,使裂纹沿着裂纹扩展面扩展。

滑移型裂纹如图 5-15(b) 所示。滑移型裂纹在切应力的作用下扩展,裂纹的扩展面与切应力的作用方向平行,裂纹沿裂纹扩展面平行滑开扩展。

撕开型裂纹如图 5-15(c) 所示,构件在受到与裂纹沿线方向平行且方向相反的两个剪应力的作用下产生裂纹,裂纹沿着裂纹面撕开扩展。

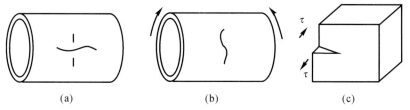

图 5-15 裂纹模式示意图

(a)张开型裂纹; (b)滑移型裂纹; (c)撕开型裂纹

2. 断裂判据

对固体火箭发动机进行结构完整性分析必须要确定结构完整性判据。在过去几十年的研究过程中,研究人员针对不同材料的断裂问题提出了不同的研究方法,主要包括线弹性断裂理论和弹塑性断裂理论,分别适用于材料发生脆性断裂与韧性断裂。因此,当研究固体推进剂的裂纹开裂、扩展及止裂问题时,应采用弹塑性断裂力学理论对其进行分析与计算。

在弹塑性断裂力学的发展过程中,裂纹张开位移(Crack Opening Displacement,COD)准则和 J 积分准则是较为常见的两种断裂判据。

(1)裂纹张开位移(COD)判据。按照能量原理,裂纹的扩展是由于应力和应变的综合量达到了临界值而发生的。用应力的观点去讨论脆性材料的裂纹失稳扩展是合适的,但在裂纹尖端区域大范围屈服之后,则应该用应变去研究裂纹的扩展。裂纹尖端的张开位移正是裂纹尖端塑性应变的一种度量。

在单向拉伸或均匀内压作用下的 Griffith 裂纹,其面上以及面外的位移分别为

$$u_y(x,0) = \begin{cases} \dfrac{1+k}{4\mu} p \sqrt{a^2-x^2}, & |x| < a \\ 0, & |x| \geqslant a \end{cases} \quad (5-36)$$

裂纹张开位移的定义为

$$\delta = \mathrm{COD} = u_y(x,0^+) - u_y(x,0^-) = 2u_y(x,0) = \frac{1+k}{2\mu} p\sqrt{a^2 - x^2}, \quad |x| < a$$

若考虑平面应力情形

$$k = (3-v)/(1+v)$$

则有

$$\delta = \mathrm{COD} = \frac{4p}{E}\sqrt{a^2 - x^2}, \quad |x| < a \tag{5-37}$$

在裂纹顶端(即 $y=0$, $x=\pm a$ 处),裂纹张开位移为零。

如果在裂纹顶端附近发生了塑性变形,裂纹顶端钝化,那么裂纹顶端张开位移不再为零。在平面应力情形下,等效裂纹长度为

$$a_{\mathrm{eff}} = a + r_y \approx a + r_0 \tag{5-38}$$

式中：　a——实际裂纹尺寸；

r_y、r_0——塑性区尺寸的半长,有

$$r_y = r_0 = \frac{K_{\mathrm{I}}^2}{2\pi\sigma_s^2} \tag{5-39}$$

式中:K_{I}——裂纹 I 型应力强度因子；

σ_s——材料拉伸屈服强度。

将式(5-38)代入式(5-37),可得

$$\mathrm{COD} = \frac{4p}{E}\sqrt{(a+r_0)^2 - x^2} \tag{5-40}$$

令 $x=a$,由式(5-40)可得裂纹顶端张开位移为

$$\delta_t = \mathrm{CTOD} = \frac{4p}{E}\sqrt{2ar_0 + r_0^2}$$

由于 $r_0 \ll a$,则

$$\delta_t = \mathrm{CTOD} = \frac{4p}{E}\sqrt{2ar_0} \tag{5-41a}$$

将式(5-39)代入式(5-41a)可得

$$\delta_t = \mathrm{CTOD} = \frac{4}{\pi}\frac{K_{\mathrm{I}}^2}{E\sigma_s} \tag{5-41b}$$

式中,$K_{\mathrm{I}} = \sqrt{\pi a}\,p$。

由式(5-41b)可以看出,裂纹顶端张开位移与裂纹顶端附近的塑性区的大小存在某种联系,δ_t 是这种塑性变形的一种度量,当 δ_t 达到临界值时,裂纹开始扩展。

(2)J 积分判据。在一个二维均质板中存在一个穿透性裂纹,裂纹表面无外力作用,可以选一条积分路径 $\varGamma$,如图 5-16 所示,从裂纹下表面任意点开始沿逆时针至裂纹上表面,所选积分路径绕过裂纹尖端,在这个区域内该积分与积分路径无关,没有奇异性,是守恒积分。

定义此积分为

$$I = \oint_{\varGamma}\left(Wn_1 - \frac{\partial u_i}{\partial x_1}\sigma_{ij}n_j\right)\mathrm{d}s \tag{5-42}$$

式中:σ_{ij}——作用在回路 $\varGamma$ 上的应力；

u_i—— 作用在回路 Γ 上的位移矢量;

$\mathrm{d}s$—— 回路 Γ 上的弧单元;

n_j—— 路径上 $\mathrm{d}s$ 外法线方向的方向余弦;

W—— 应变能密度,表达式为

$$W(\varepsilon) = \int_0^\varepsilon \sigma_{ij}\,\mathrm{d}\varepsilon_{ij} \tag{5-43}$$

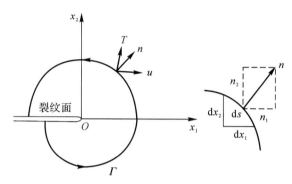

图 5 - 16 J 积分示意图

I 可变换为

$$I = \oint_C \left(W\delta_{1j} - \frac{\partial u_i}{\partial x_1}\sigma_{ij} \right) n_j\,\mathrm{d}s \tag{5-44}$$

由散度定理得

$$I = \oint_C \left(W\delta_{1j} - \frac{\partial u_i}{\partial x_1}\sigma_{ij} \right) n_j\,\mathrm{d}s = \int_A \frac{\partial}{\partial x_j}\left(W\delta_{1j} - \frac{\partial u_i}{\partial x_1}\sigma_{ij} \right)\mathrm{d}A \tag{5-45}$$

又因为

$$\frac{\partial W}{\partial x_1} = \frac{\partial W}{\partial \varepsilon_{ij}}\frac{\partial \varepsilon_{ij}}{\partial x_1} = \sigma_{ij}\frac{\partial \varepsilon_{ij}}{\partial x_1} \tag{5-46}$$

则

$$\frac{\partial}{\partial x_j}\left(\frac{\partial u_i}{\partial x_1}\sigma_{ij} \right) = \frac{\partial u_i}{\partial x_1}\left(\frac{\partial \sigma_{ij}}{\partial x_j} \right) + \frac{\partial^2 u_i}{\partial x_1 \partial x_j}\sigma_{ij} =$$

$$\sigma_{ij}\frac{\partial}{\partial x_1}\left[\frac{1}{2}\left(\frac{\partial u_i}{\partial x_j} + \frac{\partial u_j}{\partial x_i} \right) + \frac{1}{2}\left(\frac{\partial u_i}{\partial x_j} - \frac{\partial u_j}{\partial x_i} \right) \right] = \sigma_{ij}\frac{\partial \varepsilon_{ij}}{\partial x_1} \tag{5-47}$$

因此,$I = 0$ 为守恒积分,由 I 给出一个与路径无关的积分 J。

设由 Γ、C_+、C_-、C_0 组成围线 C,如图 5 - 17 所示。

因为 I 为守恒型积分,所以有

$$I = \oint_{\Gamma+C_0+C_++C_-}\left(Wn_1 - \frac{\partial u_i}{\partial x_1}\sigma_{ij}n_j \right)\mathrm{d}s = 0 \tag{5-48}$$

当积分沿 C_+ 与 C_- 的路径计算时,$n_1 = 0$,此时围线的法线方向沿 y 方向。因此有

$$\sigma_{ij}n_j = t_i = 0 \tag{5-49}$$

所以沿 C_+ 与 C_- 路径计算的积分值为零,有

$$\int_\Gamma \left(Wn_1 - \frac{\partial u_i}{\partial x_1}\sigma_{ij}n_j \right)\mathrm{d}s + \int_{C_0}\left(Wn_1 - \frac{\partial u_i}{\partial x_1}\sigma_{ij}n_j \right)\mathrm{d}s = 0 \tag{5-50}$$

式中：n_j—— 围线的外法线。

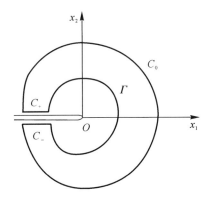

图 5 - 17　围线 C 示意图

将围线 Γ 的法线方向反转可得

$$\int_{C_0}\left(Wn_1-\frac{\partial u_i}{\partial x_1}\sigma_{ij}n_j\right)\mathrm{d}s=-\int_{\Gamma}\left(Wn_1-\frac{\partial u_i}{\partial x_1}\sigma_{ij}n_j\right)\mathrm{d}s=\int_{\Gamma}\left(Wm_1-\frac{\partial u_i}{\partial x_1}\sigma_{ij}m_j\right)\mathrm{d}s$$

$$(5-51)$$

将 m 用 n 代替得

$$J=\int_{\Gamma}\left(Wn_1-\frac{\partial u_i}{\partial x_1}\sigma_{ij}n_j\right)\mathrm{d}s \tag{5-52}$$

因为 J 积分的值与 Γ 无关，所以 J 积分的值也与路径无关。由于存在该特性，所以 J 积分在计算中可避开裂纹尖端的塑性区，从而避免了在分析过程中的复杂运算。

J 积分断裂判据可以表述为

$$J=J_c \tag{5-53}$$

5.3.2　内聚力模型

在研究药柱与绝热层黏结界面的脱黏问题时，为了满足复合材料界面开裂的研究需求，基于弹塑性断裂力学的内聚力模型（Cohesive Zone Model，CZM）被应用于复合材料界面的断裂计算、脆性材料中的动态裂纹扩展等过程。内聚力模型很多，常用的有梯形、双线性、指数型等，其中应用较为广泛的有双线性内聚力模型和指数型内聚力模型。

1. 双线性内聚力模型

双线性内聚力模型假设内聚力单元在受到外力的作用下，初始应力与位移呈线性关系，到达临界值 $\sigma_{\max}$ 和 $\tau_{\max}$ 后，损伤出现。损伤使材料的承载能力下降，位移继续增大，但应力开始下降，表明此时裂纹已经形成并在继续扩展。当应力值为 0 时，界面完全失效。图 5-18 所示为双线性内聚力模型的牵引力-分离位移关系。

牵引力-分离位移法则为

$$T_n=(1-D)\frac{\sigma_{\max}}{\delta_{nc}}\Delta_n,\quad T_t=(1-D)\frac{\tau_{\max}}{\delta_{tc}}\Delta_t \tag{5-54}$$

式中：T_n——界面所受的法向牵引力；

T_t——界面所受的切向牵引力；

Δ_n——界面法向的分离位移；

Δ_t——界面切向的分离位移；

δ_{nc}——界面法向的临界损伤位移；

δ_{tc}——界面切向的临界损伤位移；

τ_{max}——沿切向的内聚强度；

σ_{max}——沿法向的内聚强度；

D——界面的累积损伤，当 D 值为 0 时表示材料没有损伤，当 D 值达到 1 时表示材料已完全破坏。

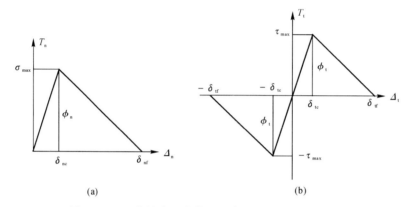

图 5-18　双线性内聚力模型的牵引力-分离位移关系

(a)法向；　(b)切向

式(5-54)中的界面法向的临界损伤位移 δ_{nc} 与沿法向的内聚强度 σ_{max} 相对应，界面切向的临界损伤位移 δ_{tc} 与沿切向的内聚强度 τ_{max} 相对应，即牵引力-分离位移曲线的最高点。

基于等效位移的累积损伤定义为

$$D=\begin{cases}0, & \delta_{max}^* \leqslant \delta_c^* \\ \dfrac{\delta_f^*(\delta_{max}^* - \delta_c^*)}{\delta_{max}^*(\delta_f^* - \delta_c^*)}, & \delta_{max}^* > \delta_c^* \end{cases} \quad (5-55)$$

式中：δ_{max}^*——等效位移的最大值；

δ_c^*——界面开始损伤时的等效位移；

δ_f^*——界面完全失效时的等效位移。

其表达式分别为

$$\delta_c^* = \sqrt{\delta_{nc}^2 + \delta_{tc}^2} \quad (5-56)$$

$$\delta_f^* = \sqrt{\delta_{nf}^2 + \delta_{tf}^2} \quad (5-57)$$

式中：δ_{nf}——界面沿法向最终破坏位移；

δ_{tf}——界面沿切向最终破坏位移。

根据能量原理得，牵引力-分离位移曲线在坐标系第一象限所包含面积与界面内聚能等

效。界面的法向和切向内聚能可以分别表示为

$$\phi_n = \frac{1}{2} \sigma_{max} \delta_{nf} \tag{5-58}$$

$$\phi_t = \frac{1}{2} \tau_{max} \delta_{tf} \tag{5-59}$$

式中：ϕ_n——界面法向内聚能；

　　　ϕ_t——界面切向内聚能。

2. 指数型内聚力模型

指数型内聚力模型具有连续性的张力位移关系，同时其断裂能的值也为连续变化。与双线性内聚力模型相比，指数型内聚力模型是非线性连续变化的，更符合实际界面开裂的状态。指数型内聚力模型在二维平面应力下的断裂能表达式为

$$\phi(\Delta_n, \Delta_t) = \phi_n + \phi_n e^{-\frac{\Delta_n}{\delta_n}} \left\{ \left(1 - r + \frac{\Delta_n}{\delta_n}\right) \frac{1-q}{r-1} - \left[q + \left(\frac{r-q}{r-1}\right)\frac{\Delta_n}{\delta_n}\right] e^{-\frac{\Delta_t^2}{\delta_t^2}} \right\} \tag{5-60}$$

式中：$\phi(\Delta_n, \Delta_t)$——断裂过程中的总断裂能值；

　　　ϕ_n——界面法向完全开裂时的断裂能；

　　　Δ_n——界面法向的分离位移；

　　　Δ_t——界面切向的分离位移；

　　　q、r——耦合参数。

q 和 r 的表达式分别为

$$q = \frac{\phi_t}{\phi_n} \tag{5-61}$$

$$r = \frac{\Delta_n^*}{\delta_n} \tag{5-62}$$

式中：ϕ_t——界面切向完全开裂时的断裂能；

　　　Δ_n^*——法向应力值为 0 时界面切向完全开裂时的法向分离位移。

法向和切向的牵引力-张开位移表达式分别为

$$T_n = \frac{\partial \phi}{\partial \Delta_n}, \quad T_t = \frac{\partial \phi}{\partial \Delta_t} \tag{5-63}$$

通过对式（5-60）各向位移值求偏导，得

$$T_n = \frac{\phi_n}{\delta_n} e^{-\frac{\Delta_n}{\delta_n}} \left[\frac{\Delta_n}{\delta_n} e^{-\frac{\Delta_t^2}{\delta_t^2}} + \frac{1-q}{r-1} \left(1 - e^{-\frac{\Delta_t^2}{\delta_t^2}}\right) \left(r - \frac{\Delta_n}{\delta_n}\right) \right] \tag{5-64}$$

$$T_t = 2 \frac{\phi_n}{\delta_n} \left(\frac{\delta_n}{\delta_t}\right) \frac{\Delta_t}{\delta_t} \left[q + \left(\frac{r-q}{r-1}\right)\frac{\Delta_n}{\delta_n}\right] e^{-\frac{\Delta_n}{\delta_n}} e^{-\frac{\Delta_t^2}{\delta_t^2}} \tag{5-65}$$

式（5-64）和式（5-65）即为指数型内聚力模型牵引力-张开位移的表达式。

对于两种材料的黏结界面，在载荷等环境因素的影响下，界面处会产生损伤，损伤会降低界面的承载能力。当使用内聚力模型对损伤界面进行计算时，可通过添加损伤因子 λ 来对计算公式进行修正。其中 λ 的取值范围为 $[0,1]$，当 $\lambda=0$ 时，表示界面不存在损伤；当 $0 < \lambda < 1$ 时，随着 λ 的值增大，界面的损伤程度逐渐增加；当 $\lambda=1$ 时，表示界面完全损伤。

修正后的断裂能计算公式分别为

$$\phi(n)=\lambda^2\left(\phi_n+\phi_n\mathrm{e}^{-\frac{\Delta_n}{\delta_n}}\right)\left\{\left(1-r+\frac{\Delta_n}{\delta_n\lambda}\right)\frac{1-q}{r-1}-\left[q+\left(\frac{r-q}{r-1}\right)\frac{\Delta_n}{\delta_n\lambda}\right]\right\} \tag{5-66}$$

$$\phi(t)=\lambda^2\left[\phi_n+\phi_n(q-1-q\mathrm{e}^{-\frac{\Delta_t^2}{\delta_t^2}})\right] \tag{5-67}$$

修正后的牵引力-张开位移表达式分别为

$$T_n=\frac{\phi_n}{\delta_n}\mathrm{e}^{-\frac{\Delta_n}{\delta_n\lambda}}\left[\frac{\Delta_n}{\delta_n}\mathrm{e}^{-\frac{\Delta_t^2}{\delta_t^2}}+\frac{1-q}{r-1}(1-\mathrm{e}^{-\frac{\Delta_t^2}{\delta_t^2}})\left(r-\frac{\Delta_n}{\delta_n}\right)\right] \tag{5-68}$$

$$T_t=2\frac{\phi_n}{\delta_n}\left(\frac{\delta_n}{\delta_t}\right)\frac{\Delta_t}{\delta_t}\left[q+\left(\frac{r-q}{r-1}\right)\frac{\Delta_n}{\delta_n}\right]\mathrm{e}^{-\frac{\Delta_n}{\delta_n}}\mathrm{e}^{-\frac{\Delta_t^2}{\lambda\delta_t^2}} \tag{5-69}$$

5.3.3　线黏弹性本构关系

在连续体力学中,大部分材料都属于弹性固体或黏性流体。黏弹性材料往往同时具备两者的特性,综合体现出弹性和黏性不同原理的形变。黏弹性物质可分为线性和非线性两大类。当物质的力学行为表现为线弹性和理想黏性,则称为线性黏弹性体,这类材料虽然在不同时刻应力和应变保持变化,但是在任何时刻应力和应变表现出的关系仍然为线性。当物质的力学行为表现为非线性弹性或非牛顿流体变形,则称为非线性黏弹性体。固体火箭发动机所用的推进剂,无论双基推进剂还是复合推进剂,都是含有大量固体颗粒的聚合物,其力学性能都与时间有明显的依赖关系,因此认为固体火箭发动机装药为线黏弹性体。

当施加在固体火箭发动机装药上的外载荷不随时间变化时,其黏弹性表现为静态黏弹现象,有蠕变和应力松弛两种表现方式;当施加在固体火箭发动机装药上的外载荷随时间变化时,黏弹性表现为动态黏弹现象,用滞后来表示。如图 5-19 所示,黏弹性材料在恒定应力作用下其变形随时间延长而蠕变(增大)。在恒定应变约束下,维持这个状态所需的应力将随时间延长而松弛(减小)。若在某一时刻卸去载荷,弹性体将恢复原样。如果不考虑惯性,则应变瞬时回复为 0。如图 5-19(a)所示,对于黏弹性材料,在 t_0 时刻去除外力,则在瞬时弹性回复(BC 段)后,有一逐渐回复的过程(CD 段)。这种蠕变回复现象称为滞弹性回复或延迟回复。

1. 黏弹性模型

材料的线黏弹性介于线弹性与理想黏性之间,因此可以用力学模型描述。力学模型由离散的弹性元件与黏性元件以不同的方式组合而成。在模型理论中,基本元件采用串联、并联等多种组合,用以描述真实材料的本构方程,从元件的组合推导出的方程在一定程度上与试验相吻合。两个基本元件是弹簧和阻尼器。

弹簧服从胡克定律:

$$\sigma=E\varepsilon \tag{5-70}$$

式中:σ——正应力;

　　E——拉压弹性模量;

　　ε——正应变。

阻尼器也称为黏壶,服从牛顿黏性定律:

$$\sigma=\eta\dot{\varepsilon} \tag{5-71}$$

式中：η——黏性系数；

$\dot{\varepsilon}$——应变率，$\dot{\varepsilon} = d\varepsilon/dt$。

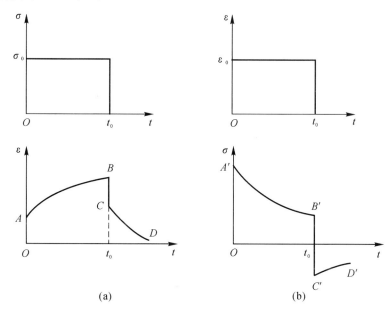

图 5-19　固体火箭发动机装药的力学性质

(a)应力松弛；　(b)蠕变

阻尼器的流变特性可用等应力和等应变作用下的准静态响应来说明。准静态是指突然施加于物体的载荷速率不激起动力响应。

在突然加载后保持恒定应力 $\sigma = \sigma_0 H(t)$ 作用下，应变响应为 $\varepsilon = \sigma_0 t/\eta$，即呈现稳态流动。其中，$H(t)$ 为 Heaviside 函数，又称为单位阶跃函数，其定义为

$$H(t) = \begin{cases} 1, & t \geqslant 0 \\ 0, & t < 0 \end{cases} \tag{5-72}$$

$H(t)$ 在 $t = 0$ 时的取值需要根据具体问题的物理意义确定。

在阶跃应变 $\varepsilon(t) = \varepsilon_0 H(t)$ 的作用下，由式（5-71）可得应力响应为

$$\sigma(t) = \eta \varepsilon_0 \delta(t) \tag{5-73}$$

式中：$\delta(t)$——单位脉冲函数，$\delta(t)$ 可表示为

$$\begin{cases} \delta(t) = 0, & t \neq 0 \\ \int_{-\infty}^{\infty} \delta(t)dt = \int_{-\xi}^{\xi} \delta(t)dt = 1, & \xi > 0 \end{cases}$$

因此，当阻尼器受到阶跃应变作用时，应力为无限大脉冲而后又瞬时变为 0。由于不产生数值为无限大的力，所以不可能瞬时地对黏性元件实际施加有限应变。

弹性元件与黏性元件可组成各种黏弹性材料模型。

（1）Maxwell 模型。Maxwell 模型由弹簧和阻尼器串联而成，如图 5-20 所示。

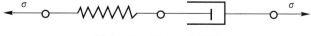

图 5-20　Maxwell 模型

假设在应力 $\sigma(t)$ 作用下,弹簧和阻尼器的应变分别为 ε_1、ε_2,则模型的总应变为

$$\varepsilon = \varepsilon_1 + \varepsilon_2 \tag{5-74}$$

结合式(5-70)和式(5-71),则模型的总应变为

$$\dot{\varepsilon} = \frac{\dot{\sigma}}{E} + \frac{\sigma}{\eta} \tag{5-75}$$

或

$$\sigma + p_1 \dot{\sigma} = q_1 \dot{\varepsilon} \tag{5-76}$$

式中:p_1、q_1——材料的特性常数,$p_1 = \eta/E$,$q_1 = \eta$。

式(5-75)为 Maxwell 模型的应力-应变-时间关系式,即 Maxwell 模型体微分型本构方程。根据模型的总位移为弹性元件位移和阻尼器位移之和,可推导出式(5-76)所示的本构方程,只是其中的材料参数有差别而已。

如果已知材料常数,则可用式(5-75)或式(5-76)来分析蠕变、回复以及应力松弛的过程和现象。

1)Maxwell 模型的蠕变。在阶跃应力 σ_0 作用下,Maxwell 模型的总应变为弹簧应变和阻尼器应变之和,即

$$\varepsilon = \frac{\sigma_0}{E} + \frac{\sigma_0}{\eta}t \tag{5-77}$$

式(5-77)表明 Maxwell 模型在瞬时弹性变形后,应变随时间呈线性增加,如图 5-21 (b)所示。

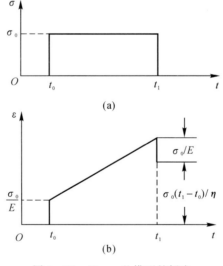

图 5-21 Maxwell 模型的蠕变

在一定的应力作用下,材料可以产生渐进且不断增大的变形,这是流体的特征。因此,常把 Maxwell 模型表征的材料称为 Maxwell 流体。

2)Maxwell 模型的回复。若在 $t = t_1$ 时卸除外力,则在原阶跃应力 σ_0 作用下的稳态流动终止,弹性变形部分立即消失,弹性回复为 σ_0/E,材料中的永久变形为 $\sigma_0(t_1 - t_0)/\eta$,如图 5-21(b)所示。

3)Maxwell 模型的应力松弛。在 $\varepsilon(t)=\varepsilon_0 H(t)$ 作用下，$t>0$ 时 $\dot{\varepsilon}=0$，则式(5 - 75)为齐次常微分方程，其解为 $\sigma=Ce^{-t/p_1}$。由初始条件 $t=0$，$\sigma(0^+)=E\varepsilon_0$ 求出 C 后，得到应力为

$$\sigma=E\varepsilon_0 e^{-t/p_1} \tag{5 - 78}$$

式中，$p_1=\eta/E$。

式(5 - 78)描述了 Maxwell 模型的应力松弛过程，如图 5 - 22(b)所示。

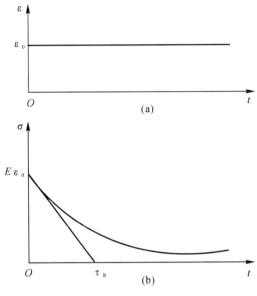

图 5 - 22　Maxwell 模型的应力松弛

由图 5 - 22(b)可以看出，突加应变产生的应力瞬时响应值 $E\varepsilon_0$；在恒应变 ε_0 的作用下，应力不断减小；随着时间无限增加，应力逐渐衰减到 0。松弛过程的应力变化率为

$$\dot{\sigma}=-\frac{\sigma(0)}{p_1}e^{-t/p_1} \tag{5 - 79}$$

式(5 - 79)表明，应力松弛开始时的变化率(绝对值)最大，即 $t=0^+$ 时，$\dot{\sigma}(0)$ $=-\sigma(0)/p_1$。

如果应力按照这一变化率随时间变化，则可表示为

$$\sigma(t)=\sigma(0)-\frac{\sigma(0)}{p_1}t \tag{5 - 80}$$

式(5 - 80)可表示为一条直线，如图 5 - 22(b)所示，当 $t=\tau_R$ 时应力的值为 0。将这一特征时间记为

$$\tau_R=p_1=\frac{\eta}{E} \tag{5 - 81}$$

式中：τ_R——Maxwell 模型的松弛时间。

由式(5 - 78)得，当 $t=\tau_R$ 时，$\sigma=0.37\sigma(0)$。这表明，应变值 ε_0 保持到 τ_R 时，大部分的初始应力已经衰减，因此 τ_R 为松弛时间。显然，松弛时间由材料性质决定：黏度越小，松弛时间越短。高黏度流变体有较长的松弛时间，弹性固体($\eta\rightarrow\infty$)则不呈现应力松弛现象。

(2)Kelvin 模型。Kelvin 模型由弹簧和阻尼器并联而成，如图 5 - 23 所示。

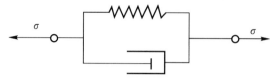

$$图 5-23 \quad Kelvin 模型$$

两个元件的应变都等于模型的总应变,而模型的总应力为两元件应力之和,即 $\sigma = \sigma_1 + \sigma_2$。根据式(5-70)和(5-71)可得,Kelvin 模型的本构方程为

$$\sigma = E\varepsilon + \eta\dot{\varepsilon} \tag{5-82}$$

或

$$\sigma = q_0\varepsilon + q_1\dot{\varepsilon} \tag{5-83}$$

式中,$q_0 = E$;$q_1 = \eta$。

1)Kelvin 模型的蠕变。在恒定应力 σ_0 的作用下,由式(5-82)可得

$$\varepsilon(t) = C e^{-t/\tau_d} + \sigma_0/E \tag{5-84}$$

式中,$\tau_d = \eta/E$。

蠕变的初始条件为:$t=0$,$\varepsilon(0)=0$。当 $\varepsilon(0^+)$ 为定值时,由于 $\varepsilon(0^-)=0$,而在 $t=0$ 时有 $\dot{\varepsilon} \to \infty$,这是式(5-83)所不容许的,因而应有 $\varepsilon(0^+)=0$。

由式(5-84)求得积分常数 $C = -\sigma_0/E$,于是,Kelvin 模型的蠕变表达式为

$$\varepsilon(t) = \frac{\sigma_0}{E}(1 - e^{-t/\tau_d}) \tag{5-85}$$

式(5-85)表明,应变随时间的增长而逐渐增加,当 $t \to \infty$ 时,$\varepsilon \to \sigma_0/E$,像一种弹性固体。因此,有时将 Kelvin 模型所代表的材料称为 Kelvin 固体。但是,Kelvin 固体没有瞬时弹性,而是按照变化率 $\dot{\varepsilon}(t) = \sigma_0 e^{-t/\tau_d}/\eta$ 发生形变。应变随时间增长逐渐趋于其渐近值 σ_0/E。初始应变率 $\dot{\varepsilon}(0) = \sigma_0/\eta$,如果按此应变率发生变形,则当 $t = \tau_d = \eta/E$ 时,应变会达到 σ_0/E。因此 $\tau_d = \eta/E$ 称为 Kelvin 模型的延迟时间。

2)Kelvin 模型的回复。式(5-85)给出在 σ_0 作用下时刻 t 的应变值,当 $t = t_1$ 时,有

$$\varepsilon(t) = \frac{\sigma_0}{E}(1 - e^{-t_1/\tau_d}) \tag{5-86}$$

若在 $t = t_1$ 时卸载 σ_0,则应变按式(5-86)开始回复。当 $t \geqslant t_1$ 时,由式(5-82)可得到描述 Kelvin 模型回复方程为

$$E\varepsilon + \eta\dot{\varepsilon} = 0$$

其解为

$$\varepsilon(t) = C_1 e^{-t/\tau_d}, \quad t \geqslant t_1 \tag{5-87}$$

由式(5-86),利用 $t = t_1$ 时的应变边界条件,有

$$C_1 e^{-t_1/\tau_d} = \frac{\sigma_0}{E}(1 - e^{-t_1/\tau_d}) \tag{5-88}$$

由式(5-88)求出 C_1,并代入式(5-87)可以得到回复的应变-时间关系为

$$\varepsilon(t) = \frac{\sigma_0}{E}(e^{-t_1/\tau_d} - 1)e^{-t/\tau_d} \tag{5-89}$$

式(5-89)描述的是 $t=t_1$ 时卸载 σ_0 后 $t \geqslant t_1$ 的回复过程。由此可见,当 $t \to \infty$ 时有 $\varepsilon \to 0$,体现出弹性固体的特征,只不过在这里是一种滞弹性回复。实际上,式(5-89)表示在 应力 $\sigma(t)=\sigma_0 H(t)-\sigma_0 H(t-t_1)$ 作用下的应变可以由不同时刻开始的两个蠕变过程叠加而 得,即在式(5-85)表示的蠕变方程中叠加了 t_1 时刻作用应力为 $-\sigma_0 H(t-t_1)$ 所产生的蠕 变。由式(5-85)可得

$$\varepsilon(t)=\frac{-\sigma_0}{E}(1-\mathrm{e}^{-(t-t_1)/\tau_\mathrm{d}}) \tag{5-90}$$

于是,把式(5-85)和式(5-90)相加,即可得到回复的应变-时间关系,即式(5-89)。

由此可见,虽然 $t>t_1$ 时应力为 0,但材料中的应变并不为 0,应变与时间相关并依赖于 加载历程。这些都表明,材料是有"记忆"的。

Kelvin 模型不能体现应力松弛过程,因为阻尼器发生变形需要时间,只有应变率为 $\dot{\varepsilon}$, 才有应力 σ,所以,当应变维持常量 ε_0 时,阻尼器不受力,全部应力由弹簧承受,$\sigma=E\varepsilon_0$。另 外,如果作用阶跃应变为 $\varepsilon_0 H(t)$,则 $\dot{\varepsilon}=\varepsilon_0 \delta(t)$。由式(5-82)可得

$$\sigma(t)=E\varepsilon_0 H(t)+\eta\varepsilon_0 \delta(t) \tag{5-91}$$

式中:$E\varepsilon_0 H(t)$——弹簧所受的应力;

$\eta\varepsilon_0 \delta(t)$——$t=0$ 时有无限大的应力脉冲。

因此,当 $t=0$ 时,突加应变 ε_0 对 Kelvin 模型来说是没有意义的。

Maxwell 模型和 Kelvin 模型都是最简单的两参量数弹性模型。Maxwell 模型能够表 征应力松弛现象,但不能表示蠕变,只有稳态的流动。Kelvin 模型可以体现蠕变过程,却不 能表征应力松弛现象。同时,两个基本模型反映的应力松弛或蠕变过程都只有一个含时间 的指数函数,不便表述聚合物等材料较为复杂的流变过程。因此,常用更多的基本元件组合 成其他模型,以便更好地描述实际材料的黏弹性行为。

(3)三参量固体。三参量固体又称为标准线性体,由 Kelvin 模型和弹簧串联而成,也可 由 Maxwell 模型和弹簧并联而成,如图 5-24 所示。

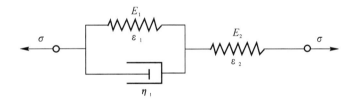

图 5-24　三参量固体模型

下面以 Kelvin 模型和弹簧串联的三参量固体模型为例,其应力 σ 和应变 ε 分别用元件 参量表示为

$$\left.\begin{aligned}
\varepsilon &= \varepsilon_1+\varepsilon_2 \\
\sigma &= E_1\varepsilon_1+\eta_1\dot{\varepsilon}_1 \\
\sigma &= E_2\varepsilon_2
\end{aligned}\right\} \tag{5-92}$$

对式(5-92)进行拉普拉斯变换,可得

$$\left.\begin{array}{l} \bar{\varepsilon}=\bar{\varepsilon}_1+\bar{\varepsilon}_2 \\ \bar{\sigma}=(E_1+\eta_1 s)\bar{\varepsilon}_1 \\ \bar{\sigma}=E_2\bar{\varepsilon}_2 \end{array}\right\} \tag{5-93}$$

将式(5-93)中的后两式求得的 $\bar{\varepsilon}_1$、$\bar{\varepsilon}_2$ 代入此式中的第一式,然后做逆变换,得到三参量固体模型的本构方程为

$$E_1 E_2 \varepsilon + E_2 \eta \dot{\varepsilon} = (E_1 + E_2)\sigma + \eta_1 \dot{\sigma} \tag{5-94}$$

写成标准形式为

$$\sigma + p_1 \dot{\sigma} = q_0 \varepsilon + q_1 \dot{\varepsilon} \tag{5-95}$$

式中

$$\left.\begin{array}{l} p_1 = \dfrac{\eta_1}{E_1+E_2} \\[2mm] q_0 = \dfrac{E_1 E_2}{E_1+E_2} \\[2mm] q_1 = \dfrac{E_2 \eta_1}{E_1+E_2} \end{array}\right\} \tag{5-96}$$

由式(5-96)可得

$$\frac{q_1}{p_1} - q_0 = \frac{E_1^2}{E_1+E_2}$$

即

$$q_1 > p_1 q_0 \tag{5-97}$$

1)三参量固体模型的蠕变和回复。采用标准试验来探讨三参量固体模型所代表的材料的性质。首先应探讨模型的蠕变行为,即在应力 $\sigma(t)=\sigma_0 H(t)$ 作用下的响应。将 $\bar{\sigma}(s)=\sigma_0/s$ 和 $\bar{\dot{\sigma}}(s)=s\bar{\sigma}(s)=\sigma_0$ 代入式(5-95),可得

$$\sigma_0 \left(\frac{1}{s}+p_1\right)=(q_0+q_1 s)\bar{\varepsilon}(s) \tag{5-98}$$

因此,有

$$\bar{\varepsilon}(s)=\sigma_0 \frac{1+ps}{s(q_0+q_1 s)}=\frac{\sigma_0}{q_1}\left[\frac{1}{s(s+\lambda)}+\frac{p_1}{s+\lambda}\right] \tag{5-99}$$

式中,$\lambda=q_0/q_1$。

式(5-99)可以通过查表进行拉普拉斯逆变换。设 $\lambda=1/\tau_1$,将 $\bar{\varepsilon}(s)$ 逆变换得到应变为

$$\varepsilon(t)=\frac{\sigma_0}{q_1}\tau_1(1-e^{-t/\tau_1})=\sigma_0\left[\frac{p_1}{q_1}e^{-t/\tau_1}+\frac{1}{q_0}(1-e^{-t/\tau_1})\right] \tag{5-100}$$

也可写成

$$\varepsilon(t)=\frac{\sigma_0}{E_2}+\frac{\sigma_0}{E_1}(1-e^{-t/\tau_1}) \tag{5-101}$$

式中:τ_1——延迟时间,$\tau_1=q_1/q_0=\eta_1/E_1$。

由式(5-101)可知,三参量固体模型具有瞬时弹性和稳态的渐进值,即

$$\varepsilon(0^+)=\frac{\sigma_0}{E_2} \tag{5-102}$$

$$\varepsilon(\infty)=\frac{E_1+E_2}{E_1 E_2}\sigma_0=\frac{\sigma_0}{E_\infty} \tag{5-103}$$

式(5-101)为三参量固体的蠕变表达式,实际上是由弹簧和 Kelvin 模型叠加而成。三参量固体模型的蠕变与回复曲线如图 5-25(b)所示。

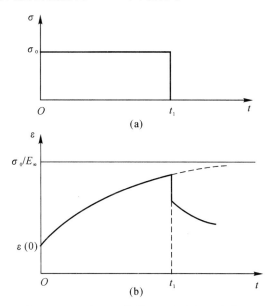

图 5-25 三参量固体模型的蠕变与回复曲线

当 $t=t_1$ 时作用应力为$-\sigma_0 H(t-t_1)$,产生的应变响应为

$$\varepsilon'(t)=\frac{-\sigma_0}{E_\infty}+\frac{\sigma_0}{E_1}\big[1-\mathrm{e}^{-(t-t_1)/\tau_1}\big] \tag{5-104}$$

在 $t=t_1$ 时卸载后,回复过程的应变为

$$\varepsilon^T(t)=\varepsilon(t)+\varepsilon'(t)=\frac{\sigma_0}{E_1}(\mathrm{e}^{-(t-t_1)/\tau_1}-\mathrm{e}^{-t/\tau_1}) \tag{5-105}$$

由此可见,式(5-105)与式(5-89)描述 Kelvin 模型的回复过程相同,因为弹簧 E_2 的瞬时应变消失以后,三参量固体模型等效于 Kelvin 模型。

2)三参量固体模型的应力松弛。将 $\varepsilon(t)=\varepsilon_0 H(t)$代入式(5-95)并进行拉普拉斯变换,可得

$$\bar{\sigma}(s)=\frac{\varepsilon_0}{p_1}\left(\frac{q_1-p_1 q_0}{s+1/p_1}+\frac{p_1 q_0}{s}\right) \tag{5-106}$$

对式(5-106)进行拉普拉斯逆变换,可得

$$\sigma(t)=q_0\varepsilon_0+\left(\frac{q_1}{p_1}-q_0\right)\mathrm{e}^{-t/p_1} \tag{5-107}$$

由式(5-96)可知,应力松弛过程采用元件参数描述为

$$\sigma(t)=E_2\varepsilon_0-\frac{E_2^2\varepsilon_0}{E_1+E_2}(1-\mathrm{e}^{-t/p_1}) \tag{5-108}$$

式中:p_1——应力松弛时间,$p_1=\eta_1/(E_1+E_2)$。

由式(5-108)可知,当 $t=0^+$ 时,$\sigma(0^+)=E_2\varepsilon_0$ 为弹簧承受瞬时应力;当 $t\rightarrow\infty$ 时,

$\sigma(\infty)=E_\infty\varepsilon_0$ 为稳态应力。因此,三参量固体模型的瞬时弹性和稳态应力均呈固体特性。

(4)Burgers 模型。Burgers 模型由 Maxwell 模型和 Kelvin 模型串联而成,是一种四参量模型,如图 5-26 所示。

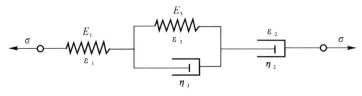

图 5-26　Burgers 模型

Burgers 模型的变形包括弹性变形 ε_1、黏流变形 ε_2 和黏弹性变形 ε_3,它们与应力的关系分别为

$$\left.\begin{array}{l}\varepsilon_1=\sigma/E_1\\\sigma=\eta_2\dot{\varepsilon}_2\\\sigma=E_3\varepsilon_3+\eta_3\dot{\varepsilon}_3\end{array}\right\} \tag{5-109}$$

总应变为

$$\varepsilon=\varepsilon_1+\varepsilon_2+\varepsilon_3 \tag{5-110}$$

可用直接代入法或拉普拉斯变换法等推导出本构方程。为了更好地理解微分型本构关系中算子的性质,采用微分算子进行运算。记 $\mathrm{d}/\mathrm{d}t$ 为 D,则式(5-109)中的 ε_2 和 ε_3 可表示为

$$\left.\begin{array}{l}\varepsilon_2=\sigma/\eta_2 D\\\varepsilon_3=\sigma/(E_3+\eta_3 D)\end{array}\right\} \tag{5-111}$$

将 ε_1、ε_2 和 ε_3 代入式(5-110)并展开,可得

$$(E_1 E_3\eta_2 D+E_1\eta_2\eta_3 D^2)\varepsilon=(E_3\eta_2 D+\eta_2\eta_3 D^2)\sigma+(E_1 E_3+E_1\eta_3 D+E_1\eta_2 D)\sigma$$

整理可得

$$\eta_2\dot{\varepsilon}+\frac{\eta_2\eta_3}{E_3}\ddot{\varepsilon}=\sigma+\left(\frac{\eta_2}{E_1}+\frac{\eta_2+\eta_3}{E_3}\right)\dot{\sigma}+\frac{\eta_2\eta_3}{E_1 E_3}\ddot{\sigma}$$

标准形式为

$$\sigma+p_1\dot{\sigma}+p_2\ddot{\sigma}=q_1\dot{\varepsilon}+q_2\ddot{\varepsilon} \tag{5-112}$$

式中,

$$\left.\begin{array}{l}p_1=\dfrac{\eta_2}{E_1}+\dfrac{\eta_2+\eta_3}{E_3}\\[2mm]p_2=\dfrac{\eta_2\eta_3}{E_1 E_3}\\[2mm]q_1=\eta_2\\[2mm]q_2=\dfrac{\eta_2\eta_3}{E_3}\end{array}\right\} \tag{5-113}$$

式(5-112)即为 Burgers 模型的本构方程,代表一种四参量流体。这一模型可以表示非晶态聚合物弹性行为的主要特征,还可近似地描述金属材料蠕变曲线的前两个阶段。

(5)广义 Maxwell 模型与广义 Kelvin 模型。某种黏弹性材料常组合成特定的模型,多个 Maxwell 模型并联组成的广义 Maxwell 模型[见图 5 - 27(a)]或多个 Kelvin 模型串联所组成的广义 Kelvin 模型[见图 5 - 27(b)],表示材料具有比较复杂的性质。

设广义 Kelvin 模型的弹簧常数及黏性系数分别为 $E_1,E_2,\cdots,E_n$ 及 $\eta_1,\eta_2,\cdots,\eta_n$,则

$$\sigma = E_i\varepsilon_i + \eta_i\dot{\varepsilon}_i \tag{5-114}$$

对式(5 - 114)进行拉普拉斯变换,并利用零初始条件,可得

$$\bar{\sigma} = E_i\bar{\varepsilon}_i + \eta_i s\bar{\varepsilon}_i \tag{5-115}$$

广义 Kelvin 模型的总应变为

$$\varepsilon = \varepsilon_1 + \varepsilon_2 + \cdots + \varepsilon_i + \cdots + \varepsilon_n \tag{5-116}$$

则有

$$\bar{\varepsilon} = \bar{\varepsilon}_1 + \bar{\varepsilon}_2 + \cdots + \bar{\varepsilon}_i + \cdots + \bar{\varepsilon}_n = \bar{\sigma}\left(\frac{1}{E_1 + \eta_1 s} + \frac{1}{E_2 + \eta_2 s} + \cdots + \frac{1}{E_n + \eta_n s}\right) \tag{5-117}$$

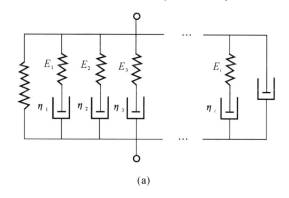

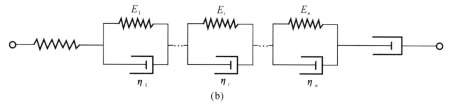

图 5 - 27　广义 Maxwell 模型与广义 Kelvin 模型

(a)广义 Maxwell 模型;　(b)广义 Kelvin 模型

把式(5 - 117)右边各项通分,分子和分母分别按 s 的阶数进行排列,得应力与应变的拉普拉斯变换 $\bar{\sigma}(s)$ 和 $\bar{\varepsilon}(s)$ 之间的关系式为

$$\bar{\varepsilon} = \bar{\sigma}\frac{\sum_{k=0}^{m} p_k s^k}{\sum_{k=0}^{n} q_k s^k} \tag{5-118}$$

式(5 - 118)可以进一步改写为

$$\bar{\varepsilon} = \bar{\sigma}\frac{P(s)}{Q(s)} \tag{5-119a}$$

或

$$P(s)\bar{\sigma} = Q(s)\bar{\epsilon} \tag{5-119b}$$

式中，

$$\left.\begin{aligned} P(s) = \sum_{k=0}^{m} p_k s^k \\ Q(s) = \sum_{k=0}^{n} q_k s^k \end{aligned}\right\} \tag{5-120}$$

以上为推进剂的应力-应变关系基本模型，当表征推进剂的应力松弛效应时，常采用广义 Maxwell 模型；当表征推进剂的蠕变效应时，常采用广义 Kelvin 模型。一般地讲，广义 Maxwell 模型和广义 Kelvin 模型都能相当逼真地模拟推进剂的力学性质。当进行药柱应力分析时，常用广义 Maxwell 模型；当进行药柱应变分析时，常用广义 Kelvin 模型。弹簧和阻尼器的组合越多，越能反映推进剂应力-应变关系的实际情况。

2. 线黏弹性本构关系

材料本构关系是在材料试验与工程应用的基础上，将材料的力学与相关热电行为过程加以抽象化和公理化，用数学公式表达。本构关系是描述材料宏观性质的数学模型，具体地说，通常是描述材料的应力-应变-时间-温度-电磁性等相互关系的方程，因而又称为材料本构方程。

（1）黏弹性微分型本构方程。当黏弹性本构方程是用应力、应变和它们的导数以及材料常数表示时，称之为微分型黏弹性本构方程。

在零初始条件下对式（5-119）进行逆变换，可得

$$\sum_{k=0}^{m} p_k \frac{\mathrm{d}^k \sigma}{\mathrm{d}t^k} = \sum_{k=0}^{n} q_k \frac{\mathrm{d}^k \epsilon}{\mathrm{d}t^k} \tag{5-121}$$

写成算子形式为

$$P\sigma = Q\epsilon \tag{5-122}$$

式中，

$$\left.\begin{aligned} P = \sum_{k=0}^{m} p_k \frac{\mathrm{d}^k}{\mathrm{d}t^k} \\ Q = \sum_{k=0}^{n} q_k \frac{\mathrm{d}^k}{\mathrm{d}t^k} \end{aligned}\right\} \tag{5-123}$$

式（5-123）与式（5-120）有相同的系数。

式（5-122）的任何形式都是线黏弹性材料力学性质的数学描述，为黏弹性材料的本构方程。同样，可得广义 Maxwell 模型的本构方程与广义 Kelvin 模型的本构方程。也就是说，一种黏弹性材料，无论是以广义 Kelvin 模型作为代表模型，还是以广义 Maxwell 模型作为代表模型，所得到的本构方程是相同的。

将上述的本构方程推广到三维各向同性情况可写成一般的微分方程形式，将应变张量和应力张量分解为与形状改变有关的偏斜张量及与体积改变有关的球形张量，可以得到畸变方程和体变方程分别为

$$\left.\begin{aligned} P_1(D)s_{ij} = Q_1(D)e_{ij} \\ P_2(D)\sigma_{kk} = Q_2(D)\epsilon_{kk} \end{aligned}\right\} \tag{5-124}$$

式中：s_{ij} —— 偏斜应力；

$\quad\quad e_{ij}$ —— 偏斜应变；

$\quad\quad \sigma_{kk}$ —— 体应力；

$\quad\quad \varepsilon_{kk}$ —— 体应变；

$\quad P_i$、Q_i —— 微分算子多项式；

$\quad D = \mathrm{d}/\mathrm{d}t, D^2 = \mathrm{d}^2/\mathrm{d}t^2, \cdots,$ 即

$$\left.\begin{array}{ll} P_1(D) = \sum_{k=0}^{n_1} a_k D^k, & Q_1(D) = \sum_{k=0}^{m_1} b_k D^k \\[4mm] P_2(D) = \sum_{k=0}^{n_2} c_k D^k, & Q_2(D) = \sum_{k=0}^{m_2} d_k D^k \end{array}\right\} \tag{5-125}$$

式中，a_k、b_k、c_k 和 d_k 均为实函数。

微分算子的阶数越高，就越能逼真地模拟推进剂的力学性质。

（2）黏弹性积分型本构方程。由模型理论得到的微分型本构关系所描述的黏弹性与真实材料的表现往往存在一定的差异，若采用积分型本构方程，可以得到与真实材料的表现更为接近的结果。当研究黏弹性材料的蠕变和延迟弹性时，设当前应力是整个应变增量谱响应的叠加，即为 Boltzmann 叠加原理。Boltzmann 曾研究材料的蠕变和延迟弹性，给出了一个线性理论，即当应变 $e_1(t)$ 单独作用于黏弹性体时应力为 $s_1(t)$，而当应变 $e_2(t)$ 单独作用时应力为 $s_2(t)$，$e_1(t) + e_2(t)$ 同时作用于物体上的总应力为 $s_1(t) + s_2(t)$。这一叠加原理意味着，较早时刻 τ 的应变对于现在时刻 t 的应力的影响与其他 $\tau \leqslant t$ 时所受过的应变无关，如图 5-28 所示。

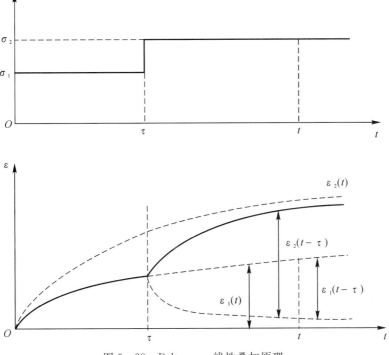

图 5-28　Boltzmann 线性叠加原理

1) 一维积分型黏弹性本构方程。基于线性叠加原理建立的本构关系比较符合实际,因此在当前被普遍采用。线性叠加是应力 σ_1、σ_2 分别对应应变 ε_1、ε_2,且两者之间由已知函数 φ 确定为

$$\left.\begin{array}{l} \varepsilon_1 = \varphi(\sigma_1, t) \\ \varepsilon_2 = \varphi(\sigma_2, t) \end{array}\right\} \qquad (5-126)$$

式中,函数 φ 可以是任意的,在加载过程中各分量(σ_1、σ_2)的响应值之间互无影响。

当应力 σ_1 在时间 τ 时增加到 σ_2,在某一时刻 $t(t > \tau)$ 时的总应变响应值可按如下叠加获得

$$\varepsilon(t) = \varepsilon_1(t) - \varepsilon_1(t-\tau) + \varepsilon_2(t-\tau) = \varphi(\sigma_1, t) - \varphi(\sigma_1, t-\tau) + \varphi(\sigma_2, t-\tau)$$
$$(5-127)$$

如果从 σ_1 到 σ_2 的变化很小,即 $\sigma_2 - \sigma_1 = \Delta\sigma$ 很小,则式(5-127)可写成

$$\varepsilon(t) = \varphi(\sigma_1, t) + \frac{\partial\varphi}{\partial\sigma}(\sigma_1, t-\tau)\Delta\sigma \qquad (5-128)$$

依此类推,如果任何一个特定的加载过程可以看作是在时间 τ 内由一系列阶跃应力 $\Delta\sigma_n$ 组成的,则有

$$\varepsilon(t) = \sum_{n=0}^{N} \frac{\partial\varphi}{\partial\sigma}(\sigma_{n+1}, t-\tau)\Delta\sigma_n \qquad (5-129)$$

式中,$\Delta\sigma = \sigma_{n+1} - \sigma_n$。

式(5-129)积分形式为

$$\varepsilon(t) = \int_0^{\sigma} \frac{\partial\varphi}{\partial\sigma}(\sigma, t-\tau)\mathrm{d}\sigma \qquad (5-130)$$

此积分称为卷积积分。

由于 σ 为 τ 的函数,则式(5-130)又可写为

$$\varepsilon(t) = \int_0^t \frac{\partial\varphi}{\partial\sigma}(\sigma, t-\tau)\frac{\mathrm{d}\sigma}{\mathrm{d}\tau}\mathrm{d}\tau \qquad (5-131)$$

式中:$\dfrac{\partial\varphi}{\partial\sigma}(\sigma, t-\tau)$——材料特性在 $t-\tau$ 时间内的响应;

$\dfrac{\mathrm{d}\sigma}{\mathrm{d}\tau}$——$\tau$ 的函数,代表时间 τ 以前的加载状况。

在某些特定的情况下,如当应力和时间变量可以分离,即 $\varphi(\sigma, t-\tau) = F(t-\tau)f(\sigma)$ 时,式(5-131)可以写为

$$\varepsilon(t) = \int_0^t F(t-\tau)\frac{\partial f}{\partial\sigma}\frac{\mathrm{d}\sigma}{\mathrm{d}\tau}\mathrm{d}\tau$$

或

$$\varepsilon(t) = \int_0^t F(t-\tau)\frac{\mathrm{d}f(\sigma)}{\mathrm{d}\tau}\mathrm{d}\tau \qquad (5-132)$$

一般工程结构中考虑的黏弹性问题多属于线黏弹性范畴,线性是指在一定时间内应力(或应变)随外部载荷按比例增减。材料的应力、应变在任何加载历程的情况下只是时间的函数,即黏弹性表现为材料特性随时间而变化的关系。在蠕变试验中,其单向拉伸(或压缩)可以表示为

$$\varepsilon(t) = F(t)\sigma \qquad (5-133)$$

式中：$F(t)$—— 蠕变柔量，表示施加单位阶跃应力时材料的蠕变响应；

$\quad\quad\sigma$—— 施加的阶跃应力。

对于任意一般的应力加载历程，表示为式（5-132）。对于线黏弹性材料，有

$$f(\sigma) = \sigma \qquad (5-134)$$

则

$$\varepsilon(t) = \int_0^t F(t-\tau)\frac{\mathrm{d}\sigma}{\mathrm{d}\tau}\mathrm{d}\tau \qquad (5-135a)$$

式（5-135a）为线黏弹性材料的本构关系，即 Boltzmann 叠加积分。采用 Stieltjes 卷积分的形式，式（5-135a）可表示为

$$\varepsilon(t) = F(t) * \mathrm{d}\sigma(t) = \sigma(t) * \mathrm{d}F(t) \qquad (5-135b)$$

相应地引用松弛模量 $E(t)$，则式（5-133）改写为

$$\sigma(t) = E(t)\varepsilon \qquad (5-136)$$

式中：ε—— 施加的阶跃应变。

这样，可得本构关系的另一形式为

$$\sigma(t) = \int_0^t E(t-\tau)\frac{\mathrm{d}\varepsilon}{\mathrm{d}\tau}\mathrm{d}\tau \qquad (5-137)$$

通常，把式（5-135）称为蠕变型本构关系式，式（5-137）称为松弛型本构关系式。蠕变柔量与松弛模量之间的关系式可通过拉普拉斯变换得到。对式（5-135a）进行拉普拉斯变换，可得

$$\varepsilon(s) = L\left[\int_0^t F(t-\tau)\frac{\mathrm{d}\sigma}{\mathrm{d}\tau}\mathrm{d}\tau\right]$$

$$\varepsilon(s) = L\left[\int_0^t F(t-\tau)\sigma'(\tau)\mathrm{d}\tau\right]$$

由卷积定理可得

$$L\left[\int_0^t F(t-\tau)\sigma'(\tau)\mathrm{d}\tau\right] = L[F(t)]L[\sigma'(t)] \qquad (5-138)$$

$$\varepsilon(s) = F(s)L[\sigma'(t)] \qquad (5-139)$$

再对函数的导数进行拉普拉斯变换，可得

$$L[\sigma'(t)] = S\sigma(s) - \sigma(0) \qquad (5-140)$$

取 $\sigma(0) = 0$，可得

$$F(s)\sigma(s)S = \varepsilon(s) \qquad (5-141)$$

同理，对式（5-137）进行拉普拉斯变换，可得

$$L\left[\int_0^t E(t-\tau)\frac{\mathrm{d}\varepsilon}{\mathrm{d}\tau}\mathrm{d}\tau\right] = E(s)\varepsilon(s)S = \sigma(s) \qquad (5-142)$$

把式（5-141）与式（5-142）联立，可得

$$SE(s) = \frac{1}{SF(s)} \qquad (5-143)$$

式中：S—— 参变量，由拉普拉斯变换确定；

$$E(s) = \int_0^\infty E(t) \mathrm{e}^{-st} \mathrm{d}t;$$

$$F(s) = \int_0^\infty F(t) \mathrm{e}^{-st} \mathrm{d}t.$$

从式(5-143)可以看出,黏弹性材料的蠕变柔量和松弛模量之间的关系与线弹性材料的 E 和 F 之间的关系十分类似。

将式(5-143)改写成

$$F(s)E(s) = \frac{1}{S^2} \tag{5-144}$$

再进行逆变换,可得到以 t 为变量的关系式为

$$\int_0^t E(t)F(t-\tau)\mathrm{d}\tau = \int_0^t E(t-\tau)F(\tau)\mathrm{d}\tau = t \tag{5-145}$$

对 $SE(s)F(s) = 1/S$ 取逆交换,可得

$$\int_0^t E(t-\tau)\frac{\mathrm{d}F(\tau)}{\mathrm{d}\tau}\mathrm{d}\tau = \int_0^t F(t-\tau)\frac{\mathrm{d}E(\tau)}{\mathrm{d}\tau}\mathrm{d}\tau = 1 \tag{5-146}$$

从上面的关系可知,由 $E(t)$ 或 $F(t)$ 任何一个即可以求出另一个。$E(t)$ 和 $F(t)$ 一般通过实验测得。

2)三维积分型黏弹性本构方程。当研究三维黏弹性材料的蠕变和延迟弹性时,同样设当前应力是整个应变增量谱响应的叠加,即为 Boltzmann 叠加原理,则当前的应力张量取决于过去的历程,可由 Stieltjes 积分表示,其应力松弛型本构方程为

$$\sigma_{ij}(t) = \int_0^\infty [\varepsilon_{kl}(t-s) - \delta_{kl}T\alpha_{kl}(t-s)]\mathrm{d}G_{ijkl}(s) \tag{5-147}$$

式中:α_{kl}——热膨胀系数;

T——相对温度变化;

G_{ijkl}——材料的松弛函数,当 $k=l$ 时,$\delta_{kl}=1$;当 $k \neq l$ 时,$\delta_{kl}=0$。

假设 $\partial G_{ijkl}(s)/\partial t$ 在 $0 \leqslant t < \infty$ 区间内是连续的,则式(5-147)可写为

$$\sigma_{ij}(t) = G_{ijkl}(0)[\varepsilon_{kl}(t) - \delta_{kl}T\alpha_{kl}(t)] + \int_0^t [\varepsilon_{kl}(t-s) - \delta_{kl}T\alpha_{kl}(t-s)]\frac{\mathrm{d}G_{ijkl}(s)}{\mathrm{d}\tau}\mathrm{d}s$$
$$\tag{5-148}$$

对于各向同性材料,松弛函数 G_{ijkl} 与方向无关,仅有两个独立的系数,其表达式为

$$G_{ijkl}(t) = \frac{1}{3}[3K(t) - 2G(t)]\delta_{ij}\delta_{kl} + G(t)(\delta_{ik}\delta_{jl} + \delta_{il}\delta_{jk}) \tag{5-149}$$

式中:$K(t)$——体积松弛模量;

$G(t)$——剪切松弛模量。

当泊松比 ν 为定值时,体积松弛模量 $K(t)$ 及剪切松弛模量 $G(t)$ 与拉伸松弛模量 $E(t)$ 的关系为

$$E(t) = 3K(t)(1-2\nu) \tag{5-150}$$

$$E(t) = 2G(t)(1+\nu) \tag{5-151}$$

于是式(5-148)可写为

$$\boldsymbol{\sigma}(t) = \boldsymbol{D}E(0)[\boldsymbol{\varepsilon}(t) - \boldsymbol{\varepsilon}_T(t)] + \boldsymbol{D}\int_0^t [\boldsymbol{\varepsilon}(t-s) - \boldsymbol{\varepsilon}_T(t-s)]\frac{\mathrm{d}E(s)}{\mathrm{d}s}\mathrm{d}s \tag{5-152}$$

式中,

$$\boldsymbol{\sigma} = \begin{bmatrix} \sigma_{11} & \sigma_{22} & \sigma_{33} & \tau_{12} & \tau_{23} & \tau_{31} \end{bmatrix}^{\mathrm{T}} \quad (5-153\mathrm{a})$$

$$\boldsymbol{\varepsilon} = \begin{bmatrix} \varepsilon_{11} & \varepsilon_{22} & \varepsilon_{33} & \gamma_{12} & \gamma_{23} & \gamma_{31} \end{bmatrix}^{\mathrm{T}} \quad (5-153\mathrm{b})$$

$$\boldsymbol{\varepsilon}_T = \alpha_T T \begin{bmatrix} 1 & 1 & 1 & 0 & 0 & 0 \end{bmatrix}^{\mathrm{T}} \quad (5-153\mathrm{c})$$

$$\boldsymbol{D} = \frac{1-\nu}{(1+\nu)(1-2\nu)} \begin{bmatrix} 1 & \frac{\nu}{1-\nu} & \frac{\nu}{1-\nu} & 0 & 0 & 0 \\ \frac{\nu}{1-\nu} & 1 & \frac{\nu}{1-\nu} & 0 & 0 & 0 \\ \frac{\nu}{1-\nu} & \frac{\nu}{1-\nu} & 1 & 0 & 0 & 0 \\ 0 & 0 & 0 & \frac{1-2\nu}{2(1-\nu)} & 0 & 0 \\ 0 & 0 & 0 & 0 & \frac{1-2\nu}{2(1-\nu)} & 0 \\ 0 & 0 & 0 & 0 & 0 & \frac{1-2\nu}{2(1-\nu)} \end{bmatrix}$$

$$(5-153\mathrm{d})$$

用 Prony 级数表示松弛模量 $E(t)$ 为

$$E(t) = E_\infty + \sum_{i=1}^{N} E_i \mathrm{e}^{-\frac{t}{\tau_i}} \quad (5-154)$$

式中: E_∞ —— 平衡态模量。

将式(5-154)对时间求导,得

$$\frac{\mathrm{d}E(t)}{\mathrm{d}t} = \sum_{i=1}^{N} -\frac{E_i}{\tau_i} \mathrm{e}^{-\frac{t}{\tau_i}} \quad (5-155)$$

设 $s = t - \tau$,t 时刻的应力由式(5-64)得到,写成广义 Maxwell 模型的形式为

$$\boldsymbol{\sigma}(t) = \boldsymbol{\sigma}^\infty(t) + \sum_{i=1}^{N} \boldsymbol{\sigma}^i(t) \quad (5-156)$$

式中,

$$\boldsymbol{\sigma}^\infty(t) = \boldsymbol{D}E_\infty \begin{bmatrix} \boldsymbol{\varepsilon}(t) - \boldsymbol{\varepsilon}_T(t) \end{bmatrix} \quad (5-157\mathrm{a})$$

$$\boldsymbol{\sigma}^i(t) = \boldsymbol{D} \left\{ E_i \begin{bmatrix} \boldsymbol{\varepsilon}(t) - \boldsymbol{\varepsilon}_T(t) \end{bmatrix} - \frac{E_i}{\tau_i} \int_0^t \begin{bmatrix} \boldsymbol{\varepsilon}(\tau) - \boldsymbol{\varepsilon}_T(\tau) \end{bmatrix} \mathrm{e}^{-\frac{t-\tau}{\tau_i}} \mathrm{d}\tau \right\} \quad (5-157\mathrm{b})$$

由式(5-154)得 t_{k-1} 时刻的应力为

$$\boldsymbol{\sigma}(t_{k-1}) = \boldsymbol{\sigma}^\infty(t_{k-1}) + \sum_{i=1}^{N} \boldsymbol{\sigma}^i(t_{k-1}) \quad (5-158)$$

由 t_{k-1} 时刻的应力求得 t_k 时刻的应力为

$$\left. \begin{array}{c} \Delta\boldsymbol{\sigma}(t_k) = \boldsymbol{\sigma}(t_k) - \boldsymbol{\sigma}(t_{k-1}) \\ \Delta\boldsymbol{\varepsilon}(t_k) = \boldsymbol{\varepsilon}(t_k) - \boldsymbol{\varepsilon}(t_{k-1}) \\ \Delta\boldsymbol{\varepsilon}_T(t_k) = \boldsymbol{\varepsilon}_T(t_k) - \boldsymbol{\varepsilon}_T(t_{k-1}) \end{array} \right\} \quad (5-159)$$

总应力增量 $\Delta\boldsymbol{\sigma}(t_k)$ 为

$$\Delta\boldsymbol{\sigma}(t_k) = \boldsymbol{D}E_\infty \begin{bmatrix} \Delta\boldsymbol{\varepsilon}(t_k) - \Delta\boldsymbol{\varepsilon}_T(t_k) \end{bmatrix} + \sum_{i=1}^{N} \Delta\boldsymbol{\sigma}^i(t_k) \quad (5-160)$$

式中，

$$\Delta\boldsymbol{\sigma}^i(t_k) = -\boldsymbol{D}\frac{E_i}{\tau_i}\int_{t_{k-1}}^{t_k}[\boldsymbol{\varepsilon}(\tau)-\boldsymbol{\varepsilon}_T(\tau)]e^{-\frac{t_k-\tau}{\tau_i}}d\tau - (1-e^{-\frac{h}{\tau_i}})\boldsymbol{\sigma}^i(t_{k-1}) +$$

$$\boldsymbol{D}E_i(1-e^{-\frac{h}{\tau_i}})[\boldsymbol{\varepsilon}(t_{k-1})-\boldsymbol{\varepsilon}_T(t_{k-1})] + \boldsymbol{D}E_i[\Delta\boldsymbol{\varepsilon}(t_h)-\Delta\boldsymbol{\varepsilon}_T(t_k)] \quad (5-161)$$

假设在区间 $[t_{k-1},t_k]$ 内，应变呈线性增加趋势，有

$$\boldsymbol{\varepsilon}(t)-\boldsymbol{\varepsilon}_T(t) = \boldsymbol{\varepsilon}(t_{k-1})-\boldsymbol{\varepsilon}_T(t_{k-1}) + \frac{t-t_k+h}{h}[\Delta\boldsymbol{\varepsilon}(t_k)-\Delta\boldsymbol{\varepsilon}_T(t_k)] \quad (5-162)$$

于是，式 (5-161) 可写为

$$\Delta\boldsymbol{\sigma}^i(t_k) = \frac{E_i\tau_i}{h}(1-e^{-\frac{h}{\tau_i}})\boldsymbol{D}[\Delta\boldsymbol{\varepsilon}(t_k)-\Delta\boldsymbol{\varepsilon}_T(t_k)] - (1-e^{-\frac{h}{\tau_i}})\boldsymbol{\sigma}^i(t_{k-1}) \quad (5-163)$$

式中，

$$\left.\begin{array}{l} \alpha_i(h) = 1-e^{-\frac{h}{\tau_i}} \\[2mm] \beta_i(h) = \frac{\tau_i}{h}(1-e^{-\frac{h}{\tau_i}}) = \alpha_i(h)\frac{\tau_i}{h} \\[2mm] E_0 = E_\infty + \sum_{i=1}^N E_i \end{array}\right\} \quad (5-164)$$

式 (5-163) 即为增量型本构方程。

5.3.4　黏弹性有限元计算方法

有限元法是将弹性连续体离散为有限个单元的一种近似数值解法。由于离散后的单元与单元之间只通过节点相互连接，且离散后的单元数目和节点数目都是有限的，所以称这种方法为有限元法。有限元法是求解各种复杂数学物理问题的重要方法，是处理各种复杂工程问题的重要分析手段，也是进行科学研究的重要工具。

1. 有限元法理论基础

对结构力学的有限元分析，理论基础是能量原理。

（1）虚功原理。对一个平衡力系，假想在该力系上作用有微小的扰动，且外力所作用的位置产生了微小的位移变化。如果假想的扰动位移不影响原平衡条件，必须满足一定的条件，该条件称为许可位移条件。满足许可位移条件的、任意微小的假想位移称为虚位移。

虚功原理是最基本的能量原理，其阐述了弹性体或结构的平衡条件：对于一个处于平衡状态的系统，当作用有满足许可位移条件的虚位移时，外载在虚位移上所做的虚功等于弹性体的虚应变能，即

$$\delta W = \delta U \quad (5-165)$$

则

$$\delta(U-W) = 0 \quad (5-166)$$

令 $\Pi = U - W$，则称 Π 为总势能。

即

$$\delta\Pi = 0 \quad (5-167)$$

（2）最小势能原理。最小势能原理是虚位移原理的另一种形式。设有满足位移边界条件 $BC(u)$ 的许可位移场，其中真实的位移 $\hat{u}_i$ 使物体的总势能取最小值，即

$$\min_{\hat{u}_i \in BC(u)} \left[\Pi(\hat{u}_i) = U - W \right] \tag{5-168}$$

2. 有限元分析的一般步骤

当用有限元法进行结构分析时，可分为两部分：一是单元分析，探讨单个单元的力学特性，并为求解单个单元的特性建立方程；二是整体结构分析，即把所有的单元集合起来成为整体结构，并建立整体结构方程。有限元分析的一般步骤有如下 8 个。

（1）结构的离散化。结构的离散化是指把要分析的结构划分成有限个单元体，并在单元体的指定位置设置节点，再把相邻单元在节点处连接起来组成单元的集合体，以代替原来的结构。若分析的结构是连续体，则为了有效地逼近实际结构，需要根据计算精度的要求和使用计算机的容量，合理选择单元的形状，确定单元的数目和较优的网格划分方案。

（2）位移函数选择。为了能用节点位移来表示单元内任意一点的位移、应变和应力，首先假定单元内任意一点的位移是坐标的某种简单函数，称之为位移函数，即

$$f = N\boldsymbol{\delta}_e \tag{5-169}$$

式中：f—— 单元内任意一点的位移列矩阵；

$\boldsymbol{N}$—— 形状函数矩阵；

$\boldsymbol{\delta}_e$—— 单元的节点位移列矩阵。

（3）分析单元的力学特征。利用弹性力学的几何方程，导出用节点位移表示的单元应变，即

$$\boldsymbol{\varepsilon} = \boldsymbol{B}\boldsymbol{\delta}_e \tag{5-170}$$

式中：$\boldsymbol{\varepsilon}$—— 单元内任意一点的应变列矩阵；

$\boldsymbol{B}$—— 几何矩阵。

利用物理方程，导出用节点位移表示的单元应力，即

$$\boldsymbol{\sigma} = \boldsymbol{DB}\boldsymbol{\delta}_e = \boldsymbol{S}\boldsymbol{\delta}_e \tag{5-171}$$

式中：$\boldsymbol{\sigma}$—— 单元任意一点的应力列矩阵；

$\boldsymbol{D}$—— 单元弹性矩阵；

$\boldsymbol{S}$—— 单元应力矩阵。

利用虚功方程建立作用于单元上的节点力和节点位移之间的关系式，即单元的刚度方程，从而推导出单元的节点力矩阵为

$$\boldsymbol{P}_e = \boldsymbol{K}_e\boldsymbol{\delta}_e \tag{5-172}$$

式中：$\boldsymbol{K}_e$—— 单元刚度矩阵，$\boldsymbol{K}_e$ 的表达式为 $\boldsymbol{K}_e = \int_v \boldsymbol{B}^{\mathrm{T}}\boldsymbol{DB}\,\mathrm{d}v$。

（4）计算等效节点载荷。连续弹性体经过离散化以后，便假定力是通过节点从一个单元传递到另一个单元的。但是实际的连续体，力是从单元的公共边界传递到另一个单元的。因此，作用在单元上的集中力、体积力以及作用在单元边界上的表面力，都必须等效地移置到节点上去，形成等效的节点载荷。

（5）整体分析。集合所有单元的刚度方程，建立整个结构的平衡方程，从而形成了总体刚度矩阵，即

$$P = K\delta \tag{5-173}$$

式中：P——结构的等效节点载荷列矩阵；

$\quad\quad K$——结构总体刚度矩阵；

$\quad\quad \delta$——结构节点位移列矩阵。

（6）应用位移边界条件。应用位移边界条件，可以消除总体刚度矩阵的奇异性，利用式（5-173）可求解。

（7）求解结构平衡方程。结构的平衡方程是以总体刚度矩阵为系数的线性代数方程组，解这个方程组可以求得未知的节点位移。

（8）计算单元应力。利用式（5-171），由节点位移可以求出单元的应力。

3. 黏弹性增量有限元方法

由于固体火箭发动机在全寿命周期中承受载荷种类及载荷历程均十分复杂，进行药柱结构分析时单一的有限元方法往往难以适应。例如，当进行固化降温分析时，采用显式有限元格式在时间步跃上选取不能太大，宜选取较大时间步长的隐式有限元格式，可以节省计算时间。另外，当推进剂的泊松比接近 0.5 时，若采用常规有限元分析方法，就会出现较大的误差。因此，黏弹性增量有限元方法被用于计算黏弹性材料的结构计算。

（1）基于 Burgers 模型的黏弹性增量有限元方法。

1）Burgers 模型的增量型本构关系。Burgers 模型可以反映非晶态聚合物黏弹性行为的主要特征，Burgers 模型由 Maxwell 模型和 Kelvin 模型串联而成，其模型参数如图 5-29 所示。

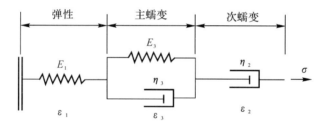

图 5-29 Burgers 模型参数

Burgers 模型的蠕变柔量为

$$F(t) = \frac{1}{E_1} + \frac{t}{\eta_2} + \frac{1}{E_3}\left(1 - e^{-\frac{\eta_3}{E_3}t}\right) \tag{5-174}$$

松弛模量为

$$E(t) = \frac{1}{\sqrt{P_1^2 - 4P_2}}\left[(q_1 - \alpha q_2)e^{-\alpha t} - (q_1 - \beta q_2)e^{-\beta t}\right] \tag{5-175}$$

式中，

$$\left.\begin{array}{l} \alpha = \dfrac{1}{2P_2}\left(P_1 - \sqrt{P_1^2 - 4P_2}\right) \\[2mm] \beta = \dfrac{1}{2P_2}\left(P_1 + \sqrt{P_1^2 - 4P_2}\right) \end{array}\right\} \tag{5-176}$$

Burgers 模型的总应变为弹性应变 ε^P 与蠕变应变 ε^e 之和,为推导出适合有限元法分析的增量型本构关系,Burgers 蠕变模型单向拉伸(或压缩)可表示为

$$\varepsilon(t) = F(t)\sigma \tag{5-177}$$

式中:σ—— 施加的阶跃应力;

$F(t)$—— 蠕变柔量,表示施加单位阶跃应力时材料的蠕变响应。

由式(5-174)和式(5-177)可得其蠕变应变为

$$\varepsilon^e_{total} = \frac{\sigma}{\eta_2}t + \varepsilon^e_{primary} \tag{5-178}$$

式中:$\varepsilon^e_{primary} = \dfrac{\sigma}{E_3}\left[1 - e^{-\frac{E_3}{\eta_3}t}\right]$。

由式(5-178)可得应变率为

$$\dot{\varepsilon}^e_{total} = \frac{\sigma}{\eta_2} + \dot{\varepsilon}^e_{primary} \tag{5-179}$$

式中,

$$\dot{\varepsilon}^e_{total} = \frac{1}{\eta_3}(\sigma - E_3\varepsilon^e_{primary}) \tag{5-180}$$

2) 有限元方程。采用有限元方法进行计算时,单元内任意一点的位移 u 和应变 ε 可分别表示为

$$u = Nu_i \tag{5-181}$$

$$\varepsilon = Bu_i \tag{5-182}$$

式中:N—— 形函数矩阵;

B—— 应变矩阵。

对于有 n 个节点的三维单元,表达方法为

$$N = \begin{bmatrix} N_1 & 0 & 0 & N_2 & 0 & 0 & \cdots & N_n & 0 & 0 \\ 0 & N_1 & 0 & 0 & N_2 & 0 & \cdots & 0 & N_n & 0 \\ 0 & 0 & N_1 & 0 & 0 & N_2 & \cdots & 0 & 0 & N_n \end{bmatrix} \tag{5-183a}$$

$$B = \begin{bmatrix} N_{1,x} & 0 & 0 & N_{2,x} & 0 & 0 & \cdots & N_{n,x} & 0 & 0 \\ 0 & N_{1,y} & 0 & 0 & N_{2,y} & 0 & \cdots & 0 & N_{n,y} & 0 \\ 0 & 0 & N_{1,z} & 0 & 0 & N_{2,z} & \cdots & 0 & 0 & N_{n,z} \\ N_{1,y} & N_{1,x} & 0 & N_{2,y} & N_{2,x} & 0 & \cdots & N_{n,y} & N_{n,x} & 0 \\ 0 & N_{1,z} & N_{1,y} & 0 & N_{2,z} & N_{2,y} & \cdots & 0 & N_{n,z} & N_{n,y} \\ N_{1,z} & 0 & N_{1,x} & N_{2,z} & 0 & N_{2,x} & \cdots & N_{n,z} & 0 & N_{n,x} \end{bmatrix} \tag{5-183b}$$

t_k 至 t_{k+1} 时刻的位移和应变增量为

$$\Delta u_{k+1} = N\Delta u_{i,k+1} \tag{5-184}$$

$$\Delta \varepsilon_{k+1} = B\Delta u_{i,k+1} \tag{5-185}$$

式中:$\Delta u_{i,k+1}$—— 单元节点位移增量,$\Delta u_{i,k+1} = u_{i,k+1} - u_{i,k}$。

由虚功原理,在 t_k 和 t_{k+1} 时刻分别有

$$\int_V \delta\varepsilon^T \sigma_k dV = \int_V \delta u^T p_k dV + \int_S \delta u^T P_k dS \tag{5-186}$$

$$\int_V \delta \boldsymbol{\varepsilon}^T \boldsymbol{\sigma}_{k+1} \mathrm{d}V = \int_V \delta \boldsymbol{u}^T \boldsymbol{p}_{k+1} \mathrm{d}V + \int_S \delta \boldsymbol{u}^T \boldsymbol{P}_{k+1} \mathrm{d}S \qquad (5-187)$$

式中：$\delta \boldsymbol{u}$——虚位移；

$\quad\;\; \delta \boldsymbol{\varepsilon}$——虚应变；

$\quad\;\; \boldsymbol{p}$——体力；

$\quad\;\; \boldsymbol{P}$——作用于边界上的面力或集中力。

将式(5-187)减去式(5-186)，得虚功方程的增量形式为

$$\int_V \delta \boldsymbol{\varepsilon}^T \Delta \boldsymbol{\sigma}_{k+1} \mathrm{d}V = \int_V \delta \boldsymbol{u}^T \Delta \boldsymbol{p}_{k+1} \mathrm{d}V + \int_S \delta \boldsymbol{u}^T \Delta \boldsymbol{P}_{k+1} \mathrm{d}S \qquad (5-188)$$

将式(5-163)代入式(5-188)，得到表征结构总体平衡的迭代方程为

$$\boldsymbol{K} \delta \boldsymbol{u}_{i,k+1} = \Delta \boldsymbol{Q}_{k+1} \qquad (5-189)$$

式中，

$$\boldsymbol{K} = \int_V \boldsymbol{B}^T \boldsymbol{D}_{ee} \boldsymbol{B} \mathrm{d}V \qquad (5-190)$$

$$\Delta \boldsymbol{Q}_{k+1} = \int_V \boldsymbol{N}^T \Delta \boldsymbol{p}_{k+1} \mathrm{d}V + \int_S \boldsymbol{N}^T \Delta \boldsymbol{P}_{k+1} \mathrm{d}S + \int_V \boldsymbol{B}^T \boldsymbol{D}_{ee} \Delta \boldsymbol{\varepsilon}'_{k+1} \mathrm{d}V + \int_V \boldsymbol{B}^T \boldsymbol{D}_{ee} \Delta \boldsymbol{\varepsilon}_{Tk+1} \mathrm{d}V$$
$$(5-191)$$

(2) 基于 Boltzmann 原理的黏弹性增量有限元方法。

1)Boltzmann 叠加原理和积分型本构方程。为了解决积分函数只能在全历程积分才能求解的困难，有限元分析中通常采用增量型的本构关系，将松弛型本构方程式(5-152)在时域中离散。

松弛模量 $E(t)$ 用 Prony 级数表示，即

$$E(t) = E_\infty + \sum_{n=1}^N E_n \mathrm{e}^{-\frac{t}{\tau_n}} \qquad (5-192)$$

将式(5-192)对时间求导，可得

$$\frac{\mathrm{d}E(t)}{\mathrm{d}t} = \sum_{n=1}^N -\frac{E_n}{\tau_n} \mathrm{e}^{-\frac{t}{\tau_n}} \qquad (5-193)$$

设 $s = t - \tau$，由式(5-141)得 t 时刻的应力为

$$\boldsymbol{\sigma}(t) = \boldsymbol{D}\Big(E_\infty + \sum_{n=1}^N E_n\Big) \big[\boldsymbol{\varepsilon}(t) - \boldsymbol{\varepsilon}_T(t)\big] + \boldsymbol{D} \sum_{n=1}^N \frac{-E_n}{\tau_n} \int_0^t \big[\boldsymbol{\varepsilon}(\tau) - \boldsymbol{\varepsilon}_T(\tau)\big] \mathrm{e}^{-\frac{t-\tau}{\tau_n}} \mathrm{d}\tau$$
$$(5-194)$$

将式(5-194)写成广义 Maxwell 模型中所有应力(称为内部应力)相加的形式，即

$$\boldsymbol{\sigma}(t) = \boldsymbol{\sigma}^\infty(t) + \sum_{n=1}^N \boldsymbol{\sigma}^n(t) \qquad (5-195)$$

式中，

$$\boldsymbol{\sigma}^\infty(t) = \boldsymbol{D}E_\infty \big[\boldsymbol{\varepsilon}(t) - \boldsymbol{\varepsilon}_T(t)\big] \qquad (5-196)$$

$$\boldsymbol{\sigma}^n(t) = \boldsymbol{D}\Big\{E_n \big[\boldsymbol{\varepsilon}(t) - \boldsymbol{\varepsilon}_T(t)\big] + \frac{-E_n}{\tau_n} \int_0^t \big[\boldsymbol{\varepsilon}(\tau) - \boldsymbol{\varepsilon}_T(\tau)\big] \mathrm{e}^{-\frac{t-\tau}{\tau_n}} \mathrm{d}\tau\Big\} \qquad (5-197)$$

将时间 $[0,t]$ 划分为 $[t_0,t_1]$，$[t_1,t_2]$，$\cdots$，$[t_{m-1},t_m]$，$\cdots$，$[t_{N-1},t_N]$ 共 N 个时间段，每段步长为 $h = t_m - t_{m-1}$，由式(5-194)得 t_{m-1} 时刻的应力为

$$\boldsymbol{\sigma}(t_{m-1}) = \boldsymbol{\sigma}^{\infty}(t_{m-1}) + \sum_{n=1}^{N} \boldsymbol{\sigma}^{n}(t_{m-1}) \qquad (5-198)$$

式中,

$$\boldsymbol{\sigma}^{\infty}(t_{m-1}) = \boldsymbol{D} E_{\infty} [\boldsymbol{\varepsilon}(t_{m-1}) - \boldsymbol{\varepsilon}_{T}(t_{m-1})] \qquad (5-199)$$

$$\boldsymbol{\sigma}^{n}(t_{m-1}) = \boldsymbol{D} \left\{ E_{n} [\boldsymbol{\varepsilon}(t_{m-1}) - \boldsymbol{\varepsilon}_{T}(t_{m-1})] + \frac{-E_{n}}{\tau_{n}} \int_{0}^{t_{m-1}} [\boldsymbol{\varepsilon}(\tau) - \boldsymbol{\varepsilon}_{T}(\tau)] e^{-\frac{t_{m-1}-\tau}{\tau_{n}}} d\tau \right\}$$
$$(5-200)$$

于是,t_m 时刻的应力可以由 t_{m-1} 时刻的应力来计算,设

$$\Delta\boldsymbol{\sigma}(t_m) = \boldsymbol{\sigma}(t_m) - \boldsymbol{\sigma}(t_{m-1}) \qquad (5-201)$$

$$\Delta\boldsymbol{\varepsilon}(t_m) = \boldsymbol{\varepsilon}(t_m) - \boldsymbol{\varepsilon}(t_{m-1}) \qquad (5-202a)$$

$$\Delta\boldsymbol{\varepsilon}_{T}(t_m) = \boldsymbol{\varepsilon}_{T}(t_m) - \boldsymbol{\varepsilon}_{T}(t_{m-1}) \qquad (5-202b)$$

则有

$$\boldsymbol{\sigma}^{n}(t_m) = \boldsymbol{D} \frac{-E_{n}}{\tau_{n}} \int_{t_{m-1}}^{t_m} [\boldsymbol{\varepsilon}(\tau) - \boldsymbol{\varepsilon}_{T}(\tau)] e^{-\frac{t_m-\tau}{\tau_{n}}} d\tau + e^{-\frac{h}{\tau_{n}}} \boldsymbol{\sigma}^{n}(t_{m-1}) +$$
$$\boldsymbol{D} E_{n} (1 - e^{-\frac{h}{\tau_{n}}}) [\boldsymbol{\varepsilon}(t_{m-1}) - \boldsymbol{\varepsilon}_{T}(t_{m-1})] + \boldsymbol{D} E_{n} [\Delta\boldsymbol{\varepsilon}(t_m) - \Delta\boldsymbol{\varepsilon}_{T}(t_m)] \qquad (5-203)$$

总应力增量为

$$\Delta\boldsymbol{\sigma}(t_m) = \boldsymbol{D} E_{\infty} [\Delta\boldsymbol{\varepsilon}(t_m) - \Delta\boldsymbol{\varepsilon}_{T}(t_m)] \sum_{n=1}^{N} \Delta\boldsymbol{\sigma}^{n}(t_m) \qquad (5-204)$$

式中,

$$\Delta\boldsymbol{\sigma}^{n}(t_m) = \boldsymbol{D} \frac{-E_{n}}{\tau_{n}} \int_{t_{m-1}}^{t_m} [\boldsymbol{\varepsilon}(\tau) - \boldsymbol{\varepsilon}_{T}(\tau)] e^{-\frac{t_m-\tau}{\tau_{n}}} d\tau + (1 - e^{-\frac{h}{\tau_{n}}}) \boldsymbol{\sigma}^{n}(t_{m-1}) +$$
$$\boldsymbol{D} E_{n} (1 - e^{-\frac{h}{\tau_{n}}}) [\boldsymbol{\varepsilon}(t_{m-1}) - \boldsymbol{\varepsilon}_{T}(t_{m-1})] + \boldsymbol{D} E_{n} [\Delta\boldsymbol{\varepsilon}(t_m) - \Delta\boldsymbol{\varepsilon}_{T}(t_m)] \qquad (5-205)$$

假设在时间区间 $[t_{m-1}, t_m]$ 内应变是线性增加的,即

$$\boldsymbol{\varepsilon}(t) - \boldsymbol{\varepsilon}_{T}(t) = \boldsymbol{\varepsilon}(t_{m-1}) - \boldsymbol{\varepsilon}_{T}(t_{m-1}) + \frac{t - t_m + h}{h} [\Delta\boldsymbol{\varepsilon}(t_m) - \Delta\boldsymbol{\varepsilon}_{T}(t_m)] \qquad (5-206)$$

则式(5-205)可变为

$$\Delta\boldsymbol{\sigma}^{n}(t_m) = \frac{E_{n}\tau_{n}}{h} (1 - e^{-\frac{h}{\tau_{n}}}) \boldsymbol{D} [\Delta\boldsymbol{\varepsilon}(t_m) - \Delta\boldsymbol{\varepsilon}_{T}(t_m)] - (1 - e^{-\frac{h}{\tau_{n}}}) \boldsymbol{\sigma}^{n}(t_{m-1}) \qquad (5-207)$$

令

$$\alpha_{n}(h) = 1 - e^{-\frac{h}{\tau_{n}}}$$

$$\beta_{n}(h) = \frac{\tau_{n}}{h} (1 - e^{-\frac{h}{\tau_{n}}}) = \alpha_{n}(h) \frac{\tau_{n}}{h}$$

则总应力可表示为

$$\Delta\boldsymbol{\sigma}(t_m) = \boldsymbol{D} \left[E_{\infty} + \sum_{n=1}^{N} \beta_{n}(h) E_{n} \right] [\Delta\boldsymbol{\varepsilon}(t_m) - \Delta\boldsymbol{\varepsilon}_{T}(t_m)] - \sum_{n=1}^{N} \alpha_{n}(h) \boldsymbol{\sigma}^{n}(t_{m-1})$$
$$(5-208)$$

当 $t \to 0$ 时,由式(5-193)可得

$$E_{0} = E_{\infty} + \sum_{n=1}^{N} E_{n} \qquad (5-209)$$

则式(5-208)可变为

$$\Delta\boldsymbol{\sigma}(t_m) = \boldsymbol{D}\left\{E_0 - \sum_{n=1}^{N}\left[1-\beta_n(h)\right]E_n\right\}\left[\Delta\boldsymbol{\varepsilon}(t_m) - \Delta\boldsymbol{\varepsilon}_T(t_m)\right] - \sum_{n=1}^{N}\alpha_n(h)\boldsymbol{\sigma}^n(t_{m-1})$$

$$(5-210)$$

2）有限元方程。分解应力张量和应变张量，分别得到偏斜张量和静水张量，松弛型本构关系可表示为

$$S_{ij}(t) = 2G(t)e_{ij}(0) + 2\int_0^t G(t-\tau)\frac{\mathrm{d}e_{ij}(\tau)}{\mathrm{d}\tau}\mathrm{d}\tau \tag{5-211}$$

$$\boldsymbol{\sigma}_{kk}(t) = 3K(t)\varepsilon_{kk}(0) + 3\int_0^t K(t-\tau)\frac{\mathrm{d}\varepsilon_{kk}(\tau)}{\mathrm{d}\tau}\mathrm{d}\tau \tag{5-212}$$

式中：$\boldsymbol{S}_{ij} = \sigma_{ij} - 1/3\sigma_{kk}\delta_{ij}$；

$\quad e_{ij} = \varepsilon_{ij} - 1/3\varepsilon_{kk}\delta_{ij}$。

采用 Prony 级数形式表达剪切模量 $G(t)$ 和体积模量 $K(t)$，有

$$G(t) = G_\infty + \sum_{i=1}^{N_D}G_i\mathrm{e}^{-\frac{t}{\tau_i^D}}, \quad G_0 = G_\infty + \sum_{i=1}^{N_D}G_i \tag{5-213}$$

$$K(t) = K_\infty + \sum_{i=1}^{N_K}K_i\mathrm{e}^{-\frac{t}{\tau_i^V}}, \quad K_0 = K_\infty + \sum_{i=1}^{N_K}K_i \tag{5-214}$$

于是，增量型本构方程可写为

$$\Delta S_{ij}(t_m) = 2\left\{G_0 - \sum_{i=1}^{N_D}\left[1-\beta_i^D(h)\right]G_i\right\}\Delta e_{ij}(t_m) - \sum_{i=1}^{N_D}\alpha_i^D(h)S_{ij}(t_{m-1}) \tag{5-215}$$

$$\Delta\sigma_{kk}(t_m) = 3\left\{K_0 - \sum_{i=1}^{N_V}\left[1-\beta_i^V(h)\right]K_i\right\}\Delta\varepsilon_{kk}(t_m) - \sum_{i=1}^{N_V}\alpha_i^V(h)\sigma_{kk}(t_{m-1}) \tag{5-216}$$

增量应力可写为

$$\Delta\boldsymbol{\sigma}(t_m) = \left\{G_0 - \sum_{i=1}^{N_D}\left[1-\beta_i^D(h)\right]G_i\right\}\boldsymbol{D}_D\Delta\boldsymbol{\varepsilon}(t_m) +$$

$$\left\{K_0 - \sum_{i=1}^{N_V}\left[1-\beta_i^V(h)\right]K_i\right\}\boldsymbol{D}_V\Delta\boldsymbol{\varepsilon}(t_m) - \sum_{i=1}^{N_D}\alpha_i^D(h)\boldsymbol{\sigma}_D^i(t_{m-1}) -$$

$$\sum_{i=1}^{N_V}\alpha_i^V(h)\boldsymbol{\sigma}_V^i(t_{m-1}) \tag{5-217}$$

式中，

$$\boldsymbol{D}_D = \begin{bmatrix} \dfrac{4}{3} & -\dfrac{2}{3} & -\dfrac{2}{3} & 0 & 0 & 0 \\[2mm] -\dfrac{2}{3} & \dfrac{4}{3} & -\dfrac{2}{3} & 0 & 0 & 0 \\[2mm] -\dfrac{2}{3} & -\dfrac{2}{3} & \dfrac{4}{3} & 0 & 0 & 0 \\[2mm] 0 & 0 & 0 & 1 & 0 & 0 \\[2mm] 0 & 0 & 0 & 0 & 1 & 0 \\[2mm] 0 & 0 & 0 & 0 & 0 & 1 \end{bmatrix} \tag{5-218a}$$

$$\boldsymbol{D}_V = \begin{bmatrix} 1 & 1 & 1 & 0 & 0 & 0 \\ 1 & 1 & 1 & 0 & 0 & 0 \\ 1 & 1 & 1 & 0 & 0 & 0 \\ 0 & 0 & 0 & 0 & 0 & 0 \\ 0 & 0 & 0 & 0 & 0 & 0 \\ 0 & 0 & 0 & 0 & 0 & 0 \end{bmatrix} \tag{5-218b}$$

$$\Delta\boldsymbol{\sigma}_D^i(t_m) = \beta_i^D(h)G_i\boldsymbol{D}_D\Delta\boldsymbol{\varepsilon}(t_m) - \alpha_i^D(h)\boldsymbol{\sigma}_D^i(t_{m-1}) \tag{5-218c}$$

$$\Delta\boldsymbol{\sigma}_V^i(t_m) = \beta_i^V(h)K_i\boldsymbol{D}_V\Delta\boldsymbol{\varepsilon}(t_m) - \alpha_i^V(h)\boldsymbol{\sigma}_V^i(t_{m-1}) \tag{5-218d}$$

其有限元方程为

$$\boldsymbol{K}\Delta\boldsymbol{u}_{i,m} = \Delta Q_m - \boldsymbol{Q}_{0,m} \tag{5-219}$$

式中,

$$\boldsymbol{K} = \int_V \boldsymbol{B}^T\boldsymbol{D}\left\{E_0 - \sum_{n=1}^N [1-\beta_n(h)]E_n\right\}\boldsymbol{B}\,\mathrm{d}V \tag{5-220}$$

$$\boldsymbol{Q}_{0,m} = -\int_V \boldsymbol{B}^T\sum_{n=1}^N \boldsymbol{\alpha}_n(h)\boldsymbol{\sigma}^n(t_{m-1})\,\mathrm{d}V \tag{5-221}$$

$$\Delta\boldsymbol{Q}_m = \int_V \boldsymbol{B}^T\boldsymbol{D}\left\{E_0 - \sum_{n=1}^N [1-\beta_n(h)]E_n\right\}\Delta\boldsymbol{\varepsilon}_T(t_m)\,\mathrm{d}V +$$
$$\int_V \boldsymbol{N}^T\Delta\boldsymbol{p}_m\,\mathrm{d}V + \int_S \boldsymbol{N}^T\Delta\boldsymbol{p}_m\,\mathrm{d}S \tag{5-222}$$

第6章 固体火箭发动机装药缺陷分析算例

本章以含裂纹装药的固体火箭发动机为例,采用数值计算方法对其内弹道性能进行计算分析,并通过对装药缺陷与燃气之间相互作用过程的分析,结合流固耦合方法计算得出药柱的受力情况后,采用断裂力学的理论对缺陷的扩展问题进行分析。

6.1 含裂纹装药固体火箭发动机内弹道性能分析

在固体火箭发动机内弹道计算中,最常用的方法为零维内弹道计算方法和一维内弹道计算方法。零维内弹道方法不考虑参数沿轴向的分布,因此仅适用于长径比较小或者端面燃烧的发动机,对于长径比较大或者侧面燃烧的发动机,则通常选用一维内弹道方法,一维内弹道方法可计算出沿发动机轴向的参数分布。但是当发动机装药构型较为复杂或者含有裂纹时,用上述两种方法计算时均会出现较大的偏差。因此,在计算中一般采用更直接的方法对固体火箭发动机的工作过程进行仿真计算,从而得到更准确的发动机内弹道数据。

6.1.1 计算模型验证

1. 管型装药固体火箭发动机模型

图 6-1 所示为管型装药固体火箭发动机计算模型示意图,该发动机内壁面及后端面为燃烧表面,前端面及外壁面被包覆。推进剂的参数见表 6-1。

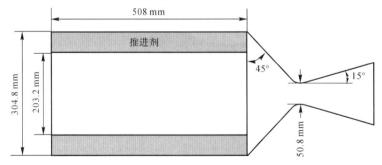

图 6-1 管型装药固体火箭发动机计算模型示意图

表 6 - 1　推进剂参数

参　数	数　值
推进剂密度/(kg·m^{-3})	1 800
燃速系数	0.015
燃速压强指数	0.3

2. 一维内弹道的基本方程

对于管型装药,其通道内呈轴对称分布,在同一横截面上各项参数分布均匀,采用一维内弹道方法计算所得的结果准确性较高,因此采用一维内弹道方法作为管型发动机内弹道计算验证对象。

一维内弹道控制方程组在计算中假设在某一横截面内燃气的各项参数均匀分布,即燃气在燃烧室通道内为一维流动,并且忽略加入质量的轴向动量分量,燃气遵循完全气体定律,推进剂的燃烧仅发生在装药燃烧表面很薄的气相层内。控制方程组可表示为

$$\frac{\mathrm{d}}{\mathrm{d}x}(\rho u A_{\mathrm{p}}) = \rho_{\mathrm{p}} r \frac{\mathrm{d}A_{\mathrm{p}}}{\mathrm{d}x} \tag{6-1}$$

$$\frac{\mathrm{d}}{\mathrm{d}x}\left[(p + \rho u^2)A_{\mathrm{p}}\right] = p \frac{\mathrm{d}A_{\mathrm{p}}}{\mathrm{d}x} \tag{6-2}$$

$$c_p T + \frac{u^2}{2} = c_p T_{\mathrm{f}} \tag{6-3}$$

$$p = \rho R T \tag{6-4}$$

式中:p—— 气体压强;

　　ρ—— 气体密度;

　　ρ_{p}—— 推进剂密度;

　　T—— 温度;

　　u—— 速度;

　　r—— 推进剂燃速;

　　A_{p}—— 通道截面积;

　　c_p—— 定压比热;

　　R—— 气体常数;

　　x—— 装药通道轴向坐标。

在 Δt 时间内,推进剂燃去的药厚为 $r\Delta t$,于是通道横截面积的增量可表示为

$$\frac{\partial A_{\mathrm{p}}}{\partial x}\Delta t = Cr\Delta t \tag{6-5}$$

式中:C—— 燃烧周长,表达方式为

$$C = \frac{\partial A_{\mathrm{b}}}{\partial x} \tag{6-6}$$

式中:A_{b}—— 装药燃烧表面面积。

3.计算结果验证与分析

在计算得到装药燃面的位置信息后,通过式(5 - 13)计算不同时刻燃面面积,并将计算结果与用计算机辅助设计方法(Computer Aided Design, CAD)计算所得结果进行对比分析。图 6 - 2 所示为 CLSVOF 方法与 CAD 方法计算所得管型装药发动机的燃面面积变化曲线。由图可知,两种计算方法所得结果的吻合程度较好,CLSVOF 方法可较好地对发动机的燃面面积变化情况进行计算。

图 6 - 3 所示为分别采用 CLSVOF 方法与一维内弹道方法计算所得管型装药发动机的燃烧室压强变化曲线。从图中可以看出,在压强曲线的上升段与下降段,两种计算方法所得结果的吻合程度较高,但在中间段 CLSVOF 方法所得的结果略大于一维内弹道方法所得的结果。分析造成上述误差的因素有以下 2 个:

(1)固体火箭发动机开始工作时,燃烧室中的稳定流动尚未完全建立,推进剂燃烧所生成燃气的质量流量大于由喷管流出燃气的质量流量,而一维内弹道方法在计算中未考虑该现象,因此造成 CLSVOF 方法所得结果的值略高;

(2)CLSVOF 方法在计算中考虑了三维流动,因此喷管喉部截面的计算尺寸小于几何尺寸,同样也导致了该方法所得的计算结果值偏高,这也与发动机的实际工作过程相符合。

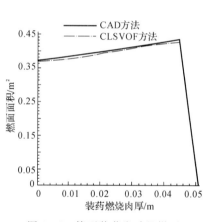

图 6 - 2　管型装药发动机燃面
面积变化曲线

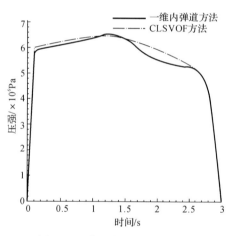

图 6 - 3　管型装药发动机燃烧
室压强变化曲线

综上所述,通过将 CLSVOF 方法与一维内弹道方法计算结果进行对比验证,验证结果表明 CLSVOF 方法可以对管型装药固体火箭发动机在燃面退移条件下的流场进行有效的计算,计算结果具有较好的可信度。

6.1.2　装药裂纹对发动机内弹道性能影响分析

采用上节建立的管型装药固体火箭发动机计算模型,对不同尺寸及形状的裂纹进行分析,可以得出不同的裂纹对发动机性能造成影响的程度。裂纹的尺寸及位置见表 6 - 2。由于实际装药中所出现的裂纹多为不规则形状,对模型的建立及后期的计算工作带来较大的困难,所以为了简化计算,所建立的裂纹模型均为较规则的形状。

表 6 - 2　裂纹编号、尺寸及位置

裂纹编号	长度/mm	深度/mm	宽度/mm	距发动机头部距离/mm	裂纹方向
Ⅰ	50	10	3	40	横向
Ⅱ	50	20	3	40	横向
Ⅲ	50	30	3	240	横向
Ⅳ	60	30	3	240	横向
Ⅴ	60	30	3	300	斜向 45°
Ⅵ	60	30	5	300	斜向 −45°
Ⅶ	60	30	5	400	纵向
Ⅷ	70	30	5	400	纵向

1. 含Ⅰ号裂纹发动机内弹道性能分析

图 6-4 所示为含Ⅰ号裂纹燃面退移过程示意图,从图中可清楚地看到,随着推进剂的燃烧燃面在不断地发生退移,同时裂纹面也逐渐扩大。图 6-5 所示为含Ⅰ号裂纹与不含裂纹发动机燃面面积对比图。对于Ⅰ号裂纹,在初始时刻的燃面面积较不含裂纹燃面面积增加 0.29%,裂纹面增至最大时刻面积增量为 0.88%。图 6-6 所示为含Ⅰ号裂纹与不含裂纹发动机燃烧室压强对比图,其中压强的最大增量为 0.92%。图 6-7~图 6-10 分别为不同时刻含Ⅰ号裂纹与不含裂纹发动机轴向压强变化曲线对比图,含Ⅰ号裂纹的发动机轴向压强发生了较小的偏差。综上所述,Ⅰ号裂纹对发动机性能造成影响的程度较小,不会对发动机性能造成显著的影响。

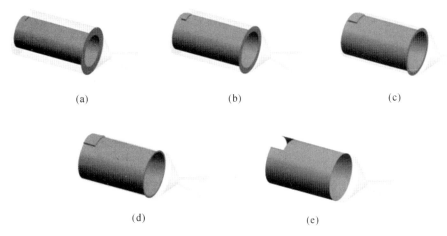

(a)　　　　　　　　　(b)　　　　　　　　　(c)

(d)　　　　　　　　　(e)

图 6-4　含Ⅰ号裂纹燃面退移过程示意图

(a)$t=0.2$ s;　(b)$t=0.8$ s;　(c)$t=1.6$ s;　(d)$t=2.0$ s;　(e)$t=2.6$ s

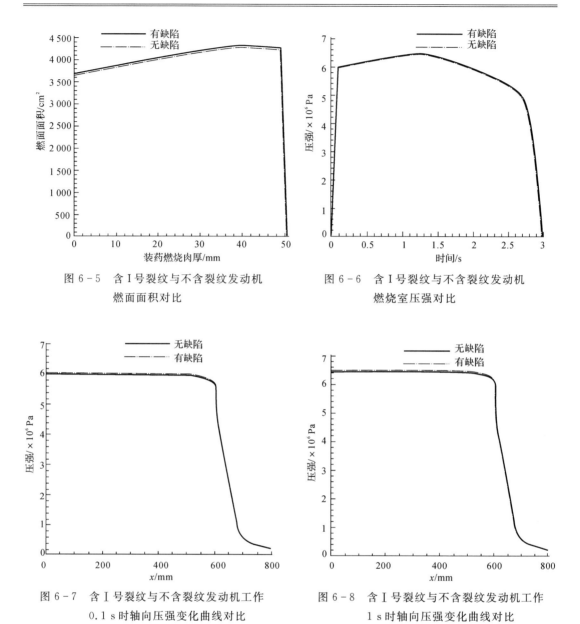

图 6-5　含 I 号裂纹与不含裂纹发动机
燃面面积对比

图 6-6　含 I 号裂纹与不含裂纹发动机
燃烧室压强对比

图 6-7　含 I 号裂纹与不含裂纹发动机工作
0.1 s 时轴向压强变化曲线对比

图 6-8　含 I 号裂纹与不含裂纹发动机工作
1 s 时轴向压强变化曲线对比

2. 含 II 号裂纹发动机内弹道性能分析

　　图 6-11 所示为含 II 号裂纹发动机燃面退移过程示意图。图 6-12 所示为含 II 号裂纹与不含裂纹发动机燃面面积对比。图 6-13 所示为含 II 号裂纹与不含裂纹发动机燃烧室压强对比图。其中,燃面面积的增量最大达到 1.75%,燃烧室压强的增量最大为 1.96%。II号裂纹的深度增加,导致裂纹所在区域推进剂更早燃烧完毕,使得发动机壳体更早受到燃气高温的影响,加大了发动机壳体烧穿的可能性,并且裂纹面积的增加,对发动机内弹道性能的影响也进一步增加。图 6-14~图 6-17 分别为不同时刻含 II 号裂纹与不含裂纹发动机

轴向压强变化曲线对比,从图中可以看出,含Ⅱ号裂纹的发动机的轴向压强产生了较小的偏差。

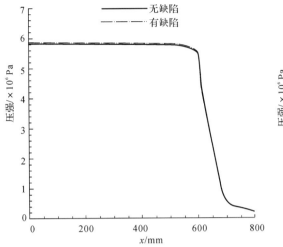

图 6-9　含Ⅰ号裂纹与不含裂纹发动机工作
2 s 时轴向压强变化曲线对比

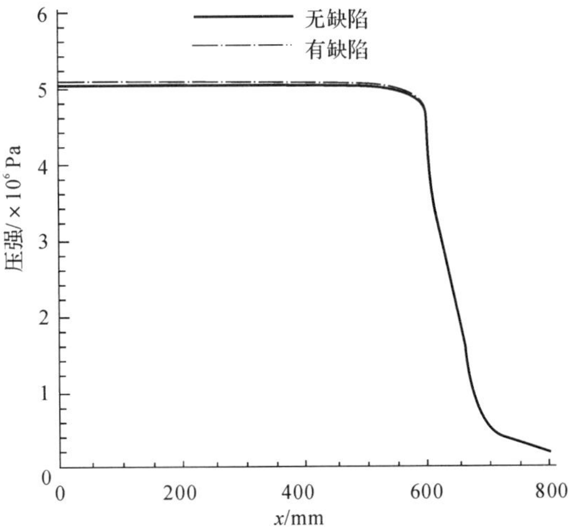

图 6-10　含Ⅰ号裂纹与不含裂纹发动机工作
2.7 s 时轴向压强变化曲线对比

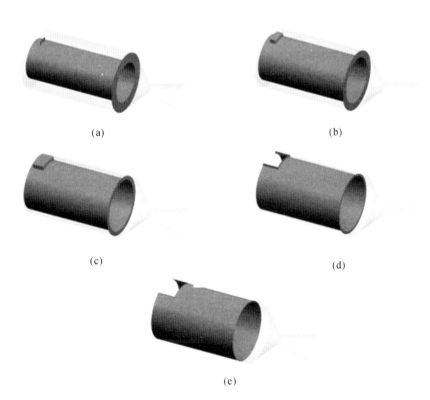

(a)

(b)

(c)

(d)

(e)

图 6-11　含Ⅱ号裂纹燃面退移过程示意图

(a)t=0.2 s；　(b)t=0.8 s；　(c)t=1.6 s；　(d)t=2.0 s；　(e)t=2.6 s

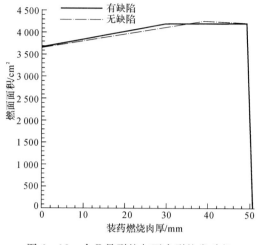

图 6-12　含Ⅱ号裂纹与不含裂纹发动机
燃面面积对比

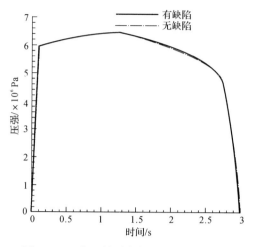

图 6-13　含Ⅱ号裂纹与不含裂纹发动机
燃烧室压强对比

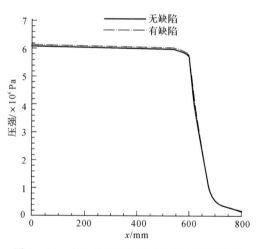

图 6-14　含Ⅱ号裂纹与不含裂纹发动机工作
0.1 s 时轴向压强变化曲线对比

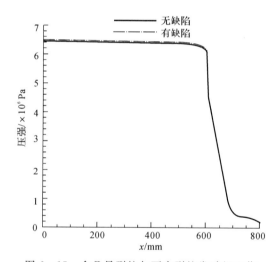

图 6-15　含Ⅱ号裂纹与不含裂纹发动机工作
1 s 时轴向压强变化曲线对比

3. 含Ⅲ号裂纹发动机内弹道性能分析

图 6-18 所示为含Ⅲ号裂纹发动机燃面退移过程示意图。图 6-19 所示为含Ⅲ号裂纹与不含裂纹发动机燃面面积对比。图 6-20 所示为含Ⅲ号裂纹与不含裂纹发动机燃烧室压强对比。Ⅲ号裂纹所造成的燃面面积的增量最大为 1.97%,燃烧室压强的增量最大为 2.23%。由于裂纹深度的进一步增加,对发动机内弹道性能的影响也逐渐显现,同时发动机壳体的受热时间也逐渐增长。图 6-21～图 6-24 分别为不同时刻含Ⅲ号裂纹与不含裂纹发动机轴向压强变化曲线对比,从图中可以看出,含Ⅲ号裂纹的发动机轴向压强呈现在发动机工作前期较高,在发动机工作后期较低的趋势。

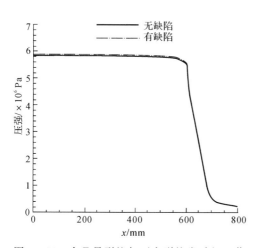

图 6 - 16 含Ⅱ号裂纹与不含裂纹发动机工作
2 s 时轴向压强变化曲线对比

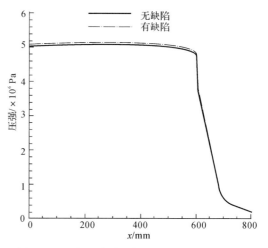

图 6 - 17 含Ⅱ号裂纹与不含裂纹发动机工作
2.7 s 时轴向压强变化曲线对比

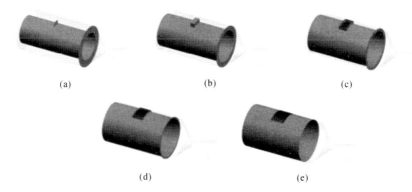

图 6 - 18 含Ⅲ号裂纹燃面退移过程示意图

(a)t=0.2 s; (b)t=0.8 s; (c)t=1.6 s; (d)t=2.0 s; (e)t=2.6 s

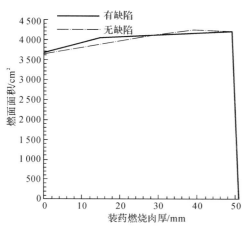

图 6 - 19 含Ⅲ号裂纹与不含裂纹发动机
燃面面积对比

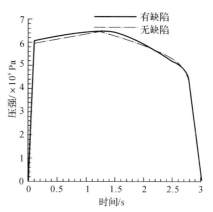

图 6 - 20 含Ⅲ号裂纹与不含裂纹发
动机燃烧室压强对比

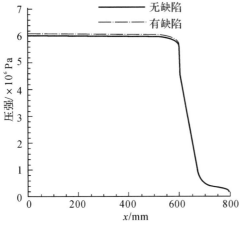

图 6-21　含Ⅲ号裂纹与不含裂纹发动机工作
0.1 s 时轴向压强变化曲线对比

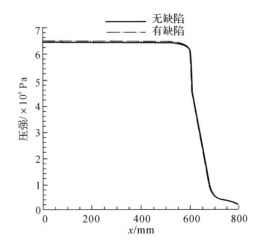

图 6-22　含Ⅲ号裂纹与不含裂纹发动机工作
1 s 时轴向压强变化曲线对比

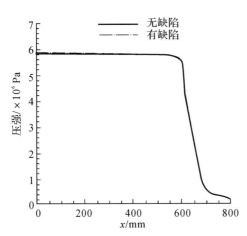

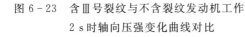

图 6-23　含Ⅲ号裂纹与不含裂纹发动机工作
2 s 时轴向压强变化曲线对比

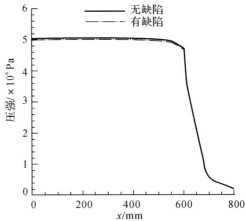

图 6-24　含Ⅲ号裂纹与不含裂纹发动机工作
2.7 s 时轴向压强变化曲线对比

4. 含Ⅳ号裂纹发动机内弹道性能分析

图 6-25 所示为含Ⅳ号裂纹发动机燃面退移过程示意图。图 6-26 所示为含Ⅳ号裂纹与不含裂纹发动机燃面面积对比。图 6-27 所示为含Ⅳ号裂纹与不含裂纹发动机燃烧室压强对比。Ⅳ号裂纹所造成的燃面面积的增量最大为 2.01%,燃烧室压强的增量最大为 2.51%。由于裂纹长度的增加,裂纹对发动机内弹道性能的影响逐渐加剧。图 6-28～图 6-31分别为不同时刻含Ⅳ号裂纹与不含裂纹发动机轴向压强变化曲线对比,从图中可以看出,含Ⅳ号裂纹的发动机轴向压强呈现在发动机工作前期高于不含缺陷发动机轴向压强,在发动机工作后期低于不含缺陷发动机轴向压强的趋势。

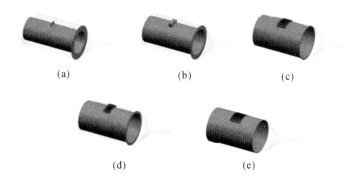

图 6-25 含Ⅳ号裂纹燃面退移过程示意图

(a)t=0.2 s; (b)t=0.8 s; (c)t=1.6 s; (d)t=2.0 s; (e)t=2.6 s

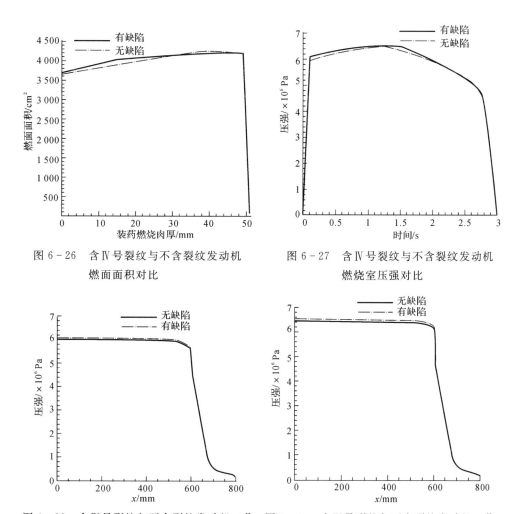

图 6-26 含Ⅳ号裂纹与不含裂纹发动机
燃面面积对比

图 6-27 含Ⅳ号裂纹与不含裂纹发动机
燃烧室压强对比

图 6-28 含Ⅳ号裂纹与不含裂纹发动机工作
0.1 s 时轴向压强变化曲线对比

图 6-29 含Ⅳ号裂纹与不含裂纹发动机工作
1 s 时轴向压强变化曲线对比

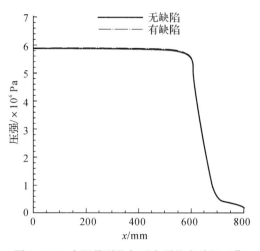
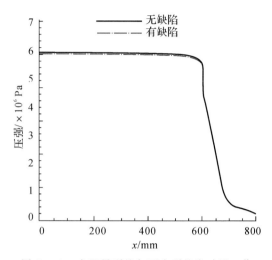

图 6-30　含Ⅳ号裂纹与不含裂纹发动机工作　　　　图 6-31　含Ⅳ号裂纹与不含裂纹发动机工作
2 s 时轴向压强变化曲线对比　　　　　　　　　2.7 s 时轴向压强变化曲线对比

5. 含Ⅴ号裂纹发动机内弹道性能分析

图 6-32 所示为含Ⅴ号裂纹发动机燃面退移过程示意图。图 6-33 所示为含Ⅴ号裂纹与不含裂纹发动机燃面面积对比。图 6-34 所示为含Ⅴ号裂纹与不含裂纹发动机燃烧室压强对比。图 6-35～图 6-38 分别为不同时刻含Ⅴ号裂纹与不含裂纹发动机轴向压强变化曲线对比。Ⅴ号裂纹造成燃面面积增量最大为 2.05%，燃烧室压强的增量最大为 2.55%。由于裂纹长度的增加，发动机内弹道性能开始出现较大的偏差。在发动机工作前期，含Ⅴ号裂纹的发动机轴向压强高于不含缺陷发动机的轴向压强，在发动机工作后期低于不含缺陷发动机的轴向压强。

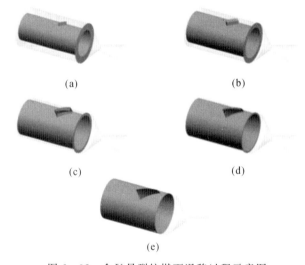

图 6-32　含Ⅴ号裂纹燃面退移过程示意图
(a)$t=0.2$ s；　(b)$t=0.8$ s；　(c)$t=1.6$ s；　(d)$t=2.0$ s；　(e)$t=2.6$ s

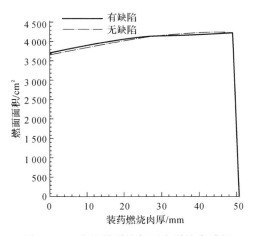

图 6-33　含 V 号裂纹与不含裂纹发动机
燃面面积对比

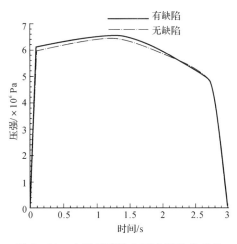

图 6-34　含 V 号裂纹与不含裂纹发动机
燃烧室压强对比

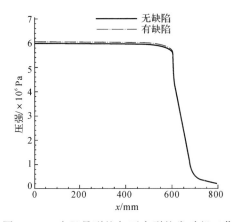

图 6-35　含 V 号裂纹与不含裂纹发动机工作
0.1 s 时轴向压强变化曲线对比

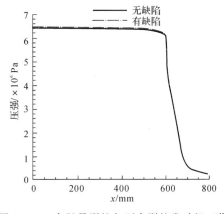

图 6-36　含 V 号裂纹与不含裂纹发动机工作
1 s 时轴向压强变化曲线对比

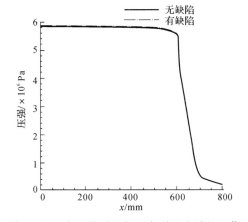

图 6-37　含 V 号裂纹与不含裂纹发动机工作
2 s 时轴向压强变化曲线对比

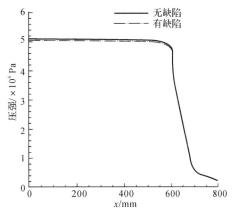

图 6-38　含 V 号裂纹与不含裂纹发动机工作
2.7 s 时轴向压强变化曲线对比

6. 含Ⅵ号裂纹发动机内弹道性能分析

图 6-39 所示为含Ⅵ号裂纹发动机燃面退移过程示意图。图 6-40 所示为含Ⅵ号裂纹与不含裂纹发动机燃面面积对比。图 6-41 所示为含Ⅵ号裂纹与不含裂纹发动机燃烧室压强对比。图 6-42～图 6-45 分别为不同时刻含Ⅵ号裂纹与不含裂纹发动机轴向压强变化曲线对比。Ⅵ号裂纹造成燃面面积增量最大为 2.1%,燃烧室压强的增量最大为 2.6%。Ⅵ号裂纹造成发动机的内弹道性能出现较明显的偏差,在发动机工作初期燃烧室压强高于不含缺陷发动机的轴向压强,发动机工作后期低于不含缺陷发动机轴向压强。

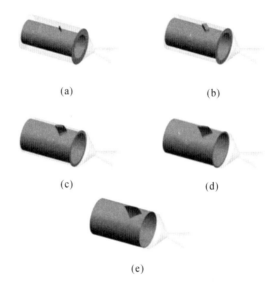

图 6-39　含Ⅵ号裂纹燃面退移过程示意图

(a)$t=0.2$ s；　(b)$t=0.8$ s；　(c)$t=1.6$ s；　(d)$t=2.0$ s；　(e)$t=2.6$ s

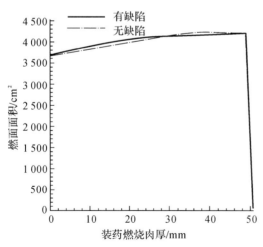

图 6-40　含Ⅵ号裂纹与不含裂纹发动机
燃面面积对比

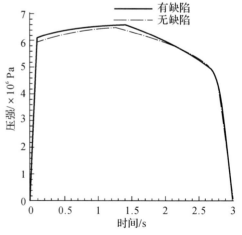

图 6-41　含Ⅵ号裂纹与不含裂纹发动机
燃烧室压强对比

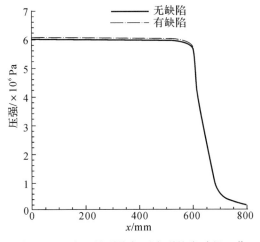

图 6 - 42　含 Ⅵ 号裂纹与不含裂纹发动机工作
0.1 s 时轴向压强变化曲线对比

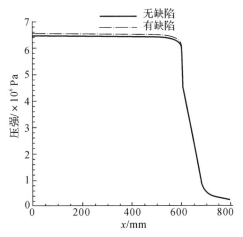

图 6 - 43　含 Ⅵ 号裂纹与不含裂纹发动机工作
1 s 时轴向压强变化曲线对比

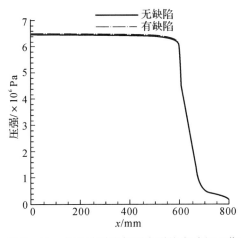

图 6 - 44　含 Ⅵ 号裂纹与不含裂纹发动机工作
2 s 时轴向压强变化曲线对比

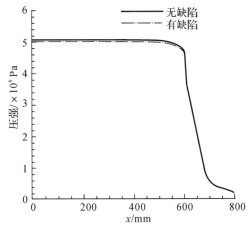

图 6 - 45　含 Ⅵ 号裂纹与不含裂纹发动机工作
2.7 s 时轴向压强 变化曲线对比

7. 含Ⅶ号裂纹发动机内弹道性能分析

图 6 - 46 所示为含Ⅶ号裂纹发动机燃面退移过程示意图。图 6 - 47 所示为含Ⅶ号裂纹
与不含裂纹发动机燃面面积对比。图 6 - 48 所示为含Ⅶ号裂纹与不含裂纹发动机燃烧室压
强对比。图 6 - 49～图 6 - 52 分别为不同时刻含Ⅶ号裂纹与不含裂纹发动机轴向压强变化
曲线对比。Ⅶ号裂纹造成燃面面积增量最大为 2.09%,燃烧室压强的增量最大为2.58%。
由于裂纹长度的增加,发动机内弹道性能开始出现较大的偏差。由图 6 - 49 与图 6 - 52 可
得,在发动机工作初期,燃烧室内的压强均高于正常值,并且在裂纹分布区域出现了压强突
升现象。在发动机工作后期,裂纹区域推进剂提前燃烧完毕,导致燃面面积低于正常值,所
以也造成了燃烧室压强下降。综上所述,Ⅶ号裂纹对发动机性能造成了较为明显的影响。

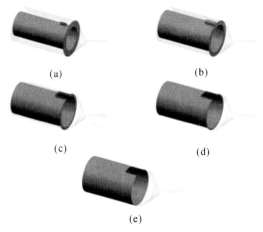

图 6-46　含Ⅶ号裂纹燃面退移过程示意图

(a)$t=0.2$ s；　(b)$t=0.8$ s；　(c)$t=1.6$ s；　(d)$t=2.0$ s；　(e)$t=2.6$ s

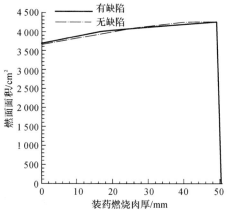

图 6-47　含Ⅶ号裂纹与不含裂纹发动机
燃面面积对比

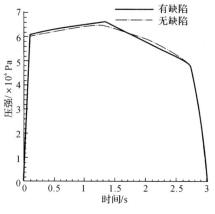

图 6-48　含Ⅶ号裂纹与不含裂纹发动机
燃烧室压强对比

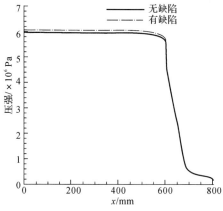

图 6-49　含Ⅶ号裂纹与不含裂纹发动机工作
0.1 s 时轴向压强变化曲线对比

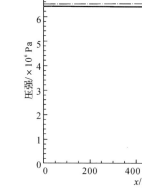

图 6-50　含Ⅶ号裂纹与不含裂纹发动机工作
1 s 时轴向压强变化曲线对比

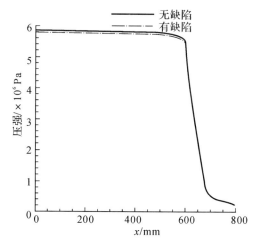

图 6 - 51　含 Ⅶ 号裂纹与不含裂纹发动机工作
2 s 时轴向压强变化曲线对比

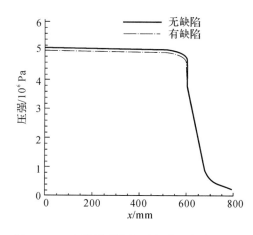

图 6 - 52　含 Ⅶ 号裂纹与不含裂纹发动机工作
2.7 s 时轴向压强 变化曲线对比

8. 含 Ⅷ 号裂纹发动机内弹道性能分析

图 6 - 53 所示为含 Ⅷ 号裂纹发动机燃面退移过程示意图。图 6 - 54 所示为含 Ⅷ 号裂纹与不含裂纹发动机燃面面积对比。图 6 - 55 所示为含 Ⅷ 号裂纹与不含裂纹发动机燃烧室压强对比。图 6 - 56～图 6 - 59 分别为不同时刻含 Ⅷ 号裂纹与不含裂纹发动机轴向压强变化曲线对比。Ⅷ 号裂纹造成燃面面积最大为 2.36%，燃烧室压强的增量最大为 2.75%。从图中可以看出，Ⅷ 号裂纹造成发动机的内弹道性能出现较大的偏差，在发动机工作初期燃烧室压强高于正常值，在发动机工作后期低于正常值，并且在裂纹分布区域出现了压强突升现象，在一定程度上对发动机的正常工作产生了影响。

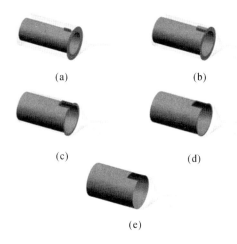

图 6 - 53　含 Ⅷ 号裂纹燃面退移过程示意图

(a)$t=0.2$ s；　(b)$t=0.8$ s；　(c)$t=1.6$ s；　(d)$t=2.0$ s；　(e)$t=2.6$ s

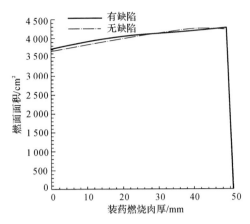

图 6 - 54 含Ⅷ号裂纹与不含裂纹发动机
燃面面积对比

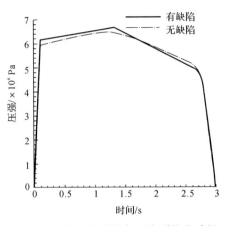

图 6 - 55 含Ⅷ号裂纹与不含裂纹发动机
燃烧室压强对比

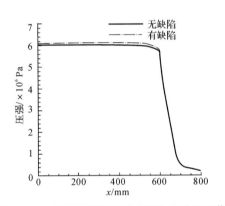

图 6 - 56 含Ⅷ号裂纹与不含裂纹发动机工作
0.1 s 时轴向压强变化曲线对比

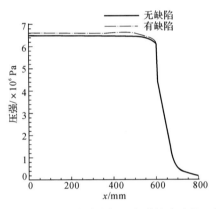

图 6 - 57 含Ⅷ号裂纹与不含裂纹发动机工作
1 s 时轴向压强变化曲线对比

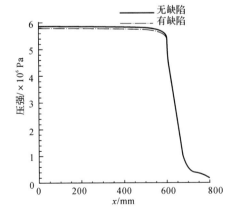

图 6 - 58 含Ⅷ号裂纹与不含裂纹发动机工作
2 s 时轴向压强变化曲线对比

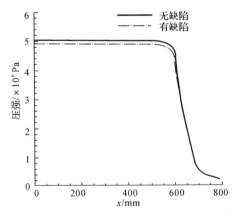

图 6 - 59 含Ⅷ号裂纹与不含裂纹发动机工作
2.7 s 时轴向压强变化曲线对比

6.2　固体火箭发动机装药缺陷扩展分析

本节采用断裂力学理论对缺陷的扩展问题进行分析,从而对含缺陷装药的结构完整性作出判断。为了对缺陷的扩展进行分析与计算,首先需要对含缺陷装药的受力情况进行分析。基于 6.1 节的流场计算结果,采用流固耦合计算方法将流场压强信息传递至固体域,可以为固体域的受力计算提供边界条件。通过对不同类型缺陷进行 J 积分计算,分析 J 积分值的变化情况,得出影响缺陷发生扩展的因素。采用内聚力模型对药柱-绝热层界面的破坏问题进行分析计算,达到对影响界面脱黏发生扩展因素的分析。

6.2.1　固体火箭发动机裂纹缺陷扩展分析

1.计算模型

选取如图 6 - 60 所示的固体火箭发动机计算模型,药柱为翼柱型药柱,前部(A—A)装药为内燃管型药柱,后部(B—B)装药为九角星型药柱,装药尾部(C—C)迅速收敛,被九角星分割为九个独立的药柱。药柱采用丁羟(HTPB)推进剂,主要成分包括氧化剂、固化剂、HTPB 黏合剂、金属燃烧剂和增塑剂以及其他功能助剂和性能调节剂。

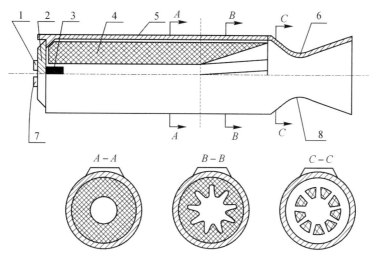

图 6 - 60　固体火箭发动机计算模型

推进剂的力学性能是用温度和时间来表示的。在研究推进剂性能时,可以让时间不变,用温度的函数来表征推进剂的性能,也可以让温度不变,用时间的函数来表征推进剂的性能。研究发现,推进剂的力学松弛现象表现为在高温下松弛时间较短,在低温下松弛时间较长,但其力学松弛效果一样,称之为时温等效原理。

由于计算中不考虑推进剂体积的变化对结果的影响,所以体积松弛模量的输入项为零。

其他属性的计算公式如下。

推进剂的剪切松弛模量由 Prony 级数形式表达为

$$G(t) = 4.10469(0.1461 + 0.1178e^{-t/0.04} + 0.168e^{-t/0.4} + 0.2494e^{-t/4} + 0.3187e^{-t/40})$$

$$(6-7)$$

时间平移因子 WLF 方程为

$$\lg\alpha_T = \frac{6.357(T-297.15)}{146.43 + T + 297.15} \qquad (6-8)$$

表 6-3 列出了推进剂的其他材料参数。

表 6-3　推进剂的其他材料参数

材料参数	参数值(单位)
密度	$1.75 \times 10^{-9}(\text{t/mm}^3)$
泊松比	0.495
比热	$1256.1[\text{J/(kg·K)}]$
导热系数	$1.07 \times 10^{-5}[\text{W/(mm·K)}]$
初始弹性模量	12.315(MPa)
热膨胀系数	$6.3 \times 10^{-5}(\text{K}^{-1})$

2. 温度载荷下固体推进剂药柱裂纹扩展分析

四季的变换、昼夜的更替和生产时的固化降温条件等都是推进剂材料经历的温度环境。由于这些温度载荷产生的应力比较小,属于小应变行为,裂纹一般不会发生扩展,所以可以使用传统有限元法计算含有裂纹的推进剂药柱在温度载荷下的各裂纹参数的变化情况,分析其应力以及各裂纹参数随裂纹扩展的变化情况。

(1)研究的基本假设。在计算精度允许的范围内,工程中为了方便计算通常做一些基本的假设。这里同样做出以下 5 个基本假设:

1)计算药柱内表面裂纹时只考虑推进剂药柱黏弹性体本身,暂时不考虑绝热层和壳体;

2)只考虑温度对药柱的影响;

3)计算中忽略重力的影响;

4)计算整个模型时只在星型外壁施加固定约束;

5)假定推进剂药柱是均匀、各向同性的线性黏弹性材料。

(2)温度载荷下药柱计算。

1)有限元模型的建立。推进剂在固化降温过程中最易产生裂纹的位置是在推进剂药柱的过渡圆弧处,此处往往是最大应力产生的位置,计算裂纹过程中往往要在此处添加初始裂纹。选取推进剂药柱模型分别为内燃管型和九角星型药柱两类,药柱半径 R 取为 48 mm,内孔半径和星根圆弧半径皆取 22 mm,过渡圆弧半径取为 2 mm,为了提高计算速度只取药柱长度为 30 mm。针对整体模型进行网格划分,节点类型为自由节点,选择的单元类型为 C3D8R 单元,内燃管型三维模型(见图 6-61)一共划分单元数为 4 960 个,九角星型三维模型(见图 6-62)一共划分单元数为 15 336 个。两种模型皆经过了收敛性验证,网格划分满足精度要求。

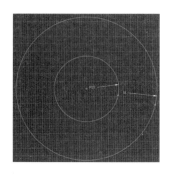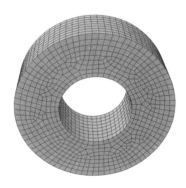

图 6-61　内燃管型药柱的基本尺寸和网格的划分

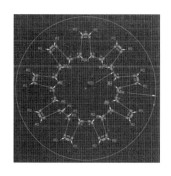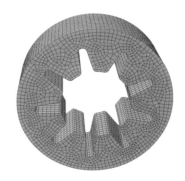

图 6-62　九角星型药柱的基本尺寸和网格的划分

2)边界条件及载荷。计算时只考虑药柱弹性体本身而不考虑药柱与绝热层是否产生滑移,因此,边界条件是在药柱外壁施加固定约束;温度载荷是一个冷却过程,采用预定义温度场方法,设置初始温度为 50 ℃,并在 1 000 s 内降低到 20 ℃。

3)计算结果分析。内燃管型药柱整体应力分布、九角星型药柱整体应力分布分别如图 6-63 和图 6-64 所示。从两图中可以看出,两型药柱的应力分布都具有规则性,其中内燃管型最大应力发生在内径边缘,由内向外逐渐减小;九角星型药柱最大的应力发生在药柱星尖的过渡圆弧处。作为药柱的危险区域,当最大应力超过了材料的强度极限时,这些位置最容易产生材料失效或断裂。

内燃管型药柱和九角星型药柱整体位移分布如图 6-65 所示。从图中可以看出,两型药柱位移的分布具有对称性并且有明显的位移梯度,越靠近内径位置变形越大。内燃管型药柱与九角星型药柱相比对应位置位移明显更大。

(3)降温工况下推进剂内表面裂纹分析。

1)奇异性裂纹单元。根据有限元法的收敛性定理,所建立模型中裂纹附近的近似位移场及其一阶导数必须任意地接近真实场,才能使计算收敛。通常的做法是对网格进行细化。但由于裂纹尖端附近位移的一阶导数在它的尖端位置是无界的,所以即使用很细的网格划分也很难使计算收敛,而且采用很细的网格划分会使计算量增大。因此,普通的单元不能满足裂纹尖端的奇异性。

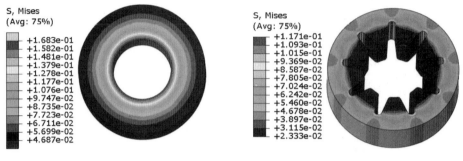

图 6-63 内燃管型药柱整体应力分布 　　图 6-64 九角星型药柱整体应力分布

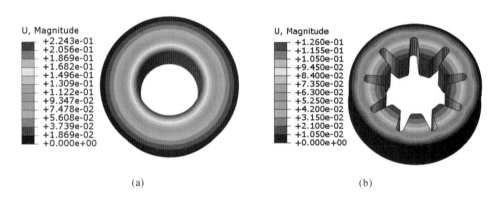

(a) 　　　　　　　　　　　　　(b)

图 6-65 整体位移分布

(a)内燃管型; (b)九角星型

Borsoum 和 Henshell 提出了在靠近裂纹尖端的区域使四边形单元退化为三角形的奇异性单元,奇异性单元就是在求解裂纹尖端的渐近行为时套入内插函数,这样裂纹尖端附近的位移就具有 $r^{-1/2}$ 行为,也就满足了裂纹尖端附近要求存在的 $r^{-1/2}$ 奇异性,这样使有限元计算很容易收敛。奇异性单元示意图如图 6-66 所示。

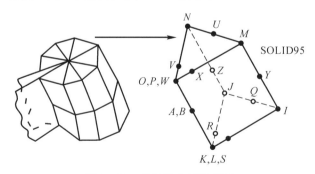

图 6-66 奇异性单元示意图

2)裂纹的分布及载荷情况。通过前面的计算可知,应力产生的最大位置在药柱的过渡圆弧处,因此应在此处添加初始裂纹。裂纹设置在过渡圆弧的中点处,裂纹的初始长度为 3 mm,方向与过渡圆弧外法线方向一致,如图 6-67 所示加粗、黑色的线段。在设置裂纹时以最大能量释放率作为判定裂纹扩展方向的准则。在建模的过程中以图 6-67 所示的方法包围裂纹尖端,为下一步奇异性网格的划分做准备,载荷条件为初始温度 50 ℃,在 1 000 s 内降低到 20 ℃。

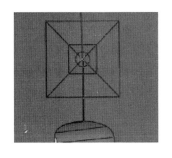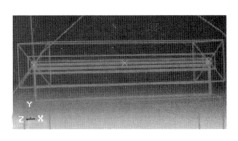

图 6-67　药柱表面裂纹的分布和药柱内部的裂纹分布

3)奇异性网格的划分。使用有限元分析软件划分裂纹尖端网格时,首先在建模阶段使用较小的圆形(或者四边形)包围裂纹的尖端,再用两个四边形包围外侧,如图 6-68 所示。划分后先处理最外面的四边形,在边和对角线上布置种子,边上的种子必须受完全约束,密度和比例可以自行调整,密度和比例调整的原则是必须要实现从裂纹尖端附近网格的细化到其他区域的粗化有良好的过渡(其他位置因为不是计算的重点,可以进行粗划,基本不影响计算精度,所以不用通过只取部分模型来增加计算速度),在里面的四边形边上布点,种子受完全约束且种子数必须要和外侧四边形相等。内侧四边形完全使用 wedge 单元,使用扫掠网格划分技术,如果使用结构划分,将会在内部小四边形的对角线上出现节点,导致奇异性网格划分失败,外侧四边形区域完全使用六面体单元,使用结构网格划分技术,并且取消对缩减积分的使用,裂纹尖端附近的单元奇异值取 0.25,选取单个节点的倒塌单元,形成类似蜘蛛网状的网格,使用这种网格可以实现由细化到粗化的完美过渡,可以将模型的预定裂纹的尖端处于"蜘蛛网"的中心,总体网格单元个数为 18 240。

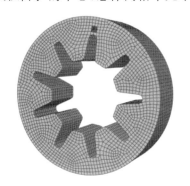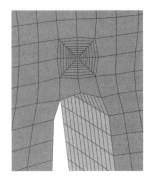

图 6-68　推进剂整体网格和预置裂纹处局部的网格

4)计算结果。在结果处理中,将药柱分割观察其内部各参数的分布情况,降温结束后应力分布如图6-69所示。从图中可以看出,初始裂纹的添加使应力的分布不再均匀,结合图6-64分析可知,无初始裂纹时过渡圆弧及药柱整体应力要明显小于存在初始裂纹的药柱对应位置的应力。从裂尖应力分布情况来看,裂纹尖端的应力分布基本按照裂纹面对称分布,靠近裂纹尖端两侧区域的应力较高,而其他区域的应力都随着与裂纹尖端距离的增加而减小。

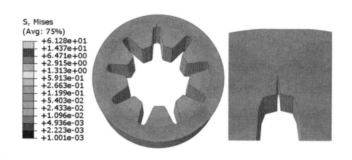

图6-69 降温结束后药柱应力分布

降温结束后药柱位移分布如图6-70所示,结合图6-65分析可知,添加初始裂纹后装药整体位移略微减小,裂纹的存在使裂纹尖端位置附近得到松弛,位移相应减小,同时裂纹拓展面上位移也相对减小。

图6-70 降温结束后药柱位移分布

STATUSXFEM的值在0~1之间,当裂纹周围单元STATUSXFEM值为1时,表示完全裂开;当裂纹周围单元STATUSXFEM值为0时,表示完全不开裂;当裂纹周围单元STATUSXFEM在0~1之间时,表示不同开裂程度。PHILSM图能够描述裂缝状态,即指定唯一函数用于描述裂纹面,其表征裂纹面上,距离裂缝的等高线。根据图6-71可知,在降温载荷下裂纹基本沿裂纹面法向扩展,裂纹右侧单元的开裂程度稍大于左侧,但整体而言裂纹两侧各项裂纹参数分布较为对称。根据图6-72可知,随着温度逐步降低,裂纹逐渐扩展,装药各位置位移增大,结合应力云图分析可知,此裂纹为张开型裂纹。

图 6-71　PHILSM 裂纹等值面及 STATUSXFEM 图

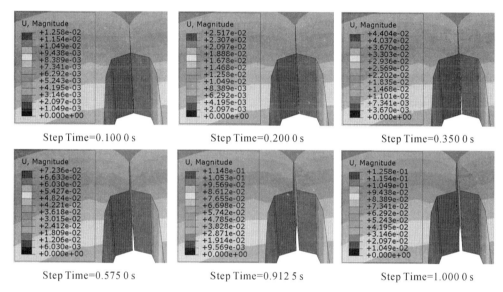

图 6-72　裂纹扩展过程位移云图

3. 内压载荷下固体推进剂药柱裂纹扩展分析

固体火箭发动机在启动时,推进剂药柱的燃烧使发动机内部温度和内部压力迅速升高,通常在 0.1 s 内发动机内部的压力就达到顶峰,在之后的过程中内部压力会逐渐降低,内部压力情况如图 6-73 所示。由于推进剂药柱材料本身导热性不强,所以在这个阶段内部压力成为造成推进剂药柱破坏的主导因素,发动机此时如果能够承受住最大内部压力的冲击且保证结构完好,其他阶段发生破坏的概率就很小。

(1)有初始裂纹药柱的裂纹扩展分析。初始裂纹设置在过渡圆弧处,初始裂纹在建模过程中选择三维壳体,而不是二维,不具备材料属性。整体使用 8 节点 6 面体线性完全积分单元,形成 18 240 个单元,网格划分情况与图 6-68 一致。设置内部压为 10 MPa,计算时间为 1 s,计算所得药柱整体应力分布情况如图 6-74 所示。由此可见,有初始裂纹药柱整体应力值比温度载荷条件要大一个量级,这是由于内压载荷直接作用于药柱表面,导致药柱应力增大。裂纹附近应力值远远大于药柱其他位置应力值,而在裂纹两侧应力分布呈现非对称状态,这与温度载荷下的裂纹情况有很大差异,从而导致裂纹的应力强度因子与温度载荷下有所不同,同时导致裂纹扩展后裂纹种类也有所不同。

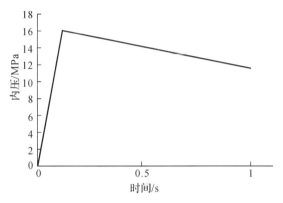

图 6-73　点火时火箭发动机内部压力情况

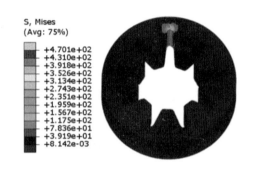

图 6-74　药柱整体应力分布情况

药柱整体和裂纹处位移分布情况如图 6-75 所示。从图中可见,位移整体呈圆盘辐状分布,在有初始裂纹星尖处应变呈不规则状态,裂纹右侧位移明显大于左侧,沿裂纹面一侧应变呈团状分布,表明在内压载荷下裂纹一侧变形更大,其他位置位移分布规律大致与温度载荷下类似,不过其变化梯度更小,整体数值更大。

图 6-75　药柱整体和裂纹处位移分布情况

药柱裂纹扩展情况如图 6-76 所示。从图中可见,在有初始裂纹的情况下,内压载荷的加载使裂纹两侧产生非对称位移,裂纹最大区域均在裂纹右侧,并且集中现象越来越明显,这种过渡主要是裂纹扩展方向在每一个扩展步中的变化导致的。从裂纹的断口上看,随着裂纹的扩展,裂纹断口不再整齐,出现凹凸不平的现象,这更加具有真实性。裂纹扩展到药柱边缘时出现了轴向扩展的趋势,两个方向同时扩展直到药柱破坏。结合应力云图可知,裂纹两侧的应力差导致裂纹切向扩展,此扩展裂纹的类型为滑移型裂纹。由此可见,一般的点火内压足以使裂纹产生扩展,当初始裂纹较大且处于关键位置时,在点火内压上升到一定数值后,裂纹足以扩展到破坏装药结构完整性的地步。

图 6-77 所示为 0~1 s 内整个模型损伤所释放能量随时间的变化曲线。观察图 6-77 发现,破坏能量释放的值在开始时非常小,这是因为这个阶段是裂纹的起裂阶段,也是裂纹扩展的第一步,随后裂纹扩展的速度开始加快,能量释放速度明显加快,扩展能力明显增强。能量释放速度随着时间增长越来越快,表明裂纹扩展速率在增大,在 $t=1$ s 时达到最大值。

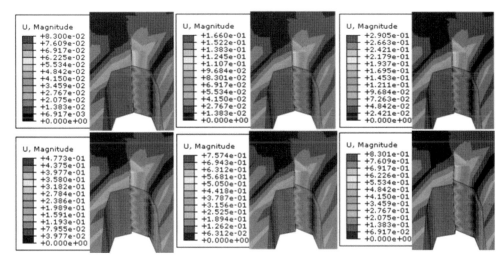

图 6-76　裂纹扩展过程

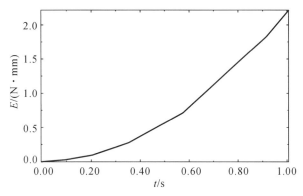

图 6-77　0~1 s 内整个模型损伤所释放能量随时间的变化曲线

(2)无初始裂纹药柱的裂纹扩展分析。ABAQUS 中扩展有限元法根据相关的破坏准则来判定裂纹是否扩展和扩展方向如何,这就意味着在无初始裂纹的条件下,只要构件所受到的载荷达到了其所能承受的极限,就会产生裂纹并且扩展。基于这种思想,逐步地增加 ABAQUS 中的 load 模块,只要不破坏就加载荷,直到产生裂纹并且扩展为止,通过这种方式可以对固体推进剂药柱的力学性能进行评估(也就是完整的药柱能够承受的极限内压)。设置边界条件为药柱边缘施加全约束,载荷为恒定内压,裂纹的分布为无初始裂纹,裂纹所产生的区域为整个模型,网格的划分与图 6-62 一致。

当加载内压达到 20 MPa 时,药柱开始产生裂纹并扩展,这说明 19 MPa 是药柱所允许的最大内压值。图 6-78 所示为药柱整体及裂纹处应力分布情况。从图中可见,裂纹随机产生在药柱高应力位置,主要产生在星尖处高应力位置,且裂纹产生及扩展方向具有任意性。从图 6-78(a)中可以看出,整体应力分布具有对称性,由于裂纹扩展的范围较小,所以裂纹对整体应力分布的影响较小,裂纹尖端附近较小的区域仍然具有高应力,整体应力比存在初始裂纹的应力小。从图 6-78(b)中可以看出,裂纹扩展的长度和裂纹面的长度都比较小,此裂纹相当于一个小的开口,裂纹断口和裂纹的形状更具有真实性。

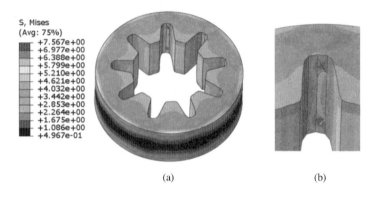

(a)   (b)

图 6-78 整体应力分布和裂纹尖端局部应力分布

图 6-79 是药柱整体位移分布情况。内压载荷下药柱位移与图 6-70 降温载荷下药柱位移情况相比增大了 4~5 倍,上下截面整体位移分布规律几乎无差别,但在内壁面整体位移分布差别较大。药柱星根上下边缘处位移明显大于中部位置处位移,裂纹基本只影响了裂纹内部位移情况,对周围及整体位移并无太大影响。

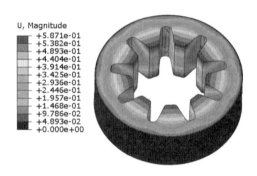

图 6-79 药柱整体位移分布

从图 6-80 裂纹产生的过程中可以看出,裂纹的产生位置和方向具有一定的任意性。初始裂纹产生在过渡圆弧处,并且扩展方向具有任意性,裂纹每扩展一个长度其扩展方向都有所变化。当裂纹面逐渐增大,裂纹宽度逐渐增长,深度也逐渐增加,从而导致火箭发动机结构完整性的破坏。结合应力分布情况,从裂纹扩展模式上看,此类裂纹主要为张开型裂纹。

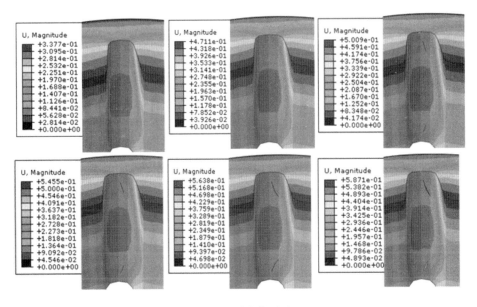

图 6-80　裂纹扩展过程

从图 6-81 中可以看出,在 0.1 s 时裂纹扩展了第一步,药柱所释放的能量为 61.002 1 N·mm,这说明裂纹刚刚形成时构件破坏的程度非常小。但是随着加载的进行,破坏所释放的能量逐渐增加,在 0.575 s 时到达 2 016.88 N·mm,是裂纹扩展第一步的 33 倍。由此可见,裂纹的起裂阶段所持续的时间较长,当裂纹开始扩展之后其释放的能量逐渐加快,裂纹扩展速度加快,与含初始裂纹的情况相似,释放能量的最大值发生在 1 s 时刻,其值为 6 100.86 N·mm,相比含初始裂纹有所增加,这一方面是因为内压载荷是含初始裂纹时的 2.1 倍,另一方面,虽然裂纹面长度和裂纹扩展长度与预置裂纹相比很小,但其存在潜在裂纹产生位置较多,且产生裂纹后其扩展效果要强于有初始裂纹情况。

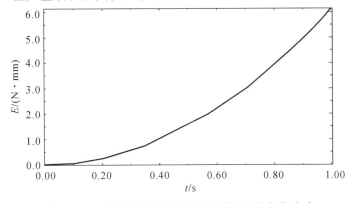

图 6-81　用于破坏所释放的能量随时间的变化关系

6.2.2 固体火箭发动机装药脱黏扩展分析

1. 计算模型

选取图 6 - 82 所示的固体火箭发动机计算模型。

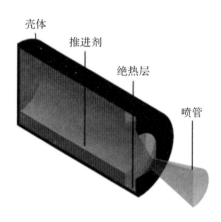

图 6 - 82 固体火箭发动机计算模型示意图

模型尺寸与 6.1.1 节中发动机模型相同。其中壳体的模量 $E_1 = 200$ GPa，泊松比 $\nu_1 = 0.3$；绝热层的模量 $E_2 = 30$ MPa，泊松比 $\nu_2 = 0.49$；推进剂的泊松比 $\nu_3 = 0.495$，其松弛模量可由 Prony 级数表示为

$$E_3(t) = E_0 + \sum_{i=1}^{9} E_i \times e^{\left(\frac{-t}{\tau_i}\right)} \qquad (6-6)$$

式中：E_0——$t = 0$ 时的松弛模量；

E_i—— 第 i 个 Maxwell 单元的弹性模量；

τ_i—— 松弛时间。

推进剂 Prony 级数的各项参数见表 6 - 4。

表 6 - 4 推进剂 Prony 级数的各项参数

i	0	1	2	3	4	5	6	7	8	9
E_i/MPa	1.79	0.730 2	0.343 9	0.584 1	0.107 8	3.364	1.249	0.688 9	0.368 7	1.69
τ_i/s		10^{-4}	10^{-3}	10^{-2}	10^{-1}	1	10	10^2	10^3	10^4

2. 脱黏扩展分析

脱黏过程实际上也是一个断裂过程，药柱和壳体之间的黏合力一定会小于药柱本身所能承受的最大主应力，也就是整个黏合面裂纹的扩展方向是不会改变的。

　　两种材料的黏结界面在发生断裂时,与均质材料发生断裂的情况有所不同。由于两种材料性能不匹配,断裂尖端区域所产生的塑性区域通常情况下在界面两边呈不对称分布,因此该区域内的应力分布情况十分复杂。高聚物材料界面发生破坏首先从微观层次开始,高聚物的分子链发生破坏,随着微观层次破坏的累加,逐渐发展至微裂纹的产生,由于微裂纹不断地发生汇聚,最终会导致界面断裂。因此,引入损伤因子 λ 对界面破坏过程进行描述,其中 λ 的取值范围为 $[0,1]$,当 $\lambda=0$ 时,表示界面不存在损伤;当 $0<\lambda<1$ 时,随着 λ 的值的增大,界面的损伤程度逐渐增加;当 $\lambda=1$ 时,表示界面发生损伤破坏。

　　药柱与绝热层的黏结界面分为两部分,分别为前端界面和圆柱段界面。药柱-绝热层界面黏结强度取 $F_n=2.54$ MPa,界面法向的临界损伤位移取 $\delta_{nc}=2.5$ mm,界面切向的临界损伤位移取 $\delta_{tc}=1.5$ mm。

　　对沿界面方向的尺寸进行无量纲化处理,将界面自由端作为起点,界面的末端作为终点,x 用来表示界面内点距起点的距离,取相对深度为 0.1 的脱黏作为研究对象。图 6-83 和图 6-84 所示分别为位于装药前端和圆柱段区域界面的损伤因子分布情况,图中横坐标都为界面内点的坐标 x 与界面长度 l 的比值。

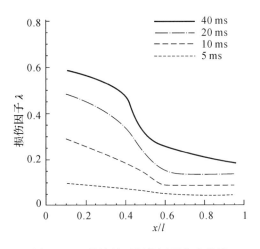

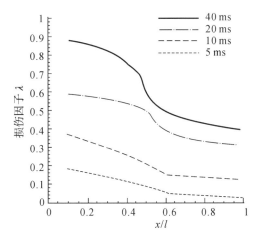

图 6-83　前端界面损伤因子分布曲线　　　　图 6-84　圆柱段界面损伤因子分布曲线

　　从图 6-83 和图 6-84 中可以看出,越靠近脱黏尖端区域,界面损伤因子的值越大,即靠近脱黏区域的黏结界面损伤较为严重。当损伤因子 λ 的值达到 1 时,表示界面发生破坏,即脱黏开始发生扩展,并且圆柱段界面损伤因子的值较前端界面更大,因此圆柱段界面相对于前端界面更容易发生脱黏的扩展。同时,图中还展示了不同时刻损伤因子的大小,随时间的推移,损伤因子在不断增大,因此界面损伤也在不断增加,即界面脱黏发生扩展的可能就会越大。

　　图 6-85 与图 6-86 所示分别为在发动机点火过程结束时刻,前端界面与圆柱段界面相对位移在界面不同位置处的分布情况,其中,Δ_n 为界面法向的分离位移,δ_{nc} 为界面法向的临界损伤位移,Δ_t 为界面切向的分离位移,δ_{tc} 为界面切向的临界损伤位移。

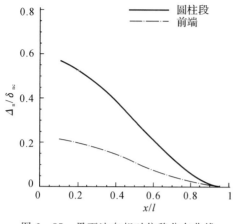

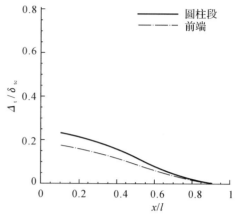

图 6-85　界面法向相对位移分布曲线　　　　图 6-86　界面切向相对位移分布曲线

从图 6-85 和图 6-86 中的分布曲线可以看出,法向的相对位移总体大于切向的相对位移,并且在靠近脱黏的尖端处相对位移的值最大,随着向界面内部推进,相对位移的值逐渐减小,在靠近界面末端时,相对位移的值趋近于 0。有关分析认为,脱黏在燃烧室压强作用下呈现被撕裂的趋势,因此在靠近脱黏的区域,界面的损伤更为集中,材料所发生的分离位移也更大。当分离位移达到临界损伤位移时,界面发生损伤破坏,即脱黏开始发生扩展。

图 6-87 所示为界面黏结强度一定时,不同法向临界损伤位移下,脱黏尖端处界面损伤因子的变化曲线。临界损伤位移越大,损伤因子的值越小,即界面的损伤演化的程度越轻。有关分析认为,界面材料临界损伤位移的增大,增强了界面的韧性,因此界面有更强的抵抗变形的能力,脱黏发生扩展的可能性就越小。图 6-88 所示为在不同界面黏结强度下损伤因子的变化情况。由图可知,界面黏结强度越强,界面损伤演化程度越轻。因此提高界面的黏结强度,对抑制脱黏发生扩展具有一定的效果。

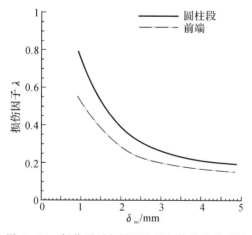

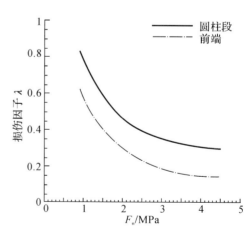

图 6-87　损伤因子与界面临界损伤位移关系图　　　图 6-88　损伤因子与界面黏结强度关系图

图 6-89 所示为脱黏尖端区域在不同脱黏深度下的 J 积分变化曲线。由图可知,随着

脱黏深度的增加,J 积分的值在不断增大,并且圆柱段界面脱黏的 J 积分值大于前端界面。

　　图 6 - 90 所示为不同点火升压速率下圆柱段界面脱黏随时间的变化曲线,点火升压速率对 J 积分的值有较为明显的影响。点火升压速率越高,J 积分的值越大,并且增加速率也越大。如果 J 积分的峰值超过界面剥离能临界值 E_p 时,J 积分的增加速率越高,与临界值相交所发生的时间就越早,即脱黏发生扩展的时间就越早。当 J 积分峰值小于界面剥离能临界值 E_p 时,脱黏将不会发生扩展。

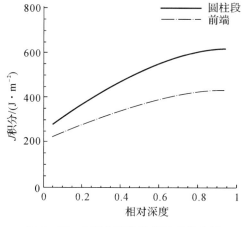

图 6 - 89　J 积分随脱黏深度变化曲线
随时间变化曲线

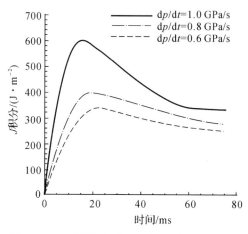

图 6 - 90　不同点火升压速率下脱黏 J 积分值
随时间变化曲线

第7章 含缺陷固体火箭发动机
分析软件系统

固体火箭发动机的推进剂药柱在运行过程中受到各种载荷的综合作用,这在一定程度上破坏了其结构的完整性,使其产生气孔、裂纹、药柱与壳体黏结脱黏等问题,导致其安全性降低,甚至影响其使用寿命。同时,固体火箭武器装备在列装后,部分会经历长期贮存,期限可能接近甚至超过装备设计寿命。为了完善含缺陷固体火箭发动机的缺陷分析机制,引入量化性能分析判据,进行固体火箭发动机缺陷分析及性能计算软件系统研究,建立了一套从CT数据处理、缺陷定位到性能预示与可视化的软件工具,用于为经历长期贮存的固体武器装备提供可靠和清晰的量化判据,提高对含缺陷固体火箭发动机的分析与性能预示能力。

7.1 软件系统的主要功能和总体框架

7.1.1 软件系统的主要功能

(1)软件系统能够实现对发动机各组件、推进剂裂纹、脱黏等几何特征的三维重构,并基于预置缺陷形式,输出各个待分析组件的几何模型与参数化缺陷分布数据。

(2)软件系统能够对含缺陷固体火箭发动机药柱进行非等距燃面退移仿真与内弹道仿真,预示含缺陷发动机工作时内弹道的超差情况。

(3)软件系统能够对含缺陷固体火箭发动机药柱进行结构完整性仿真,预示发动机工作时含缺陷药柱的结构完整性破坏情况。

(4)软件系统能够对输出的结果以适当形式进行可视化展示,具体包括以下3个方面。

1)CT数据可视化:对CT源数据及重建结果数据进行可视化展示,包括三维查看、视角设定、剖切查看等功能。

2)燃面退移及内弹道可视化:对燃面退移过程进行三维动态展示,对仿真所得的内弹道数据进行曲线展示,提供曲线载入、对比等功能。

3)结构完整性数据可视化:对结构完整性分析所得的数据进行三维展示,包括云图绘制、导出、剖切、视角切换等功能。

7.1.2　软件系统的总体框架

软件系统包含 5 个功能模块,如图 7-1 所示。

(1)CT 数据处理与重构模块:能够从 CT 扫描原始数据出发进行发动机、推进剂裂纹、脱黏特征的三维显示与参数化重构,并能执行重构模型与标准三维图纸的对齐。

(2)网格划分模块:能够利用上述 CT 数据处理与重构模块的输出数据(包括缺陷数据)进行自动化仿真网格划分。

(3)内弹道性能分析模块:能够对含缺陷固体火箭发动机药柱进行非等距燃面退移仿真与内弹道仿真,预示含缺陷发动机工作时内弹道的超差情况。

(4)结构完整性分析模块:能够对含缺陷固体火箭发动机药柱进行结构完整性仿真,预示含缺陷药柱发动机工作时的结构完整性破坏情况。

(5)分析结果可视化模块:对以上各模块所输出的结果进行可视化展示。

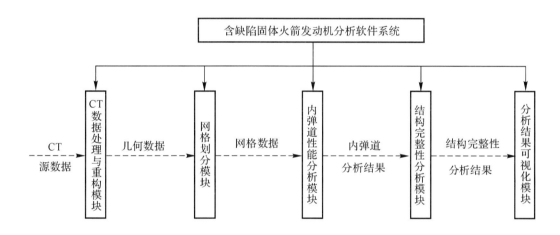

图 7-1　软件模块架构与数据流

7.2　软件系统分析实例

对含缺陷固体火箭发动机进行自动化分析的过程,可以按照特定的分析流程和逻辑,依次调用内弹道、结构完整性等分析程序,自动化完成整个分析过程。

在软件实际执行的过程中,首先调用参数化建模平台,对含缺陷发动机要进行造型和缺陷重现,随后调用网格划分模块、燃面退移模块和内弹道仿真模块,对含缺陷发动机的内弹道性能进行分析,最后,调用快速结构完整性分析模块,完成结构完整性分析。最终,软件通过固体火箭发动机缺陷分析文档生成技术自动生成计算报告文档,对于各个分析步骤中所产生的结果数据进行分析,给出综合性的含缺陷发动机使用性能评估指标。

7.2.1 脱黏缺陷分析实例

绝热层脱黏是长期存放的固体火箭发动机中较为常见的缺陷,有时未经长期存放也可出现这种情况。下面使用缺陷分析软件对绝热层的脱黏特征进行模拟。

1.新建装配体特征

由于计算中存在不均匀燃烧因素,所以对绝热层脱黏效应需要对不同推进剂区域设定不同燃速。软件使用装配体中的零件结构对不同区域进行区分,因此需要基于装配体特征进行仿真分析,如图7-2所示。

调整"树过滤器"配置,如图7-3所示。

图7-2 在Creo软件中新建装配体特征   图7-3 Creo软件中的树过滤器

勾选"特征"项,在右侧视图中显示基准平面和坐标系,如图7-4所示。

图7-4 在Creo视图中显示基准平面和坐标系

接着,通过装配体操作界面下的"创建"功能,创建两个零件,分别作为推进剂药柱主体和脱黏区域,如图 7-5 所示。

随后,在选择"定位基准的方法"时,选择"对齐坐标系与坐标系",并选择此前在 Creo 视图中显示的坐标系,作为零件装配基准,如图 7-6 所示。

图 7-5　在装配体中创建零件　　　　图 7-6　零件装配选项

最终,形成图 7-7 所示的装配体结构,且两个零件都是以"对齐坐标系与坐标系"的方式装配。

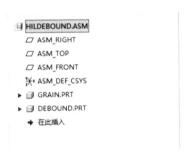

图 7-7　用于仿真分析的装配体结构

2. 分别造型药柱特征与绝热层脱黏特征

首先,遵循 Creo 一般操作方法,对图 7-8 所示的简单药柱进行造型,并使用燃面图元标注工具对药柱进行标注,如图 7-9 所示。

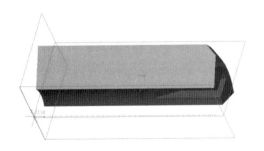

图 7-8　推进剂药柱　　　　　　　图 7-9　燃面图元标注工具

其次,在脱黏特征零件中,在判读的脱黏位置新建薄层脱黏特征,如图 7 - 10 所示。

图 7 - 10　新建薄层脱黏特征

3.执行切除运算避免实体干涉

以上步骤执行完毕后,在装配体编辑界面,容易发现二者在三维空间内存在干涉,如图 7 - 11 所示。

上文已经论述,使用模拟推进剂的方法,可以对火焰在缺陷特征处的行为进行模拟。显然,同一空间位置不可能存在两种推进剂。为了使得模拟合理,必须引入布尔切除运算,将药柱零件中与缺陷干涉的部分切除。如图 7 - 12 所示,点击 Creo 装配体界面的"模型"选项卡下"元件"项目下拉列表中的"元件操作"菜单,弹出图 7 - 13 所示的 Creo 元件菜单管理器。

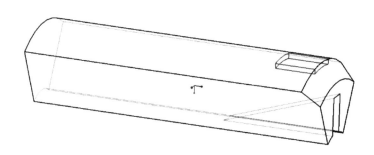

图 7 - 11　缺陷特征与药柱特征的空间位置干涉

使用图 7 - 13 所示的"切除"菜单,在 Creo 日志区要求选择"选择要对其执行切除处理的零件"时,选择药柱零件;在"为切除处理选择参考零件"时,选择缺陷特征,并随后在如图 7 - 14 所示的菜单中依次选择"参考"→"完成"。

此时,打开药柱零件可以发现,缺陷对应位置的推进剂已经被切除。由于缺陷-药柱界面是由推进剂黏结而成的,此区域理论上不存在界面,故无须标注任何燃面图元信息,如图 7 - 15 所示。

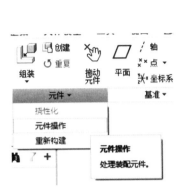

图 7-12　进入元件切除选项　　图 7-13　Creo 元件菜单管理器图

图 7-14　切除操作选项

图 7-15　切除操作后的药柱零件

4. 划分网格

造型与燃面标注完毕后，在装配体界面，单击"工具"→"应用程序"→"SRM Simulator"菜单，可以进入网格划分界面，如图 7-16 所示。

图 7-16　SRM Simulator 菜单

网格划分"模型属性定义"界面如图 7-17 所示，表格上方视图左列展示各个零件的名称，右侧菜单对应于模型分类："药柱""绝热层""壳体"分别指代该零件的类型，"其它"项指该零件是出于与内弹道仿真无关的目的而存在的,不参与网格划分和仿真模拟。

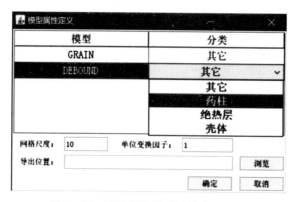

图 7-17 网格划分模型属性定义界面

对于含缺陷药柱模拟,上述两个零件的类型都应该设置为"药柱"。"网格尺度"指网格的目标特征长度建议值,实际执行网格划分时,软件将尽量尝试划分近似该尺寸的网格。"单位变换因子"用于 CAD 文件的长度单位不是毫米的情况。"导出位置"及"浏览"按钮用于指定网格文件的输出位置。点击"确定"按钮,开始执行网格划分。这一过程自动进行,网格划分完成后软件窗口将自动关闭。

5. 执行计算

启动含缺陷固体火箭发动机分析软件,如图 7-18 所示。

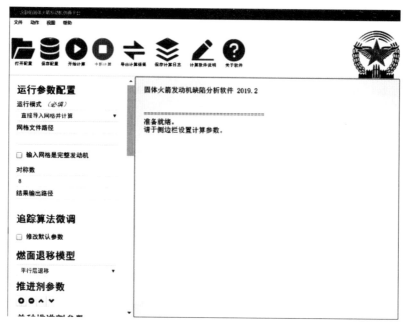

图 7-18 含缺陷固体火箭发动机分析软件启动界面

在"运行模式"中选择"直接导入网格并计算","网格文件"路径选择为上文所输出的网格,"对称数"按造型实际情况填写,"燃面退移模型"选择"平行层退移",即各推进剂药柱内部按平行层退移。然后填写推进剂参数,软件默认仅存在一组推进剂参数,可以单击"+"按钮,增加一组推进剂参数,并将"药柱几何块名"分别设置为药柱和脱黏特征名"GRAIN"和"DEBOUND",如图 7 - 19 所示。

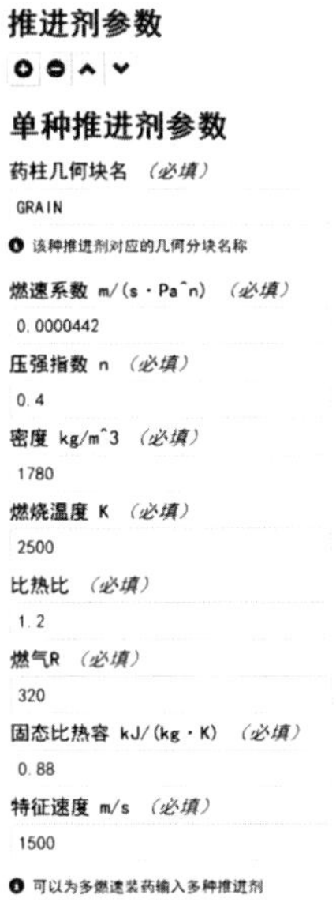

推进剂参数

单种推进剂参数

药柱几何块名 (必填)

GRAIN

❶ 该种推进剂对应的几何分块名称

燃速系数 m/(s·Pa^n) (必填)

0.0000442

压强指数 n (必填)

0.4

密度 kg/m^3 (必填)

1780

燃烧温度 K (必填)

2500

比热比 (必填)

1.2

燃气R (必填)

320

固态比热容 kJ/(kg·K) (必填)

0.88

特征速度 m/s (必填)

1500

❶ 可以为多燃速装药输入多种推进剂

图 7 - 19　推进剂参数输入框

也可按实际情况设置推进剂参数。其中,"DEBOUND"项目中,燃速系数相比推进剂厂家给出的数值应有大幅升高,根据经验升高 5~8 倍,具体则需要根据工程实际进行选择。

随后,设置喷管参数、轴线坐标以及输出相关参数等,如图 7 - 20 所示。

喷管参数

初始喉部半径

0.005

线烧蚀率

0

开始烧蚀时间

2

金属丝嵌入

☐ 启用金属丝模型

轴线坐标

0

0

❶ 发动机轴线的Y、Z坐标

几何输出频率/步

5

最大仿真步数

2000

☐ 启用图形显示

☐ 启用调试输出

图 7 - 20　内弹道仿真其他参数设置

最后,单击"开始计算"按钮,等待计算进行,如图 7-21 所示。

图 7-21　计算进行界面

在软件计算完成后,可以进行结果查看。

为了探究缺陷特征的实际效果,可以在另一次计算中,将缺陷特征的推进剂参数设置为与药柱参数完全一致,即可模拟缺陷不存在时的内弹道曲线。

6. 查看内弹道计算结果

内弹道计算结果存放于"ZeroDimensionReferenceData. csv"文件中,可以使用 Excel 等软件进行查看、编辑和绘图,如图 7-22 和图 7-23 所示。

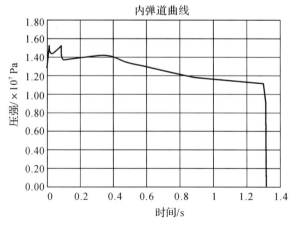

图 7-22　含脱黏缺陷时的内弹道曲线

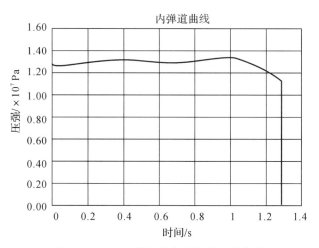

图 7 - 23　不含脱黏缺陷时的内弹道曲线

显然,与不含有脱黏特征时相比,脱黏特征使得火焰扫过脱黏特征时,内弹道曲线出现显著升高,有发生推力超差和结构破坏的风险。同时,由于部分装药的提前燃烧,内弹道曲线的平顺程度也有所降低,后段内弹道压强显著下降。

7. 查看燃面退移计算结果

使用 Paraview 软件装载输出文件夹中的一系列 vtu 文件,如图 7 - 24 所示。

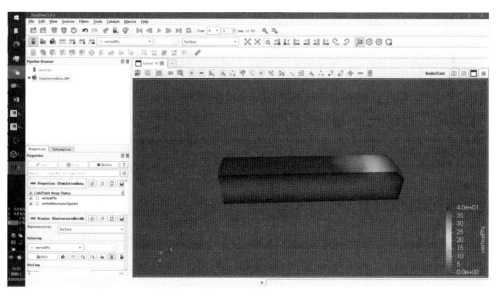

图 7 - 24　使用 Paraview 软件装载输出文件

使用时间浏览工具条" ",可以浏览每一时刻的数据。

使用"裁切"(Clip,)功能,类型选择为"Scalar",目标选择为"vertexPhi",阈值设置为"0"并取消"Invert"的勾选,如图 7 - 25 所示。可以查看燃烧动态过程,如图 7 - 26 所示。

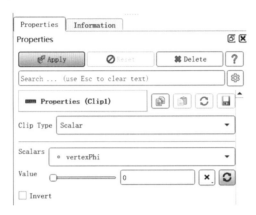

图 7 - 25　使用 Paraview 软件的 Clip 功能

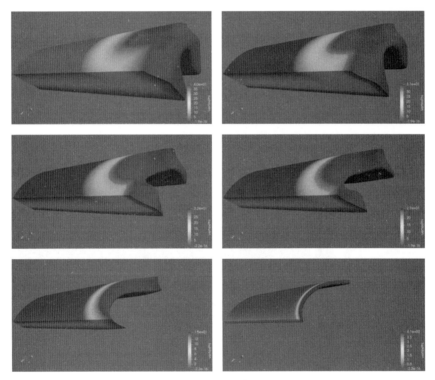

图 7 - 26　含脱黏缺陷时燃面退移动态过程

7.2.2　裂纹缺陷分析实例

药柱裂纹缺陷对发动机的影响,主要是由于点火燃气可以直接进入药柱缝隙,引起初始燃面的增大,进而引起点火压强和前期燃烧室压强的异常升高。由于点火初期一般是固体火箭发动机易于出现失效的时期,裂纹相比绝热层脱黏更具危险性。与药柱裂纹缺陷相似,药柱内部气孔也是引起燃面异常增大、压强异常升高的根本原因。在后来的研究工作中,也把气孔归结为特殊形式的裂纹。

1. 药柱表面裂缝

(1)新建装配体特征。新建装配体特征同 7.2.1 节,此处不再重复。

(2)分别造型药柱特征与表面裂缝特征。药柱上的表面裂缝特征,相当于改变了药柱的初始形状和初始燃面,相当于没有新增更多的火焰快速传播区域。因此,可以直接用一个零件模型来表征药柱特征与表面裂缝特征,无需进行多零件的组合。但是,为了保持软件一致性,通常采用单零件装配体的形式进行造型,如图 7-27 所示。

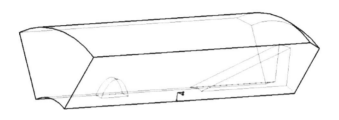

图 7-27　药柱特征与表面裂缝特征

(3)划分网格。划分网格同 7.2.1 节,此处不再重复。

(4)执行计算。执行计算与 7.2.1 节类似,但由于仅有一种推进剂,所以不需要分别设置药柱和脱黏特征的推进剂参数。其他配置参数在此不再重复。

(5)查看内弹道计算结果。内弹道计算结果如图 7-28 所示。

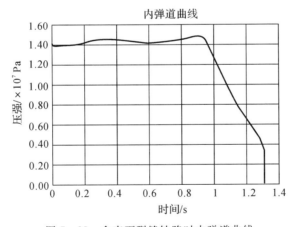

图 7-28　含表面裂缝缺陷时内弹道曲线

不含表面裂缝缺陷时的内弹道曲线与图 7-23 相同。显然,表面裂缝特征使得前期的内弹道曲线升高,而推进剂的提前燃烧导致了后期内弹道曲线的下降和超差。

(6)查看燃面退移计算结果。为了具体掌握含表面裂缝缺陷药柱的燃面退移动态过程,可用上述方法,使用 Paraview 软件进行查看,如图 7-29 所示。

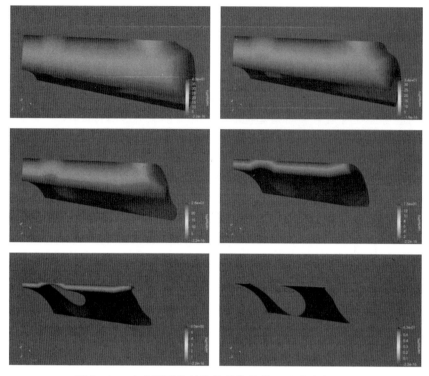

图 7-29　含表面裂缝缺陷的药柱的燃面退移动态过程

2. 药柱内部气孔

（1）新建装配体特征。新建装配体特征同 7.2.1 节，此处不再重复。

（2）分别造型药柱特征与内部气孔特征。含有内部气孔的药柱如图 7-30 所示。

图 7-30　含有内部气孔的药柱

（3）执行切除运算避免实体干涉。切除方法同上节，此处不再重复。

（4）划分网格。划分网格同 7.2.1 节，此处不再重复。

（5）执行计算。执行计算与 7.2.1 节类似，但需要设置气孔特征内部推进剂密度极低或为零，其他设置细节此处不再重复。

（6）查看内弹道计算结果。含内部气孔缺陷时的内弹道曲线如图 7-31 所示。由图

7-31可以看出,气孔缺陷的存在,使得发动机推力曲线存在小而迅速的波动。因此,单个小尺寸气孔不会对发动机的内弹道性能造成大的影响。

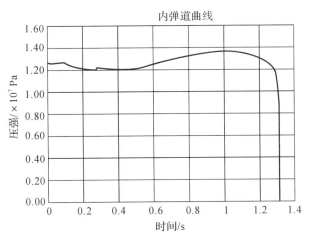

图7-31 含内部气孔缺陷时的内弹道曲线

(7)查看燃面退移计算结果。含内部气孔缺陷时的燃面退移动态过程如图7-32所示。

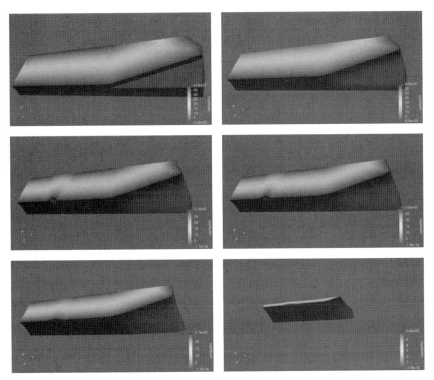

图7-32 含内部气孔缺陷时的燃面退移动态过程

3.含缺陷药柱的结构完整性分析

根据图形界面说明,选择适当的结构完整性分析模板,填写各项几何参数,然后单击"确定"按钮,开始执行造型任务。等待一段时间后,造型成功,显示图7-33所示的造型成功界面。

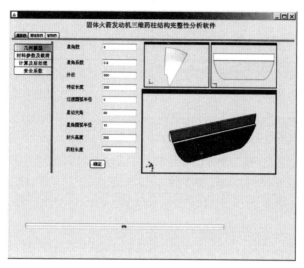

图7-33　造型成功界面

此时,程序内部完成造型,可以进行下一步操作。

单击图形界面左侧的"材料参数及载荷"选项卡,出现图7-34所示的界面,在此界面上填写各项材料参数。根据说明填写各项材料与载荷参数,程序将自动保存并在随后的计算中调用相关参数。

固体火箭发动机三维星形药柱结构完整性分析软件

	几何模型		
	材料参数及载荷		
	计算及后处理		
	安全系数		

降温过程

泊松比	0.48
热延展率(K^{-1})	9.5e-05
密度(t/mm^3)	1.77e-09
模量(MPa)	5.25

初始温度	73
目标温度	20
经历时间	190800

Prony级数	g_i Prony	k_i Prony	tau_i Prony
	0.408	0.408	5.54
	0.286	0.286	55.42
	0.13	0.13	554.17

时温转换因子	theta 0	c1	c2
	20	20	573

点火过程

点火压力/MPa	10
点火时间/s	0.1
初始增量步长	0.0005

图7-34　材料参数及载荷选择界面

单击图形界面左侧"计算及后处理"选项卡,出现图7-35所示的界面。

单击"计算"按钮,程序开始时即执行有限元计算过程。等待程序计算完毕,自动调出结果后处理界面,如图7-36所示。在该界面下,可以进行多项计算结果的后处理。

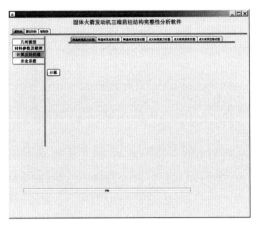

图 7 - 35　计算及后处理界面

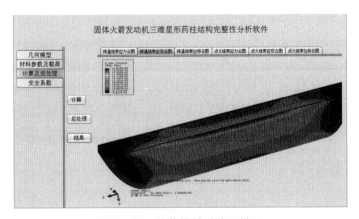

图 7 - 36　计算结果后处理界面

计算完成后,单击"安全系数"选项卡,即出现图 7 - 37 所示的安全系数自动计算界面。单击"计算安全系数"按钮,可自动统计、计算固体火箭发动机安全系数。

图 7 - 37　安全系数计算界面

参 考 文 献

[1] 邢耀国，董可海，沈伟，等. 固体火箭发动机使用工程[M]. 北京：国防工业出版社,2010.

[2] 王自强,陈少华. 高等断裂力学[M]. 北京：科学出版社,2009.

[3] SCHAPERY R A. Correspondence principles and a generalized J integral for large deformation and fracture analysis of viscoelastic media[J]. International Journal of Fracture,1984,25(3)：195－223.

[4] KNAUSS W G. The mechanics of polymer fracture[J]. Applied Mechanics Reviews,1973,26(1)：1－17.

[5] FRAISSE P,SCHMIT F. Use of J－integral as fracture parameter in simplified analysis of bonded joints[J]. International Journal of Fracture,1993,63：59－73.

[6] 王阳,李高春,伍鹏,等. 基于数字图像相关方法的端羟基聚丁二烯推进剂复合型裂纹J积分测量[J]. 兵工学报,2019,40(2)：284－291.

[7] 王阳,李高春,张璇,等. 基于SEM与数字图像相关方法的HTPB推进剂裂尖扩展过程分析[J].火炸药学报，2019，42(1)：73－78.

[8] WU S R. Combustion-induced crack/debond propagation in solid propellants[D]. State College：The Pennsylvania State University,1992.

[9] LU Y C. Combustion-induced crack propagation process in a solid-propellant crack cavity[D]. State College：The Pennsylvania State University，1992.

[10] LIU C T. Evaluation of damage fields near crack tips in a composite solid propellant[J]. Journal of Spacecraft & Rockets, 2015, 28(1)：64－70.

[11] LIU C T，YANG J N. Probabilistic crack growth model for application to composite solid propellants[J]. Journal of Spacecraft & Rockets,2015,31(1)：79－84.

[12] LIU C T. Crack growth behavior in a composite propellant with strain gradients. Ⅱ[J]. Journal of Spacecraft & Rockets,2015,27(6)：647－652.

[13] LIU C T. Investigating the effects of specimen thickness and pressure on the crack growth behavior of a particulate composite material[J]. Transactions on Engineering Sciences,2003,40：243－351.

[14] LIU C T，SMITH C W. Temperature and rate effects on stable crack growth in a particulate composite material[J]. Experimental Mechanics, 1996, 36（3）：290－295.

[15] LIU C T. Crack growth behavior in a solid propellant[J]. Engineering Fracture Mechanics,1997,56(1)：127－135.

[16] KNAUSS W G. Delayed failure the griffith problem for linearly viscoelastic materials[J]. International Journal of Fracture Mechanics,1970,6(1)：7－20.

[17] 蒙上阳,胡光宇,刘兵,等. 固体火箭发动机药柱裂纹的 J 积分分析[J]. 固体火箭技术,2010,33(6)：646－649.

[18] 职世君,孙冰,张建伟. 固体推进剂复合型裂纹扩展数值计算[J]. 固体火箭技术,2011,34(1)：28－31.

[19] 陈凤明,何国强,马泽恩,等. 燃烧固体药柱内腔表面的典型裂纹及其力学行为[J]. 推进技术,1999(5)：21－24.

[20] 邢耀国,熊华,董可海,等. 聚硫推进剂燃烧条件下裂纹扩展过程的研究[J]. 推进技术,2000(3)：71－74.

[21] 熊华. 固体推进剂裂纹燃烧时扩展条件的实验研究与理论分析[D]. 烟台:海军航空工程学院,1999.

[22] 沈伟. 固体推进剂裂纹燃烧与扩展的研究[D]. 烟台:海军航空工程学院,2000.

[23] 刘甫. 粘弹性界面断裂与固体火箭发动机界面脱粘研究[D]. 长沙:国防科学技术大学,2005.

[24] WU S R, LU Y C,KUO K K,et al. Anomalous combustion of solid propellant in a propagating debond cavity[C]//Procedings of 30th Aerospace Sciences Meeting and Exhibit. Reno：AIAA,1992.

[25] 邢耀国,王立波,董可海,等. 燃烧条件下影响推进剂脱粘面扩展的因素[J]. 推进技术,2001(1)：77－80.

[26] 庞爱民,池旭辉,尹华丽. NEPE 推进剂/衬层界面研究进展[J]. 固体火箭技术,2018,41(2)：181－189.

[27] 周盼,方成培,王桂林,等. 基于复杂应力状态内聚力模型的固体火箭发动机粘接界面脱粘分析[J]. 固体火箭技术,2020,43(5)：554－559.

[28] 孙博,朵英贤,蒙上阳. 基于 J 积分分析固体火箭发动机药柱界面裂纹的稳定性[J]. 北京理工大学学报,2018,38(2)：124－129.

[29] 王立波. 燃烧条件下脱粘面扩展过程的实验研究与理论分析[D]. 烟台:海军航空工程学院,2000.

[30] 侯宇菲,许进升,陈雄,等. 考虑颗粒形状的复合固体推进剂细观损伤分析[J]. 固体火箭技术,2019,42(4)：440－446.

[31] 封涛,许进升,韩龙,等. 含初始缺陷的复合固体推进剂力学性能[J]. 航空材料学报,2018,38(3)：91－99.

[32] 韩龙. 复合固体推进剂细观损伤机理及本构模型研究[D]. 南京:南京理工大学,2017.

[33] 王广,赵奇国,武文明. 复合固体推进剂/衬层粘接界面细观结构数值建模及脱粘过程模拟[J]. 科学技术与工程,2012,12(30)：7972－7979.

[34] 张志成,戴开达,陈静静. 固体推进剂/衬层粘接界面脱粘失效的数值模拟[J]. 科学技术与工程,2020,20(28)：11421－11427.

[35] SCHAPERY R A. Analysis of damage growth in particulate composites using a work potential [J]. Composites Engineering, 1991, 1(3): 167 - 182.

[36] SCHAPERY R A. A theory of mechanical behavior of elastic media with growing damage and other changes in structure[J]. Journal of the Mechanics and Physics of Solids, 1990, 38(2): 215 - 213.

[37] IDE K M, HO S Y, WILLIAMS D. Fracture behavior of accelerated aged solid rocket propellants[J]. Journal of Materials Science, 1999, 34(17): 4209 - 4218.

[38] 常新龙, 余堰峰, 张有宏, 等. HTPB 推进剂老化断裂性能试验[J]. 推进技术, 2011, 32(4): 564 - 568.

[39] 常新龙, 龙兵, 胡宽, 等. 固体推进剂断裂性能研究进展[J]. 火炸药学报, 2013, 36(3): 6 - 13.

[40] 周广盼. 含缺陷固体火箭发动机推进剂断裂力学行为研究[D]. 南京:南京理工大学, 2013.

[41] 李高春, 李树谦, 郭宇, 等. 不同温度和拉伸速率下复合推进剂力学性能及破坏模式分析[J]. 固体火箭技术, 2019, 42(3): 297 - 302.